U0260062

"十三五"国家重点图书出版规划项目
中国特色畜禽遗传资源保护与利用丛书

四　川　白　鹅

王阳铭　王启贵　主编

中国农业出版社
北　京

图书在版编目（CIP）数据

四川白鹅/王阳铭，王启贵主编．—北京：中国农业出版社，2019.12

（中国特色畜禽遗传资源保护与利用丛书）

国家出版基金项目

ISBN 978-7-109-25576-0

Ⅰ.①四…　Ⅱ.①王…　②王…　Ⅲ.①鹅—饲养管理　Ⅳ.①S835.4

中国版本图书馆CIP数据核字（2019）第107642号

内容提要：本书内容涉及四川白鹅品种的形成与分布、品种特征和生产性能、品种选育、品种繁殖、种蛋孵化、营养与饲料、饲养管理、疾病防控、鹅场建设与废弃物利用、鹅产品及加工、牧草种植与利用、适度规模养殖及效益分析、地方品种的开发利用等方面。可供广大鹅业从业人员、生产技术人员、基层畜牧兽医人员及相关科研人员参考、阅读。

中国农业出版社出版

地址：北京市朝阳区麦子店街18号楼

邮编：100125

责任编辑：黄向阳

版式设计：杨　婧　　责任校对：沙凯霖

印刷：北京通州皇家印刷厂

版次：2019年12月第1版

印次：2019年12月北京第1次印刷

发行：新华书店北京发行所

开本：720mm×960mm　1/16

印张：16.25

字数：287千字

定价：110.00元

丛书编委会

本书编写人员

主　编　王阳铭　王启贵

副主编　赵献芝　张昌莲　李　琴　彭祥伟　谢友慧

编　者　（按姓氏笔画排序）

王阳铭　王启贵　李　琴　李　静　冷安斌

汪　超　张昌莲　陈明君　罗　艺　赵献芝

黄勇富　彭祥伟　谢友慧　解华东

审　稿　刘宗慧　王志跃

出版说明

我国是世界上畜禽遗传资源最为丰富的国家之一。多样化的地理生态环境、长期的自然选择和人工选育，造就了众多体型外貌各异、经济性状各具特色的畜禽遗传资源。入选《中国畜禽遗传资源志》的地方畜禽品种达 500 多个、自主培育品种达 100 多个，保护、利用好我国畜禽遗传资源是一项宏伟的事业。

国以农为本，农以种为先。习近平总书记高度重视种业的安全与发展问题，曾在多个场合反复强调，“要下决心把民族种业搞上去，抓紧培育具有自主知识产权的优良品种，从源头上保障国家粮食安全”。近年来，我国畜禽遗传资源保护与利用工作加快推进，成效斐然：完成了新中国成立以来第二次全国畜禽遗传资源调查；颁布实施了《中华人民共和国畜牧法》及配套规章；发布了国家级、省级畜禽遗传资源保护名录；资源保护条件能力建设不断提升，支持建设了一大批保种场、保护区和基因库；种质创制推陈出新，培育出一批生产性能优越、市场广泛认可的畜禽新品种和配套系，取得了显著的经济效益和社会效益，为畜牧业发展和农牧民脱贫增收作出了重要贡献。然而，目前我国系统、全面地介绍单一地方畜禽遗传资源的出版物极少，这与我国作为世界畜禽遗传资源大国的地位极不相称，不利于优良地方畜禽遗传资源的合理保护和科学开发利用，也不利于加快推进现代畜禽种业建设。

为普及对畜禽遗传资源保护与开发利用的技术指导，助力做大做强优势特色畜牧产业，抢占种质科技的战略制高点，在农业农村部种业管理司领导下，由全国畜牧总站策划、中国农业出版社出版了这套“中国特色畜禽遗传资源保护与利用丛书”。该丛书立足于全国畜禽遗传资源保护与利用工作的宏观布局，组织以国家畜禽遗传资源委员会专家、各地方畜禽品种保护与利用从业专家为主体的作者队伍，以每个畜禽品种作为独立分册，收集汇编了各品种在管、产、学、研、用等相关行业中积累形成的数据和资料，集中展现了畜禽遗传资源领域最新的科技知识、实践经验、技术进展与成果。该丛书覆盖面广、内容丰富、权威性高、实用性强，既可为加强畜禽遗传资源保护、促进资源开发利用、制定产业发展相关规划等提供科学依据，也可作为广大畜牧从业者、科研教学工作者的作业指导书和参考工具书，学术与实用价值兼备。

丛书编委会

2019 年 12 月

序言

我国是世界畜禽遗传资源大国，具有数量众多、各具特色的畜禽遗传资源。这些丰富的畜禽遗传资源是畜禽育种事业和畜牧业持续健康发展的物质基础，是国家食物安全和经济产业安全的重要保障。

随着经济社会的发展，人们对畜禽遗传资源认识的深入，特色畜禽遗传资源的保护与开发利用日益受到国家重视和全社会关注。切实做好畜禽遗传资源保护与利用，进一步发挥我国特色畜禽遗传资源在育种事业和畜牧业生产中的作用，还需要科学系统的技术支持。

“中国特色畜禽遗传资源保护与利用丛书”是一套系统总结、翔实阐述我国优良畜禽遗传资源的科技著作。丛书选取一批特性突出、研究深入、开发成效明显、对促进地方经济发展意义重大的地方畜禽品种和自主培育品种，以每个品种作为独立分册，系统全面地介绍了品种的历史渊源、特征特性、保种选育、营养需要、饲养管理、疫病防治、利用开发、品牌建设等内容，有些品种还附录了相关标准与技术规范、产业化开发模式等资料。丛书可为大专院校、科研单位和畜牧从业者提供有益学习和参考，对于进一步加强畜禽遗传资源保护，促进资源可持续利用，加快现代畜禽种业建设，助力特色畜牧业发展等都具有重要价值。

中国科学院院士
中国农业大学教授

2019 年 12 月

前言

我国鹅品种资源丰富，共有30多个地方品种（遗传资源）通过国家畜禽遗传资源委员会鉴定。四川白鹅是我国地方鹅种的优秀代表，具有肉质好、繁殖力高、抗逆性强、耐粗放管理等特点。四川白鹅及其杂交后代广泛饲养于全国20多个省（直辖市、自治区），饲养总量超过1亿只，约占我国养鹅总量的1/4，是我国鹅业生产的主体品种和培育新品种（系）的优秀素材。

为全面系统介绍四川白鹅的特征特性及其产业化综合配套技术，我们组织相关专家编写了《四川白鹅》（2008年出版）。经过十余年的发展，相关科研人员在四川白鹅遗传育种、营养与饲养、疾病防控与鹅产品加工等的理论和技术创新方面取得了部分突破，获得了一批研究成果。归纳总结这些研究成果，对于指导我国鹅业，特别是四川白鹅的生产实践和科研创新有着十分重要的意义。为此，我们在以往材料的基础上，重新编排了章节，补充和更新了相关内容，编写了本书。本书内容体系力求系统、先进和实用，在语言表述方面力求简明扼要，图文并茂。本书内容涉及品种的形成与分布、品种特征和生产性能、品种选育、品种繁殖、种蛋孵化、营养与饲料、饲养管理、疾病防控、鹅场建设与废弃物利用、鹅产品及加工、牧草种植与利用、适度规模养殖及效益分析、地方品种的开发利用13个方面。可供广大养鹅业主、生产技术人员、基层畜牧兽医人员及相关科研人员参阅、使用。

在编写过程中，参阅了大量相关文献资料，得到了有关专家的帮助支持，在此致以衷心的感谢！

由于水平有限、经验不足，书中不足及疏漏之处在所难免，敬请广大读者批评指正。

编　者

2019年6月

目录

第一章
四川白鹅品种的形成与分布

根据动物学分类，家鹅属雁形目、鸭科、雁亚科、雁族、雁属。鹅的品种是指一群来源相同、形态特征相似、生产性能基本一致、结构完整且具有一定数量和较高经济利用价值的鹅群。鹅的品种是养鹅业的基本生产资料，是实现养鹅经济效益的载体。我国鹅品种资源十分丰富，按羽色可分为白羽和灰羽，按经济用途可分为肉用、肉蛋兼用、绒用，按体型大小可分为大型鹅、中型鹅、小型鹅三类。四川白鹅属于白羽、肉用、中型鹅品种（图 1-1、图 1-2）。

四川白鹅主产于四川省和重庆市，是在产区特定的社会经济条件和自然环境条件下，经过长期的选择形成的。具有产蛋量高、就巢性弱、抗逆性强等特点，是我国的优良地方畜禽资源保护品种，先后于 2000 年、2006 年、2014 年被列入《国家级畜禽资源品种保护名录》中，具有珍贵的品种资源价值和巨大的开发潜力。

图 1-1　四川白鹅

图 1-2　四川白鹅群体

第一节　产区自然生态条件

四川白鹅主产区位于东经103°00′—109°20′与北纬28°10′—32°30′的四川盆地，地处中亚热带，紧靠青藏高原东缘的一个巨大封闭盆地，并处于我国腹心地带，太平洋暖湿气流可深入境内，加之北有秦巴山地天然屏障而使寒潮不易入侵。因此，盆地具有优越的自然生态条件。

一、地势、气候条件

盆地地貌从西北向东南逐渐倾斜，即具西高东低的地势特点。盆地底部地势平缓，海拔多在200～750m之间，盆周为丘陵和低山区，海拔多在1 000m以下。

四川盆地为雨热同季的季风气候，以中亚热带为主体。盆地年平均气温为16℃以上，大于10℃积温达5 000～6 000℃，无霜期长达280～350d，1月平均气温为5～8℃，冬暖突出。盆地年降水量为1 000～1 400mm，多集中在夏季高温的6—8月，占全年降水量的60%～70%，年均相对湿度为70%～85%，为我国湿度较大、云雾最多、日照最少的地区之一，全年有雾日25～50d，阴天日数一般在200d以上，日照数一般为1 100～1 400h。盆地内年总辐射量在3 768MJ/m^{2}左右。由于大部分辐射量、光照、温度、雨量均集中于4—9月，从而为大春作物和植被的生长提供了良好的条件。

二、水土资源条件

境内长江自西向东横贯盆地南部，其支流有岷江、沱江、涪江、嘉陵江等水系，水库、塘、堰星罗棋布，水源充足，水域广阔，水生植物和陆生植物资源丰富，江河两岸地势平坦、土质肥沃，砂质土壤，植被稠密，农作物以水稻为主，经济作物也占有相当比重，为四川白鹅的繁衍形成提供了得天独厚的自然地理环境和生态条件（图1-3）。

图1-3　产区地形地貌

第二节　品种的形成历史与分布

一、鹅的起源

我国是世界上养鹅数量最多、品种资源最为丰富的国家，目前载入《中国畜禽遗传资源志　家禽志》的有30个。各个地方品种在体型外貌和生产性能上各具特色，丰富了我国地方家鹅品种遗传基础，同时也提供了优良的杂交亲本。

家鹅是由野生的鸿雁和灰雁驯化而来的。经历漫长的驯化、选育历程，家鹅和野生祖先有着较大的区别。中国各地方品种鹅中，除伊犁鹅外，其他品种均由鸿雁进化而来。郝家胜等（2000）应用RFLP和RAPD技术对不同鹅种进行分子系统发生聚类分析发现，欧洲鹅先和灰雁聚类，再和中国鹅（鸿雁）聚在一起。由鸿雁驯化而来的各地方鹅种，虽然已经有数千年的历史，经过长期的自然选择和人工选择，在不同的社会环境和地理条件作用下，形成了体型外貌不同、生产性能各异的许多品种，但都具有鸿雁的基本特征。绝大多数欧洲鹅种和我国的伊犁鹅由灰雁进化而来，它们至今仍保持一定的野生特性，表现为十分耐寒、耐粗饲、性情较野，有一定的飞翔能力，繁殖能力低且季节性很强。经过人们驯化和不断选育而成的家鹅，在许多方面具有不同于野生鸿雁的特点，表现在成年鹅体重普遍较重（如狮头鹅最大体重达15kg），产肉性能更好，丧失了飞行的能力。

二、品种的形成

四川白鹅为中国鹅白色品变种之一。产区养鹅具有悠久的历史。据清朝康熙年间当地县志记载，“鹅，谷粒及鱼虾之属，乡居间有饲者，肉卵供食，毛可制绒。”境内有岷江、沱江和嘉陵江等水系，水库、堰塘多，饲草繁茂，为养鹅业提供了良好的条件。

社会经济因素是影响品种形成和发展的首要因素，在品种的形成和发展过程中，它比自然环境条件更占有主导地位。随着社会的发展，城镇的建立，商品交换的形成，产区人民历来把养鹅作为一项重要的家庭副业，以传统放牧为主要方式，普遍饲养，每年向城镇销售仔鹅量逐渐增大。因而，促进了四川白鹅向耐粗饲、早期生长快、体型中等的方向发展。同时，产区素有以母鸡孵化鹅蛋或人工孵化鹅蛋的习惯，由于不用母鹅孵蛋，对不就巢或少就巢、产蛋较多的母鹅便加以选留，而对常就巢、产蛋少的母鹅进行淘汰。如此周而复始，长期选育，便促成了四川白鹅基本无就巢性、且产蛋量较高的特征特性。鹅在人们长期的驯养选择下，逐渐分离出现了白色羽的品变种，由于民间的偏爱和喜好，将白羽留种，把杂色、灰褐色羽淘汰，年复一年，沿着默契的目标，不断选优去劣，留白去杂，经过漫长的人工选择和封闭式的闭锁繁育，逐步形成了全身躯羽毛洁白、体型外貌基本一致的四川白鹅品种。

三、产区及分布

四川白鹅主产于四川省和重庆市，主要分布于四川的成都、绵阳、德阳、温江、乐山、眉山、简阳、隆昌、内江、宜宾、泸州、达川等市（县），以及重庆市的永川、荣昌、合川、大足、铜梁、璧山、巴南、长寿、涪陵、万州等地区。广泛分布于平坝和丘陵水稻产区。

四川白鹅是我国著名地方良种，在我国中型肉用鹅种中以耐粗饲、抗病力强、适应性广、遗传性能稳定和产蛋多而著称。其年产蛋可达 60～80 枚。由于其优秀的生产性能和广泛的适应性，四川白鹅被引种到全国各地作为商品生产或杂交利用。在中国商品肉仔鹅生产中，作为杂交父本或母本，与国内外其他鹅种（莱茵鹅、朗德鹅、罗曼鹅、卡洛斯鹅、浙东白鹅等）进行杂交，具有良好的配合力，表现出显著的杂种优势。四川白鹅是目前我国饲养数量最多的鹅种，年饲养量 1 亿只左右。

第二章 四川白鹅特征与特性

第一节 外貌特征

一、体型外貌

四川白鹅为中型鹅种，全身羽毛洁白紧密，体型中等，属兼用体型。四川白鹅外形各部位名称见图 2-1。

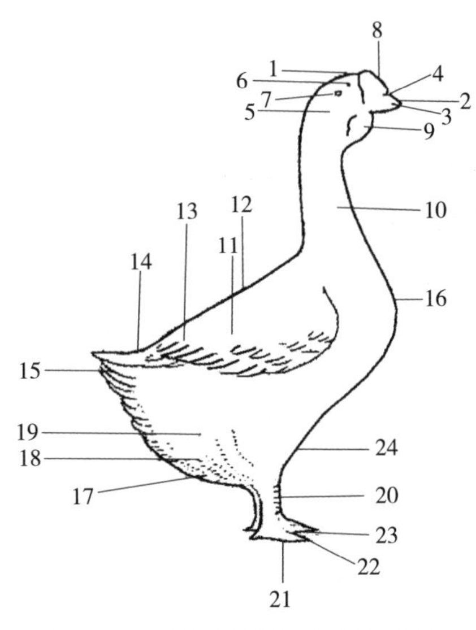

图 2-1 四川白鹅外形各部位名称

1. 头 2. 喙 3. 喙豆 4. 鼻孔 5. 脸 6. 眼 7. 耳 8. 肉瘤 9. 咽袋 10. 颈 11. 翼 12. 背 13. 臀 14. 覆尾羽 15. 尾羽 16. 胸 17. 腹 18. 绒羽 19. 腿 20. 胫 21. 趾 22. 爪 23. 蹼 24. 腹褶

（一）头颈部

四川白鹅头大适中，额部有一半圆形肉瘤，呈橘黄色。公鹅头雄健粗大，母鹅较清秀，肉瘤不明显。喙略扁、稍长、坚实，呈楔形，橘红色，虹彩灰蓝色，眼睑呈椭圆形略带灰白色。少数鹅颌下有咽袋。颈呈弓形，公鹅颈稍粗壮，母鹅颈细长。

（二）体躯

四川白鹅体躯稍长而宽，呈长方形，前躯浑圆略向上挺，背腰宽阔，后躯发达，腹部下垂，母鹅腹褶明显。

（三）胫蹼与羽毛

四川白鹅胫、蹼呈橘红色，公鹅的胫长、粗壮、强健，母鹅较短细。初生雏鹅的绒羽为浅黄色，成年后为纯白色。

二、体重体尺

（一）测定体重体尺指标及要求

体尺是计量鹅体生长发育的外形指标，它可以比较客观地反映鹅的外形特征，可用皮尺或卡尺进行测量。

1. 体重（活重） 鹅禁食6h后的重量，以克（g）为单位。

2. 体斜长 从肩关节前缘至坐骨结节后缘的距离。

3. 胸宽 左右两肩关节外缘间的距离，表示鹅胸腔和胸肌的发育状况。

4. 胸深 从第1胸椎至胸骨界前缘间的距离，反映鹅胸腔和胸肌的发育情况。

5. 龙骨长 体表龙骨突前端到龙骨末端的距离。

6. 骨盆宽 用卡尺测量两髋骨结节间的距离。

7. 胫长 从足蹠骨上关节至第3与第4趾间的距离。

8. 胫围 胫中部的周径，反映骨干的发育状况。

9. 半潜水长 鹅颈向前拉直，从喙前端至髋关节间的距离，反映鹅在半潜水时没入水中部分的最大垂直深度。

（二）成年鹅的体重与体尺

经测定成年四川白鹅公母鹅各 30 只，其体重体尺见表 2-1。

表 2-1 成年四川白鹅体重、体尺

性别	体重（g）	体斜长（cm）	胸宽（cm）	胸深（cm）	龙骨长（cm）	骨盆宽（cm）	胫长（cm）	胫围（cm）	半潜水长（cm）
公	4106.35±367.64	32.86±2.52	12.43±0.92	10.27±1.9	17.92±0.86	9.85±0.67	11.61±1.27	5.33±0.29	69.82±3.55
母	3810.85±345.24	29.76±2.73	10.10±0.78	8.45±0.76	17.17±1.02	8.46±0.45	10.41±0.63	5.27±0.33	65.29±2.87

第二节 生产性能

四川白鹅属于中型肉鹅品种，在各阶段的增重具有一定的规律。掌握这一规律，对于制订科学的饲养管理制度具有重要的参考价值。反之，如果饲养管理条件和饲料营养水平达不到要求，鹅的生长发育会受阻，其生产性能水平会低于正常发育所需要的水平，此时我们应及时调整饲养管理方法，以满足肉鹅饲养需要。因此，掌握四川白鹅的生产性能，尤其是增重规律，具有重要的实用价值。重庆市畜牧科学院彭祥伟、李琴、钟航等于 2013—2015 年对四川白鹅的生产性能、饲料转化率、屠宰性能、蛋品质、繁殖性能进行测定。

选择 240 只初生健康雏鹅，按组间差异不显著（$P>0.05$）的原则，随机分成 12 个重复，每个重复 20 只，公母各占 1/2。饲养时间为 0～10 周，其中 1～3 周龄饲料设代谢能（ME）水平为 11.43MJ/kg 和粗蛋白质（CP）水平为 20%，4～10 周龄饲料设代谢能（ME）水平为 11.34MJ/kg 和粗蛋白质（CP）水平为 17%。试验在重庆市畜牧科学院水禽科研基地进行，结果如下。

一、体重增长规律

（一）累积体重

累积体重是指任何一个周龄所测得的体重。用不同周龄的累积体重与相应周龄的标准体重相比较，可以全面了解生长情况是否正常。在圈舍网养条件下，四川白鹅各周龄体重见表 2-2，累积生长发育曲线见图 2-2。由表 2-2 可知，四川白鹅初生重约为 88g，10 周龄（70 日龄）体重达到 3 309g 左右，全期平均日增重约为 47g。由图 2-2 可知，四川白鹅在 2 周龄后，生长速度迅速加快，然后一直维持较高生长速度至 8 周龄，8 周龄后生长速度开始变慢。

表 2-2　四川白鹅肉鹅各阶段体重（g）

阶段	初生重	2 周龄	4 周龄	6 周龄	8 周龄	10 周龄	全期平均日增重
体重	87.72±1.38	412.85±7.22	1 194.56±54.18	2 221.85±143.30	2 992.76±168.93	3 308.52±81.85	46.67±1.63

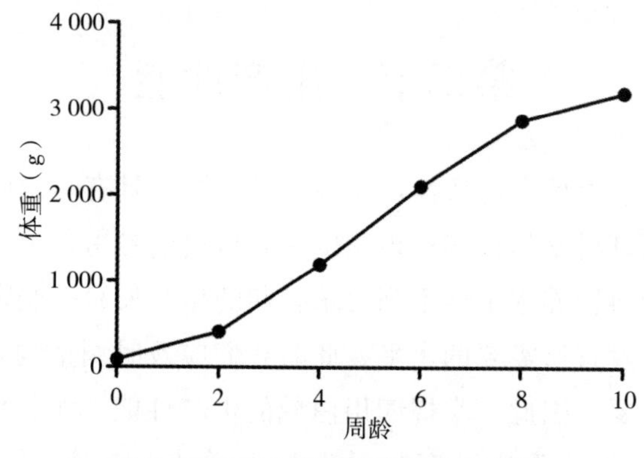

图 2-2　四川白鹅累积生长发育曲线

（二）绝对增重

绝对增重是指一段时期内生长的绝对值，以此段时间内的末重减初重获得绝对增重。这项指标反映了肉鹅的生长速度。结果表明，四川白鹅 0～2 周龄生长速度为 325.13g，3～8 周龄四川白鹅的增重进入高峰期，增重速度较快，其中以 5～6 周龄最快，绝对增重达到 1 027.29g，增重倍数高达 11.71，而在0～2 周龄和 9～10 周龄的增重速度较慢，增重倍数为 3.60～3.71 倍。结果见表 2-3。

表 2-3　四川白鹅各阶段绝对增重（g）

阶段	初生	0～2 周龄	3～4 周龄	5～6 周龄	7～8 周龄	9～10 周龄
绝对增重	87.72±1.38	325.13±7.20	781.71±53.91	1 027.29±118.72	770.91±78.50	315.76±88.63
增重倍数	/	3.71	8.91	11.71	8.79	3.60

注：绝对增重＝（后一次测定的重量－前一次测定的重量）；增重倍数＝绝对增重÷初生重

（三）平均日增重

平均日增重是指在单位时间内的生长速度，又称为绝对生长速度。四川白鹅0～10周龄的平均日增重为47g，这一生长速度在鹅品种系列中属中等水平。其中，0～2周龄增重较缓慢，3～8周龄出现生长快速期，在5～6周平均日增重最高，达到73g左右，9～10周龄增重速度明显下降。见表2-4。

表2-4　四川白鹅各阶段平均日增重（g）

阶段	0～2周龄	3～4周龄	5～6周龄	7～8周龄	9～10周龄	0～10周龄
平均日增重	23.22±0.50	55.84±3.74	73.38±8.24	55.06±5.45	22.55±6.63	47.26±1.71

注：平均日增重＝（测定期末重量－测定期初重量）÷（测定期末日龄－测定期初日龄）

（四）体重相对生长率

体重相对生长率是在单位时间内增重占始重的百分率，反映肉鹅的生长强度。四川白鹅的体重相对生长率随生长日龄的增加而降低，其体重相对生长率高峰出现在前2周，2周后开始下降，但3～4周龄仍保持较高的生长速度，5周龄后迅速下降，至10周龄降到只有10%左右，见表2-5。

表2-5　四川白鹅的相对生长率（%）

阶段	0～2周龄	3～4周龄	5～6周龄	6～8周龄	8～10周龄
相对生长率	370.65±8.79	189.35±13.73	86.00±9.68	34.70±4.42	10.55±3.63

注：相对生长率＝（后一次测定的重量－前一次测定的重量）÷前一次测定的重量×100%

二、饲料转化率

饲料转化率也叫饲料利用率，简称料重比，是指每单位增重所需要消耗的饲料量。在鹅的生产中，因青饲料的用量不易准确统计，而仅用精饲料的用量作比较。在中等营养水平下［饲粮粗蛋白质（CP）水平为18%，代谢能（ME）水平为11.34MJ/kg］，四川白鹅各阶段的料重比见表2-6，全期0～10周龄（1～70日龄）平均日采食量为147.54±6.29（g）。

表 2-6　四川白鹅料重比

阶段	0～2 周龄	3～4 周龄	5～6 周龄	7～8 周龄	9～10 周龄	0～10 周龄
料重比	4.36±0.11	1.89±0.12	2.64±0.24	3.76±0.41	6.76±0.69	3.20±0.10

注：料重比＝单位时间内的饲料消耗量÷日增重

三、屠宰性能

对 30 只 70 日龄的四川白鹅进行屠宰测定，获得了四川白鹅的屠宰性能。测定结果见表 2-7。

表 2-7　四川白鹅肉鹅屠宰性能（%）

项目	屠体率	半净膛率	全净膛率	胸肌率	腿肌率	皮脂率	腹脂率	翅膀率	头率	脚率
测定值	86.54±0.93	79.49±1.64	70.61±1.89	10.57±1.54	16.98±0.64	20.26±2.62	4.86±1.21	14.98±0.78	5.21±0.30	4.67±0.48

四、蛋品质

依据《中华人民共和国农业行业标准》（NY/T 823—2004），2015 年在重庆市畜牧科学院水禽基地上午 9：30 和下午 2：30 捡蛋，随机抽取 11 月龄的四川白鹅 58 枚商品蛋，进行蛋品质测定（钟航等，2015 年），测定结果见表 2-8。

表 2-8　四川白鹅商品蛋蛋品质测定

项目	蛋形指数	蛋壳强度（kg/cm^2）	蛋壳厚度（mm）	蛋的比重（g/cm^3）	蛋黄颜色	蛋壳颜色	哈氏单位	血斑和肉斑率（%）	蛋黄比率（%）
测定值	1.42±0.07	6.897±1.557	0.57±0.034	1.15±0.02	5.10±0.98	白色	49.74±0.95	无	0.30±0.03

五、产蛋与繁殖性能

据对重庆市畜牧科学院水禽基地及主产区养殖户 5 000 只鹅调查统计，四川白鹅 200～210 日龄开产，年产蛋量 60～80 枚，在散养条件下，高者可达 100 枚以上。公母配种比例 1∶4，种蛋受精率 80.0%～87.0%，受精蛋孵化率为 85.0%以上。母鹅就巢性低。

第三节　产绒与肥肝性能

一、产绒性能

鹅羽绒因具有柔软、蓬松、轻便、保暖性能好等特点，是制作各种款式服装、服饰和寝具的珍贵原料，也是我国历年来的重要出口物资之一。我国是世界养鹅大国，也是世界鹅羽绒生产出口大国。鹅羽绒自1870年开始大宗出口，距今已有100多年的历史。据了解，世界每年鹅羽绒总产量5 000万kg左右，我国鹅羽绒总产量3 000万kg，其中三分之二用于原料或制品出口，创汇10.5亿美元。

目前，我国鹅羽绒的生产、加工尚处在初级阶段。今后，随着我国鹅业生产的大力发展与诱导换羽新技术的普及推广应用，我国鹅羽绒的产量和质量将会有大幅度的提高。

四川农业大学王继文等（2002）对四川白鹅种鹅的育成期、成年种鹅休产期、成年公鹅诱导换羽的产毛绒量进行了研究，结果如下：

种鹅育成期：早春出孵选留的后备种鹅长至3月龄时羽毛已丰满，可进行第一次活拔羽毛，随后每间隔45d左右活拔羽绒一次，可连续拔羽绒2～3次。最后一次活拔羽绒时间应在种鹅开产前50d进行，以待新羽长齐时，种母鹅正好陆续进入产蛋期。育成期进行活体拔毛，平均每只鹅可产毛绒111.4g，其中产毛90.0g/只，产绒21.4g/只，可为种鹅户带来可观的收益，同时鹅活体拔毛也不影响鹅的生长发育。

种鹅休产期：四川白鹅的产蛋季节性强，一般每年的4—5月开始陆续停产，进入休产期。种鹅在夏秋季休产期可以活拔羽绒2～3次，到秋末冬初新羽长齐时种母鹅正好进入产蛋期。休产种鹅可产毛绒157.5g/只，其中产羽毛130.7g/只，产羽绒27g/只。

二、肥肝性能

鹅的肝脏肩负着鹅机体造血、解毒、除病等主要功能，维持鹅的生命运动，使鹅肌体健康地成长发育。鹅的肝脏与其他动物肝脏一样具有沉积脂肪的能力。鹅肥肝是鹅经短期人工强制填饲高能饲料，改变鹅的采食习惯，使其所需各种营养物质失去平衡，迫使其将大量的脂肪沉积在肝脏内形成的。这种脂肪与猪的皮下脂肪相似，属于一种肥膘。

鹅肥肝外形厚实，肝两叶发育匀称。鹅肥肝一般重300g以上，大者可达500g，为正常鹅肝重的几倍至十几倍。鹅肥肝营养丰富，质地细嫩，美味可口，是国内及西方国家餐桌上的一道珍贵佳肴。

四川白鹅在我国鹅品种中属于中型鹅种，据测定，四川白鹅的肥肝平均重为344g，最高可达520g，肝料比为1∶42.0。四川白鹅作为母本与朗德鹅等品种杂交，可以大大提高鹅肥肝生产的效率。此外，选择适宜的年龄、体重和季节，选择优质饲料，科学填饲，适时取肝等方法都可以提高四川白鹅产肥肝量。

第四节　生理指标

据重庆市畜牧科学院王阳铭、曾秀等2006年对四川白鹅常规生理指标观测及四川白鹅血液流变学检测，结果如下。

一、正常生理指标

四川白鹅正常体温、呼吸、脉搏指标参见表2-9。

表2-9　四川白鹅正常生理指标

项目 性别	体　温（℃）		呼　吸（次/min）		脉　搏（次/min）	
	平　均	范　围	平　均	范　围	平　均	范　围
公鹅	41.2	40.8～41.6	11.2	6～18	99.7	82～118
母鹅	41.2	40.9～41.8	15	9～26	91.9	60～114

二、正常血液学参数

四川白鹅血液学参数指标见表2-10。

表2-10　四川白鹅血液学参数

项目 性别	血红蛋白浓度（g/L）		红细胞数（10^{12}/L）		血细胞数（10^{9}/L）	
	平　均	范　围	平　均	范　围	平　均	范　围
公鹅	191	177～200	2.55	2.51～2.62	98.0	97.7～98.5
母鹅	168	162～171	2.35	2.29～2.43	96.7	94.6～97.9

三、血液流变学参数

四川白鹅血液流变学参数见表 2-11。

表 2-11 四川白鹅血液流变学参数

指　　标	平均值	变异范围
全血黏度，低切（mPa・s）/10（1/s）	8.49	7.58～9.83
全血黏度，中切（mPa・s）/60（1/s）	4.73	4.50～5.40
全血黏度，高切（mPa・s）/150（1/s）	4.07	3.60～4.75
血浆黏度（mPa・s）/120（1/s）	0.95	0.86～1.09
红细胞压积（%）	44.67	44.00～47.00
血沉（mm/h）	10.33	5.00～15.00
全血还原黏度（低切）	16.87	15.20～19.40
全血还原黏度（中切）	8.48	7.58～9.57
全血还原黏度（高切）	7.23	5.91～8.12
血沉方程 K 值	40.78	20.12～57.48
红细胞聚集指数	2.09	1.79～2.28
红细胞刚性指数	7.40	5.90～8.62
红细胞变形指数	0.99	0.91～1.06
红细胞电泳指数	4.69	4.08～5.18

第三章 四川白鹅品种选育

选种的目的在于选出优秀的个体，这些个体能将其优良的品种遗传给后代，以提高商品鹅的生产性能和经济效益。选配是在选种的基础上进行的，把优秀的具有种用价值的个体选出之后，下一步就是有目的地组配双方个体，以便获得体型外貌理想和生产性能优良的后代。当前我国鹅业生产主要以肉用型鹅为主，因此肉用性能的选育提高将是今后很长时期的重点；另因鹅与鸡、鸭相比，其繁殖性能低、繁殖的季节性强以及雄性不育比例高等问题一直困扰着鹅业的持续发展，在鹅的育种过程中，繁殖性能是一个重要的指标。

第一节 选　种

鹅的选种就是选择外形品种特征明显、体质健壮、适应性强、遗传稳定、生产性能优良的个体留作种用，主要根据外貌特征和生产性能两个方面进行选择。

一、外貌特征选择

种鹅的外貌、体形结构和生理特征一定程度上能反映种鹅各部位的生长发育和健康状况，可作为鉴定其生产性能是否优劣的参考或依据。外貌选择首先要符合品种特征，其次考虑生产用途。在选择四川白鹅种鹅时，首先要求外貌符合四川白鹅的品种特征：体型中等，羽毛紧密、白色；虹彩蓝灰色，皮肤白色，喙、胫、蹼橘黄色；成年公鹅额部有半圆形肉瘤，颌下肉瘤不明显；成年母鹅头清秀，肉瘤不明显，颈细长，无咽袋，腹部稍下垂，少量有腹褶。外貌选择种鹅，方法虽然简捷，但因缺乏后备鹅群的系谱记录和个体生产性能记录，要想取得好的选种效果，还须在种鹅的不同生长发育阶段进行多次选择。

（一）雏鹅的选择

初生雏鹅的质量直接关系到生长发育以及群体的整齐度，应当选择健雏留作种用，其选留标准为：大小均匀（选择初生重 94.3g 左右），绒毛整齐，富有光泽，腹部大小适中，脐部收缩良好，眼大有神，行动灵活，握在手中挣扎有力。有杂色羽、发育不良的弱雏一律不能留作种用。参见图 3-1。

注意，不同孵化季节孵化出的鹅苗对其后期生产性能的影响较大，早春孵出的雏鹅生长快，体质健壮，开产早，生产性能好，而其他季节孵出的雏鹅死亡率较高。育种中一般在每年的 12 月至次年 1 月留种并孵化，2 月出雏，这个时期出雏的种鹅不仅质量高，且正好可以充分利用种鹅的生理特点达到生产效率的最大化。育种中鹅出雏后根据系谱孵化记录佩戴翅号。

图 3-1　健康雏鹅

（二）育成种鹅的选择

四川白鹅育成种鹅一般在 70 日龄左右进行选择，这时种鹅羽毛已长丰满，主翼羽在背部交叉，主要对体重和体型外貌进行选择。此时选种的基本要求：具备四川白鹅品种特征，体质结实，生长发育快，羽毛发育良好（图 3-2）。选留的公鹅要求体型大，体质结实，各部结构发育匀称，肥度适中，头大小适中，两眼有神，喙正常无畸形，颈粗而长，胸深而宽，背宽长，腹部平整，脚粗壮、长短适中、距离宽，行动灵活，叫声响亮。此期公鹅留种比例应比配种比例多留20%～30%作为后备。选留的母鹅要求体重大，头大小适中，眼睛灵活，颈细长，体型长而圆，前躯浅窄，后躯宽广。据重庆市畜牧科学院家禽研究所对四川白鹅多批次跟踪测定显示，70日龄公鹅体重为3 428～3 529g，母鹅体重为2 906～3 041g。

图3-2 育成期种鹅

（三）后备种鹅的选择

在120日龄至开产前的后备种鹅中，把发育良好、体质健壮、骨骼结实、反应灵敏、活泼好动、品种特征明显的个体留作种用，及时淘汰羽毛颜色异常、偏头、垂翅、翻翅、歪尾、瘤腿、体重小、体况衰弱的个体。

（四）开产前的选择

开产前选择是在母鹅开产前、公鹅配种前，四川白鹅一般在170～180日龄进行。如果育种中需要记录个体产蛋量，在此次选择后则母鹅上笼饲养。母鹅要求头大小适中，喙不要过长；眼睛明亮，颈细、中等长；身体长圆形，羽毛细密贴身；后躯宽而深，两脚健壮，距离宽；尾腹宽大，尾平不竖。公鹅要求体型大，体质结实、强壮，各部发育匀称，肥度适中；头大脸宽，两眼灵活有神，喙长而钝，闭合有力，鸣声响亮；颈长而粗大，略弯曲有力；体躯呈长方形，肩宽挺胸，腹平整而不下垂；腿长短适中，粗而有力，两脚距宽。有肉瘤的品种要求发育良好，雄性特别显著，肉瘤颜色符合品种特征，参见图3-3。

在种鹅的选择中，对公鹅的要求应更严格，淘汰量更大。公鹅的生殖器官，特别是阴茎发育不良的占有较高比例，因此，除选择体格健壮之外，还应检查阴茎是否发育良好。鹅的雄性不育率较高，即使阴茎发育良好的公鹅，精液品质也不一定好，因此还需进一步检查精液品质，只有这样才能选好留种公鹅。

图 3-3 成年种鹅（母鹅）

二、生产性能选择

鹅的外貌与生产性能虽有密切关系，但毕竟不是生产性能的直接表现。要准确地评价种鹅潜在的生产性能和种用价值，育种场还必须做好种鹅主要经济性状的观测和记录，并综合分析这些资料，进行更为有效的选种。

家禽新品种、配套系审定条件中规定肉鹅培育所需要的性能指标有：初生重，7～10 周龄体重，成活率，补饲饲料转化率，屠宰率，半净膛率、全净膛率，胸肌率、腿肌率、皮脂率，肉品质等，种鹅 3%产蛋率的周龄，初产年产蛋数，产蛋期成活率，种蛋受精率和孵化率等。其他需要测定的指标根据具体的培育目标和要求制定。

对四川白鹅种鹅的选择，可根据记录资料从以下四个方面进行。

（一）根据系谱资料选择

这种选择方法适合于尚无相关生产记录的雏鹅、育成鹅或公鹅的某些性能（如产蛋性能）时采用。在这种情况下，可以通过比较其祖先生产性能的记录，用以推断它们可能继承祖先生产性能的能力。根据遗传学原理，血缘关系越近的祖先对后代的影响越大。因此，在根据系谱资料选择时，一般只比较父母代和祖代即可，将亲代性能优良的后代选留作为种用。

（二）根据本身成绩选择

四川白鹅品种的形成，有赖于长期对其种鹅本身成绩的选育。本身成绩是种鹅生产性能在一定的饲养管理条件下的实际表现，反映了该个体已经达到的生产水平。由于系谱选择只能说明该个体生产性能潜在的可能性，而种鹅的本

身成绩可直接反映和度量该个体品质优劣。因此，根据个体本身表型值的优劣决定选留或淘汰，可以最大限度地提高选种的准确性。在进行个体选择时，有些性状应向上选择，即数值大表示成绩好，如蛋重、增重速度等；有的性状应向下选择，即数值小表示成绩好，如开产日龄等。近代遗传学研究表明，根据个体本身成绩进行选择适宜于遗传力高的性状，如体重、生长速度和反映屠宰性能的性状等，在不太严格的育种方案中往往使用这种方法，个体选择的准确性直接取决于性状的遗传力大小。

（三）根据同胞成绩选择

此法对于早期选择种公鹅最为有效、可行。种公鹅早期尚无女儿产蛋，要鉴定种公鹅的产蛋性能，只能根据该种公鹅的全同胞或半同胞姊妹的平均产蛋成绩来间接估测。由于有共同或半异同的血缘关系，在遗传结构上有一定的相似性，其生产性能与其全同胞或半同胞的平均成绩接近。统计的全同胞或半同胞数越多，同胞均值的遗传力越大。对于一些遗传力低的性状，如产蛋量、生活力等，用同胞资料进行选种的可靠性也增大。

此外，对于屠宰率和屠体品质等不能活体度量的性状，采用同胞选择就更具现实意义。但同胞检测只能区别家系间的优劣，而同一家系内的个体却难以鉴别其好坏。

（四）根据后裔成绩选择

后裔系指子女。根据后裔成绩选种，是选择种鹅的最好形式。因为采用这种方法选出的种鹅，不仅本身是优秀的个体，而且可通过其后代的成绩，估测它的优良品质是否能稳定地遗传给下一代。亦可据此建立优秀家系，使种公鹅得到充分利用。根据后裔成绩选择种鹅，方法可靠，效果确实，但耗时较长，一般种鹅至少要 2 年以上。

后裔测定常用方法有母女对比法和后代对比法两种。母女对比法是通过母女成绩的对比，对种公鹅作出评价；后代对比法是对两只或两只以上的种公鹅与母鹅交配所产后代，并根据其后代成绩的对比来判断种公鹅的优劣。

（五）家系选择与合并选择

家系是指全同胞和半同胞家系。家系选择是以家系为一个选择单位，根据家系均值的大小决定个体的去留。即根据家系内全同胞、半同胞或半同胞、全同胞混合同胞性状平均值的成绩进行选择，成绩好的选留，成绩差的淘汰。根据家系均值估计育种值并进行选择，在畜禽育种中广泛应用，适用于低遗传力的性状，如产蛋量、生活力等。此外家系选择对于某些限性性状（即性状的表现受性别限制，如公鹅的产蛋性状），具有良好的效果。

合并选择是对家系均值及家系内偏差两部分根据性状遗传力和家系内表型相关，给以不同程度的加权，以便更好地利用两种来源的信息。合并选择能获得最大的选择反应，亦是最好的选择方法。

第二节 选　配

鹅的选配就是将具有种用价值的优秀个体进行有目的的组配，以便产生更好的后代。选配是双向的，既要为母鹅选择最适合的与配公鹅，也要为公鹅选择最适合的与配母鹅。选种只有通过选配才能发挥其作用。选配作为一种育种方法，决定着整个鹅群的改进和发展方向。

一、选配方法

（一）同质选配

同质选配也叫相似选配，是指选择具有相同生产性能特点或育种值相近的优秀个体之间的组配，以期获得相似的优秀后代。在表型同质时，性状的表现相同，往往其基因型可能比较近似。实践表明，选择的双方在体型外貌、生产性能方面越相似，其后代越有可能将其亲本共同的优点继承下来。

同质选配的作用主要在于使亲本的优良性状稳定地遗传给后代，使优良性状得以保持和巩固，增加后代个体基因型的纯合。

同质选配的不良后果是群体内的变异相对减少，抑制了新性状的产生，容易导致鹅群适应性和生活力下降，也可能会引起不良性状的积累等。为了防止这些不利影响，要特别加强选择，淘汰体弱或有遗传缺陷的个体。

（二）异质选配

异质选配又叫不相似选配，是指选择具有不同生产性能或性状特点的个体

之间的公母鹅组配。在表型异质时，常常其基因型也可能差异较大。为使两者性状结合在一起，从而获得兼有双亲不同优点的后代。如选择生长速度快的公鹅与产蛋量多的母鹅相配。异质选配能丰富后代的变异，提高后代的适应能力和生活力。

实践表明，异质选配既可能使双亲各自的优良性状在后代个体中结合起来，但也有可能把双亲的不良性状在后代个体中体现。因此，对于异质选配的后代，同样要加强选择，严格淘汰有遗传缺陷的个体。

在四川白鹅的选育实践中，同质选配和异质选配两者相辅相成，互为补充，既有区别，又相互联系，没有截然分开。况且同质选配亦并非要求所有性状皆要相同，只要求所选择的主要性状相同即可，至于次要性状，则可能是异质的，只要相差不过于悬殊就行；同样，在异质选配时，也只要求所选择的主要性状是异质的，而某些次要性状可以是同质的。在鹅的繁育中，只要将同质选配和异质选配密切配合，交替使用，就能使整个鹅群品质不断地得到巩固和提高。

二、配种年龄和配种时间

种公鹅的配种年龄与品种的性成熟早晚有关。四川白鹅公鹅性成熟期180d左右，母鹅开产日龄200～240d。适时配种才能发挥种鹅的最佳效益。公鹅配种年龄过早，不仅影响自身的生长发育，而且受精率低。母鹅配种年龄过早，种蛋合格率低，雏鹅品质差。一般种鹅达到性成熟就具有配种能力，但为了达到最佳效果，公鹅一般在10～12月龄，母鹅在8月龄以后开始配种。

在一天中，早晨和傍晚是种鹅交配的高潮期。据测定，鹅早晨交配的次数占全天交配次数的39.8%，傍晚占37.4%，早晚合计达77.2%。健康种公鹅上午能配种3～5次。因此，在种鹅群的繁殖季节，要充分利用早晨开圈放水和傍晚收牧放水的有利时机，使母鹅获得配种机会，提高种蛋受精率。公母鹅在水面和陆地上均可进行自然交配，但公母鹅更喜欢在水面嬉戏、求偶，并且容易交配成功。因此，种鹅应设水面活动场，现代水禽养殖提倡节约用水，减少污水排放量，研究证明，戏水沟也可以满足种鹅的交配需求。

三、配种比例

公母鹅配种比例直接影响受精率的高低。配种的比例随着鹅的品种、年龄、配种方法、季节及饲养管理条件不同而不同。在鹅群中，如果公鹅过多，容易因争母鹅发生咬斗甚至死亡，或因争配而导致母鹅淹死在水中；公鹅过少时，影响蛋的受精率。因此，公母鹅配种的比例要适当，四川白鹅公母配种比例为 1∶4～5 能达到良好的效果。在生产实践中，公母鹅比例的大小要根据种蛋受精率的高低进行调整。大型公鹅要少配，小型公鹅可多配；青年公鹅和老年公鹅要少配，体质强壮的公鹅可多配；水源条件好，春夏季节可以多配；水源条件差，秋冬季节可以适当少配。

四、鹅群结构

母鹅的利用年限比其他家禽利用年限长，因为鹅的性成熟期较晚，产蛋量随年龄而增加，第二个产蛋年比第一个产蛋年增加 15%～20%，第三年再增加 15%～25%，从第四个产蛋年开始产蛋性能下降。因此，一般在种鹅大群生产中母鹅以利用 3 年为宜，公鹅一般也利用 3 年进行更新。但在育种中，为加快育种进程，一般为一年一个世代，即公母鹅各利用 1 年。

根据种母鹅产蛋量随年龄增减的变化规律，为了保持和稳定鹅群各年有较高的产蛋量，每年在选留种鹅时，必须保持种鹅群有适当的年龄结构。在生产实践中，一个良好的种母鹅群年龄结构比例应当以 1 岁龄母鹅为 30%，2 岁龄母鹅为 35%，3 岁龄母鹅为 25%，4 岁龄母鹅为 10%为宜。

五、配种方法

（一）自然交配

自然交配是目前最主要的鹅配种方式，指在母鹅群中放入一定数量的公鹅让其自由交配的方法。自然配种可分为大群配种、小群配种、同雄异雌轮流交配等。大群配种是指在一大群母鹅中，按公母配比放入一定数量的公鹅进行配种，这种方法多在农村种鹅群或鹅的繁殖场采用。小群配种是只用一只公

图 3-4　种鹅大群自然交配

鹅与几只母鹅组成一个配种小群进行配种，母鹅的个体数量，按不同品种类型的一只公鹅应配多少母鹅来决定，这种方法多在育种中采用。同雄异雌轮流交配是将公母鹅分别养于个体栏内，配种时一只公鹅与一只母鹅配对配种，定时轮换，这种方法有利于克服鹅的固定配偶习性，可以提高配种比例和受精率，这是目前育种中记录母鹅个体产蛋量测定配套使用的配种方法。研究表明，采用同雄异雌轮流交配方式，在育种过程中只要对公鹅严加选择，通过外貌特征、生殖器官发育、精液品质检查等方面选留最优秀的公鹅，按照公母 1∶4 配比，隔天调换公鹅，对种蛋受精率没有明显的影响，可以大大降低种鹅的应激，减少一半的工作量，是育种中值得应用的一种配种方式。见图 3-4、图 3-5、图 3-6。

图 3-5　公母 1∶4 小圈自然交配

图 3-6　个体笼中公母 1∶4 轮流自然交配

（二）人工授精

种鹅的人工授精，分为向公鹅采精（图 3-7）和对母鹅输精两个过程。公鹅采精，应选择理想的公鹅，经过几次徒手按摩训练，将射精表现良好、精液品质优良的作为采精对象。一只性敏感的公鹅，从按摩到射精，一般只需要 20～30s，大型鹅的时间稍长。采精宜在早晨放水前进行，每只采精的公鹅，可以连续采精 3d，停采 1d，也可采取隔天采精 1 次的方式。对母鹅输精，需将采集到的公鹅比较浓稠的精液稀释后吸入输精器，插入母鹅阴道 7～10cm 深处，输入精液 0.1mL。一只母鹅每隔 5～6d 输入精液一次，第 1 天的输精量需加倍。

研究发现（王晓明等，2011），人工授精技术可以使每只母鹅都有相等的受精机会，可以大大提高配种概率和种蛋受精率，且人工授精的公鹅都是经过严格挑选的，种公鹅质量提高，采用优质的精液给母鹅输精，可提高种蛋品种，从而提高孵化率和健雏率。在育种中，人工授精还可以避免不同品种公、母鹅体型悬殊而造成自然交配困难的问题。我国种鹅人工授精技术研究起步晚，相关技术还不成熟，但人工授精技术必将在今后的鹅育种和生产中广泛应用。

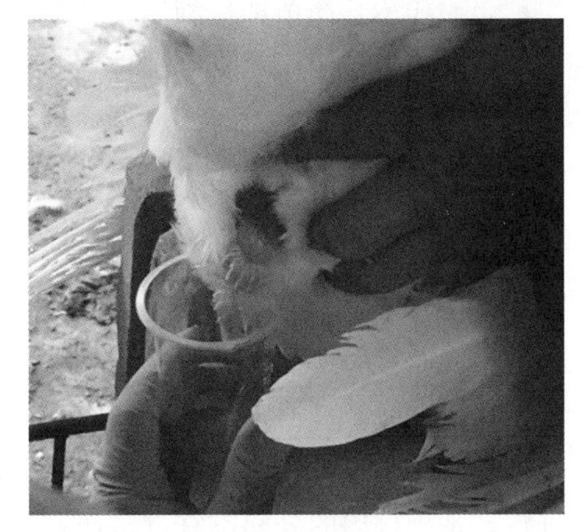

图 3-7　采　精

第三节　品系繁育

品系繁育是与品种繁育不同的另一种本品种选育的方法。品系繁育是在保持品种总体品质的前提下，利用品种内部的异质群体的分离和组合，促进品种总体品质的发展和提高。显然，品系繁育比较注重品种内群体间性状的异质性，品系繁育虽然是后起的繁育方法，但因繁育效果显著，故而发展提高很快，受到育种界的普遍关注。

一、单系

单系，就是过去常称的品系，即狭义的品系。它指来源于同一只卓越的系祖，并有与系祖类似体质的生产力的种用高产群体。

单系是用始祖建系法建立的。一般先要准确地选出或培育出始祖，始祖必须具有独特的优点，遗传稳定，其他性状也达一定水平的优秀个体。充分利用始祖繁殖，选留其后代做种，围绕始祖理想型性状进行近交，扩大同型个体的数量，巩固其遗传性，使个体特有的优秀品质转化为群体共有的品质。对始祖要采用同质选配，一、二代内要避免近交。对于始祖的微小不足，可采用一定程度的异质选配，以配偶的优点来补充始祖的不足。要多留后备种鹅，以便严格选择。

每一代不是简单地复制始祖类型，而是在保持始祖优良性状的基础上，吸收配偶的优点，集中起来巩固提高，并尽量克服、消除始祖的不足。

二、近交系

近交系是指通过高度近交而形成的品系。其建系特点是近交程度高，其近交系数在37.5%以上，建系是从一对全同胞、半同胞或亲子开始，也可从建立基础群开始。

建立近交系需要大量的原始素材，因在近交过程中，鹅的生活力易衰退，繁殖性能和生产性能会降低，淘汰量大。基础群过小，中途就有可能无法继续进行。基础群内的公鹅不宜过多而要力求同质，最好其相互间有亲缘关系。群体内的其他个体也要求优秀，性状同质，不带有重大缺点，应尽量设法排除具有隐性不良基因的个体。近交的程度既要考虑亲本个体品质的优秀程度与能达到的纯合程度，也要注意与配偶间的相关。有学者主张：近交时，最初几个世代不进行选择，而先力求基因的纯化，以后再进行选择，这样既省力，效果也好。要特别注意的是在根据表型选择时，不应过分强调生产性能和生活力，特别是在对性状进行正向选择时更应如此。因为当近交杂合时会表现杂种优势，可使其后代获得较高的生产性能，并具有较强的生活力。

三、群系

群系是从群体开始，建立近交程度不高的品系，其优点是比建单系大大缩短了建系时间。

建立群系的方法，叫做群体继代选育法，具体建系步骤如下：

（一）选集基础群

必须根据建系目标，将预定的每一种特征、特性的基因汇集在基础群内。

1. 同质基础群　以突出个别少数性状为主，可从一个最好的群体中选集种鹅，这样建系进度快、效果好。

2. 异质基础群　同时突出多个性状。选择基础群时，可不用考虑个体间的血缘关系，只需要具有所需要的任何一项优秀性状就可入选，也可选性状基本类似的优秀个体，基础群内各个体的近交系数最好为0，或大部个体不是近交产物。群内公鹅数应比正常情况多留1倍，且各公鹅间应无血缘关系。

（二）闭锁繁育

基础群要严格封闭，更新用的后备鹅均应从基础群的后代中选择。群体的闭锁和相应的选种选配，有可能使各个体的优秀性状集中起来，并使基因纯化。闭锁繁育宜采用随机选配，这样可使各种基因都有组合并获得表现的机会。

（三）严格选留

在建系过程中，选留的目标要始终一致不变，使基因频率朝着同一方向变化，让变异积累而表现出显著的基因型和表现型的变化。饲养管理条件力求世代保持相对稳定。

为缩短世代间隔，选鹅种可根据本身以及同胞或半同胞的生产性能等性状来进行严格选择，选择强度要随年龄的增大而加强。一般每一家系都应留下后代。对太差的家系，可适当淘汰，以提高优良性状的基因频率及其纯合度。

四、专门化品系

专门化品系是一种各具特点又专门用以与一特定品系交配的品系。其专门作父本的叫父本品系，专门作母本的叫母本品系。

建立专门化品系时，既要注意每一个品系突出的特点即专门化，又要注意配对品系间的配合力。建系时可用始祖建系法或近交建系法，但主要是用群体继代选育法。通常先将全部选育性状分解为不同的组元，然后分别组建既有分工，又能协作的父、母本品系。一般情况下，即把相互间有正相关的性状合并在一起建系，把与其负相关的性状分开另建一系，这样能获得事半功倍的效果。

第四节　育种记录与良种登记

在育种工作中，完善、统一、规范化的记录系统对于保证测定结果的有效利用、提高选择的准确性具有重要的作用。

一、个体识别

准确迅速地识别种鹅个体对于鹅群管理和育种工作都是十分必要的，也是育种最基本的要求。个体识别包括在现场对种鹅的识别和在性能测定记录中所对应的个体的识别。识别个体最简单有效的方法是对个体进行编号，一个统一规范的编号系统是准确迅速地识别种鹅个体的基本保证。个体编号应该遵循唯一性、明确性、简洁性等原则。种鹅一般采用翅号、脚号、肩号以及脚蹼穿洞等方法进行个体标记。翅号用于出壳雏鹅绒羽干后，佩戴在右侧尺骨和桡骨前侧翅膜上；脚号和肩号均用于成年种鹅，前者带在胫上（一般是左胫），后者带在肩上（一般是右肩）。翅号、脚号和肩号最好都有年度（或世代）、品种（品系）或家系及本身的号码。随着信息化、智能化的发展，电子标记（芯片、条形码、二维码等）近年来也越来越多地被应用于育种中，它所发出的信息可用特殊的仪器接收和处理。

二、系谱记录

所谓系谱就是一个个体的父母亲及其祖先的编号，一个完整的育种资料数据库可以非常方便地追溯出它的所有祖先。

三、临时性记录

临时性记录有手工记录和自动记录两种记录方式。手工记录是根据育种方案实现设计好统一、规范的记录表格，将测定结果直接填入表格中。而自动记录则采用特定的电子设备进行自动记录。自动记录可以大大提高工作效率，避免由于手工操作所容易出现的错误，而且可以直接传输到计算机中转为永久性记录，如目前成熟应用的蛋鸡个体产蛋数无纸记录系统、鸡个体耗料量自动测定系统等，这些系统也逐渐引入到鹅的育种中。

四、永久性记录

无论是手工记录还是自动记录得到的临时性记录都要经过处理，将需要长期保存的信息转成永久性记录，供育种分析使用。永久性记录一般都用某种数据库的形式在计算机的外部存储设备中保存。为了便于这些记录的录入、管理、编辑、查询和有效利用，还可使用一些专门设计的计算机管理和分析软件。

五、种鹅育种记录内容

系谱孵化表：要求系谱清楚，可计算种蛋受精率和孵化率。

雏鹅登记表：可辨认个体及其父母，雏鹅重及特点。

育成鹅性能测定表：记录生长情况、体重变化。

产蛋记录表：根据育种实际分为家系产蛋记录和个体产蛋记录，产蛋记录表中要求记录产蛋数及蛋重、体重、畸形蛋情况。

全群耗料记录表：群体水平、群体耗料情况。

死亡淘汰登记表：死亡数（率）、淘汰数（率）及原因。

新家系组成表：承上启下，系谱清楚。

第四章 四川白鹅繁殖

鹅的繁殖是养鹅生产中必不可少的关键环节，也是鹅品种改良的重要手段。一项先进的繁殖技术，同时又是育种工作扩大优秀基因影响和组合优良基因的手段。了解鹅的繁殖机理、掌握鹅的繁殖规律、配种方法、人工授精技术和提高繁殖力的措施，可使鹅的繁殖潜力得到充分发挥，保证获得良好的经济效益。

第一节　繁殖性能

一、配种年龄和比例

（一）性成熟与配种年龄

当鹅的生殖机能发育基本完善，母鹅卵泡成熟后，卵子能自卵泡破裂处排出；公鹅能产生正常受精的精液，并开始具备正常繁殖能力时，即转入性成熟期。

适时配种才能发挥种鹅的最佳效益。公鹅配种年龄过早，不仅影响自身发育，而且受精率低；母鹅配种年龄过早，种蛋合格率低，雏鹅品质差。四川白鹅的性成熟较早，公鹅一般在8月龄，母鹅在7～8月龄达到性成熟。

初配年龄，公鹅应控制在8月龄以上，母鹅在7～8月龄，达到体成熟时配种才能获得良好的繁殖效果，也才能发挥种鹅的最佳效益。

（二）配种比例

种蛋的受精率与种鹅公母的匹配比例密切相关。一般情况下，四川白鹅种鹅的公母配种比例以1∶（4～5）为宜。在生产实践中，为保证种蛋有较高的受精率，种鹅的公母比例应根据实际情况进行适当调整。青年公鹅或老龄公鹅性欲较差可降低配种比例，壮年公鹅体质强壮可多配；春季宜多配，冬季宜少配；饲养管理条件较好，种公鹅性欲旺盛可适当增加种鹅配种比例，提高种公鹅利用率。

二、配种时间

在配种季节，一天中早晨或傍晚是种鹅交配的高峰期。一只健康的种公鹅上午能配种 3～5 次。因此，在种鹅群繁殖季节，应利用早晨或傍晚的有利时机，适时配种，提高种蛋受精率。

四川白鹅喜在水面嬉戏、求偶，且易交配成功。因此，在种鹅配种期，每天至少应放水配种 2 次，让种鹅有较长时间在水上自由嬉戏、求偶配种。

三、产蛋机理

（一）卵泡的生长

卵巢上每个卵泡内包含 1 个卵子。在性成熟以前，卵泡生长缓慢，临近性成熟时，较大的卵泡迅速生长，并在排卵后 10d 左右卵泡达到成熟，较小的卵泡则陆续长大并成熟。卵泡的生长和成熟是由脑下垂体前叶释放的促性腺激素控制的。卵泡迅速生长后，分泌出雌性激素，刺激输卵管迅速发育，在短期内变得卷曲和宽大，为蛋的形成提供生理和组织结构条件。

（二）排卵

卵泡成熟后，卵子自卵泡缝痕破裂处排出的过程叫排卵。排卵是由脑下垂体前叶分泌的排卵诱导素控制的，在排卵前 6～8h 大量分泌到血液中，然后作用到卵泡上，使卵泡缝隙区域内的微血管逐渐消失或变淡，卵泡缝隙扩大，再加上卵泡膜肌肉纤维的长期张力的辅助作用，促使卵泡缝隙破裂而将卵泡排出。

（三）卵的形成

鹅的卵子自卵泡中排出后，被输卵管的漏斗部接纳，此时如果与进入的输卵管的精子相遇，便发生受精作用。受精卵或未受精的卵子经输卵管各部形成蛋，然后产出体外，这个过程需 24h 左右。

四、繁殖规律

（一）繁殖特性

四川白鹅的繁殖有明显的季节性。母鹅在秋末的9—10月开产，直到翌年4月末停产，冬春季节是鹅的主要繁殖期，夏秋季休产。这是由于自然光照长短周期变换刺激所致，但这种繁殖季节性的生理生化机制尚不清楚。鹅的繁殖周期短，这是鹅的产蛋量不如鸡、鸭的一个难能逾越的制约因素。

鹅的繁殖特性还表现在公母鹅有固定配偶的习性。据观察，有的鹅群中有40％的母鹅和22％的公鹅是单配偶，这与家鹅是由单配偶的野雁驯化而来有关。

鹅的产蛋在前3年随年龄的增长而逐渐提高，到第3年达到最高，第4年开始下降，因此，种母鹅的经济利用年限可长达4～5年之久，种鹅群以2～3岁龄的鹅为主组群较为理想。

（二）产蛋规律及产蛋曲线

鹅的产蛋具有一定的规律性，掌握鹅的产蛋规律，对于科学饲养、节约饲养成本以及安排休产期很重要。重庆市畜牧科学院水禽基地（赵献芝等，2015—2016年）在舍饲条件下，将200只母鹅饲养在个体单笼中测定四川白鹅的产蛋率（图4），测得四川白鹅的开产日龄在30周龄左右，此时产蛋率为3.0％，随后产蛋量很快上升，至35周龄产蛋率上升到32％，此后一致保持

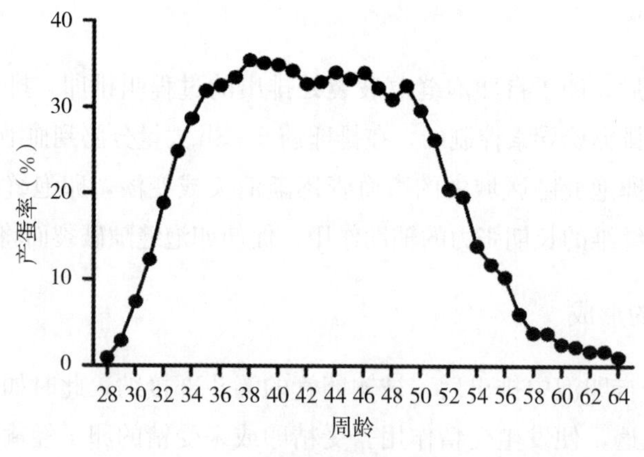

图4　四川白鹅产蛋曲线

在30%以上的产蛋率维持到50周龄，其产蛋高峰期维持时间为15周左右。随后，产蛋量开始迅速下降，至64周龄产蛋率下降到1%左右，基本停产。

五、种鹅利用年限

四川白鹅母鹅的产蛋量在开产后逐年递增，在第3个产蛋年达到高峰，第4个产蛋年开始逐年下降。据统计，2岁龄母鹅比1岁龄母鹅产蛋量提高15%～25%；3岁龄母鹅比1岁龄母鹅产蛋量提高30%～45%。鉴于此，种母鹅繁殖利用年限可确定为3～4年为宜。

第二节　繁殖性状测定

一、产蛋性状

（一）开产日龄

鹅的开产日龄分为个体开产日龄和群体开产日龄。个体开产日龄是指鹅产第一个蛋的日龄，群体开产日龄是指鹅群体达5%产蛋率时之鹅群的平均日龄。生产统计常用后者，即群体开产日龄。

（二）产蛋量

产蛋量是指母鹅在统计期内的产蛋数。有两种计算法：

$$入舍母鹅产蛋量（个）=\frac{统计期内总产蛋数}{入舍母鹅数}$$

$$母鹅饲养日产蛋量（个）=\frac{统计期内总产蛋数}{\dfrac{统计期内每日饲养母鹅数的累加数}{统计期日数}}$$

（三）产蛋率

产蛋率是指母鹅在统计期内的产蛋百分比。

$$入舍母鹅产蛋率=\frac{统计期内的总产蛋数}{入舍母鹅数\times统计期日数}\times100\%$$

$$母鹅饲养日产蛋率=\frac{统计期内总产蛋数}{统计期内每日饲养母鹅数的累加数}\times100\%$$

（四）蛋重

平均蛋重：从300日龄开始计算，以克为单位。鹅个体测定时需连续称3个蛋，求平均值。鹅群体测定时，即在产蛋率达5%以后，连续测3d，求总产量平均值。

总蛋重：指每只种母鹅在一个产蛋期内的产蛋总重量。

总蛋重（kg）＝［平均蛋重（g）×平均产蛋量］÷1 000

（五）产蛋期存活率

$$产蛋期存活率=\frac{入舍母鹅数-（死亡数+淘汰数）}{入舍母鹅数}\times 100\%$$

二、蛋品质性状

测定的蛋数不能少于50枚，每批种蛋应在产出后24h内进行测定。

（一）蛋形指数

用蛋形指数测定仪或游标卡尺测量蛋的纵径与最大横径，求其商，以毫米（mm）为单位，精确度为0.1mm。

$$蛋形指数=\frac{纵径}{横径}$$

（二）蛋壳强度

用蛋壳强度测定仪测定，测定蛋壳表面单位面积上承受的压力，单位为kg/cm^2。

（三）蛋壳厚度

用蛋壳厚度测定仪测定，分别测量蛋壳的钝端、中部、锐端三个部位的厚度，求其平均值。测量时应剔除内壳膜，以毫米（mm）为单位，精确到0.01mm。

（四）蛋的密度

以溶液对蛋的浮力来表示密度。蛋的密度级别高，则蛋壳较厚，质地较好。蛋的密度用盐水漂浮法测定，其溶液各级密度见表 4-1。

表 4-1 盐溶液各级密度（g/cm^3）

级别	0	1	2	3	4	5	6	7	8
密度	1.068	1.072	1.076	1.080	1.084	1.088	1.092	1.096	1.100

（五）蛋黄色泽

按罗氏比色扇的 15 个蛋黄色泽等级比色，统计每批蛋各级的数量和百分比，求平均值。

（六）蛋壳色泽

以白、浅褐、褐、深褐、青色等表示。

（七）哈氏单位

用蛋白高度测定仪测量蛋黄边缘与浓蛋白边缘中点的高度，避开系带，测三个等距离中点的平均值为蛋白高度。

$$哈氏单位 = 100 \times \log(H - 1.7W^{0.37} + 7.57)$$

式中：H——浓蛋白高度（mm）；

W——蛋重（g）。

测定蛋重和浓蛋白的高度后，可查哈氏单位表或用哈氏单位计算尺算出哈氏单位。

（八）血斑和肉斑率

统计测定总蛋数中含有血斑和肉斑蛋的百分比。

$$血斑和肉斑率 = \frac{血斑和肉斑蛋总个数}{测定总蛋数} \times 100\%$$

三、孵化与育雏性状

（一）种蛋合格率

种蛋合格率是指种母鹅在规定的产蛋期内所产的符合本品种（品系）要求

的种蛋数与产蛋总数的百分比。鹅按70周龄计，利用多年的母鹅以生物学产蛋年计。

$$种蛋合格率=\frac{合格种蛋数}{总产蛋数}\times100\%$$

（二）种蛋受精率

种蛋受精率是指种蛋孵化至5～7d照检所得受精种鹅蛋数与入孵蛋数的百分比。血圈血环蛋按受精蛋计，散黄蛋按无精蛋计算。

$$种蛋受精率=\frac{受精蛋数}{入孵蛋数}\times100\%$$

（三）孵化率

孵化率分受精蛋孵化率和入孵蛋孵化率。

$$受精蛋孵化率=\frac{出雏数}{受精蛋数}\times100\%$$

$$入孵蛋孵化率=\frac{出雏数}{入孵蛋数}\times100\%$$

（四）健雏率

健雏率是指健康初生雏数与出雏数的百分比。所谓健雏鹅是指适时出壳、绒羽正常、脐部愈合良好、精神活泼、挣扎有力、无畸形者。

$$健雏率=\frac{健雏数}{出雏数}\times100\%$$

（五）种母鹅提供健雏数

种母鹅提供健雏数是指在规定产蛋期内，每只种母鹅提供的健康雏鹅数。

（六）育雏率

育雏率就是育雏期末雏鹅数占育雏入舍雏鹅数的百分比。

$$育雏率=\frac{育雏期末雏鹅数}{育雏入舍雏鹅数}\times100\%$$

第三节　繁殖技术

一、配种方法

（一）自然交配

自然交配指公母鹅按一定的比例组群，任其自然交配。自然交配一般在体型上差异较小的品种或品系间进行。无论是小群、大群还是个体单配，一般都能获得较高的受精率。自然交配管理成本低，但公鹅的比例高。

（1）大群配种　在母鹅群中按一定的公母配比加入一定数量的公鹅进行配种。

（2）小群配种　只用一只公鹅与几只母鹅组成一个配种小群进行配种。

（3）个体单配　公母鹅分别养于个体栏内，待配种时用一只公鹅与一只母鹅配对交配，定时轮换。

（二）人工辅助配种

顾名思义，即鹅交配有困难，需要人为帮助，使其顺利完成配种。此法一般在利用大型种公鹅如朗德鹅与四川白鹅进行杂交时，常需采用。

配种前可先将公母鹅合群，让其彼此熟悉，进行配种训练，待其逐渐建立起条件反射后，方可进行配种。人工辅助配种具体操作简便，即人为将母鹅轻轻按在地上，母鹅腹部触地，尾部向外，公鹅见状就会前来爬跨到母鹅背上进行交配。待公鹅射精离开后，应迅速把母鹅尾部朝上，用手在泄殖腔周围轻压下，使精液往阴道里流。

人工辅助配种对其他公鹅具有诱情作用，一般每 5～6d 进行 1 次，可以收到良好的效果。

（三）人工授精技术

我国鹅基本为地面平养，如果进行人工授精，捉鹅的应激会很大，因此在生产实践中用得较少。但随着养鹅方法的不断改进和人工授精技术的完善，尤其是在育种过程中，人工授精具有重要的作用，应用越来越广泛。鹅的人工授精技术与鸡、鸭等的类似，可参考相关的资料。

二、提高繁殖力的途径

提高种鹅的繁殖力是一项系统工程，需要通过遗传改良、营养与饲养、配种方式、孵化等方面采取综合措施，达到提高繁殖力的目的。

（一）遗传与选育

品种是影响鹅繁殖力的最主要因素，应用现代遗传育种学原理和方法培育繁殖性能优良的品种或品系，培育优良的高繁殖力品系是提高鹅繁殖性能最重要的手段。我国有许多繁殖力高的地方鹅品种，以受精率高、产蛋量高、无就巢性的地方品种为素材，通过家系选择方法，通过多个世代的选育不断提高鹅繁殖性能，也可以通过导入杂交等方法改善繁殖力较低的品种。公鹅的交配能力也可以通过不断的选育得到提高。在选育中，小型高产品种应淘汰有就巢性（抱性）的个体，达到选育的目标。

（二）营养与饲料

通过合理的营养调控，可以控制种鹅的性成熟、产蛋量和蛋品质。鹅育成期生长情况、产蛋期的营养供给、光照制度以及限制饲养等饲养方法，都将直接影响鹅繁殖性能的发挥。因此，应按照种鹅的生长规律及繁殖规律进行科学饲养。

种鹅从出壳至 6 周龄饲养不宜太粗放，特别是前 4 周的雏鹅，应使用专用的育雏精料进行饲养。6 周龄以后，种鹅可进行适当的限制性饲养，要以粗饲料和青饲料为主，可喂些粗纤维含量高的粉状粗饲料和青草，精饲料喂料量每只每日 150g 左右（可根据种鹅的体重指标进行调整），一次投喂。饲草充足条件下每只鹅每天采食青草 1kg 左右。为保证采食均匀，每只鹅应保证有 20～25cm 长的槽位。种鹅育成期的喂料量不是一成不变的，应根据种鹅采食青饲料的供给情况进行适当调整。

经限制饲养的种鹅在开产前 1 个月左右进入恢复饲养阶段，饲料用初产蛋鹅期饲料，每周逐渐增加饲料量。在产蛋期，日粮采用配合饲料，满足蛋白质、钙、磷等常规养分的需要。微量元素和维生素数量及比例应适当。饲料中粗蛋白质水平应在 15%～17%，并补充青饲料，满足种鹅的需要。精粗饲料合理搭配，精饲料结合青料饲喂。喂料定时定量，精饲料每天喂量为 150～

250g，上午和下午各饲喂1次，青饲料充足时每天每只补充青草250～500g。

（三）公母鹅选择

公鹅的选择：选择体大毛纯、胸厚、颈和脚粗长、两眼有神、叫声洪亮、行动灵活、具有雄性特征的公鹅；手执公鹅的颈部将其提离地面时，公鹅两脚做游泳样猛烈划动，同时两翅频频拍打。特别要对公鹅进行阴茎检查，淘汰阴茎发育不良的公鹅。有条件的种鹅场，还应进行公鹅精液品质检测，淘汰精液品质差的公鹅。

母鹅的选择：母鹅在产蛋前1个月应严格选择定群。母鹅选择的标准是，外貌清秀，前躯深宽，臀部宽而丰满，肥瘦适中，颈相对较细长，眼睛有神，两脚距离适中，全身被毛细而实，腹部饱满，触摸柔软而有弹性，肛门羽毛成钟状，耻骨端柔软而有弹性，耻骨间距应在二指宽以上。

（四）人工授精

人工授精技术可以使单只公鹅的与配母鹅数大大增加，从而扩大优秀种公鹅的影响力，以充分发挥其繁殖潜力。

（五）洗浴

良好的洗浴对于提高种鹅受精率具有重要意义。鹅是水禽，自然交配时，以在水面上交配受精率最高，一般每只种鹅应有0.5～1.0m^{2}的水面运动场，水的深度0.5m左右。若水面太宽，鹅群较分散，配种机会减少。若水面太窄，鹅过于集中，会出现争配以及相互干扰的现象，同样影响受精率。每天早晚（种鹅配种的高峰期）将种鹅放入有较好水源的戏水池中洗浴、戏水。

（六）投苗

鹅繁殖性能的表现还与投苗季节和管理有很大关系。我国很多地区习惯于在早春投苗饲养种鹅，此时投苗的种鹅产蛋性能表现最佳。管理直接影响种鹅的生长和产蛋，如进行强制换羽，可以缩短种鹅的换羽时间，提高下一个产蛋期开产的整齐度，按照科学方法对种鹅进行阶段饲喂、合理光照和营养、防病和治病以及尽量减少应激因素的干扰等管理手段，均是提高种鹅繁殖力的重要措施。

（七）产蛋期管理

根据母鹅产蛋情况制定统一、规范的产蛋期管理制度，防止生人进出产蛋舍。根据产蛋的规律进行种蛋收集，设置产蛋箱，训练母鹅定位产蛋，开产时用引蛋的方法诱导母鹅在产蛋窝内产蛋，防止窝外蛋。

（八）控制就巢性

就巢的发生和环境有很强的相关性，应增加母鹅在室外的活动时间。一般白天非产蛋时间均应让鹅在室外活动。如果发现母鹅有恋巢行为，应及时隔离，关在光线充足、无垫草的围栏里，只给饮水不给料，适量饲喂粗纤维饲料。

第四节　反季节繁殖技术

一、反季节生产的概念

鹅在传统的饲养方式下，一般繁殖活动呈现出强烈的繁殖季节性，以四川白鹅为例，表现为从每年的 9—10 月进入繁殖期，至次年的 4—5 月进入休产期，产蛋高峰期为 11 月至次年 2 月。通过人工光照制度、饲料营养、温度调控等技术措施，可使种鹅在非繁殖季节产蛋、繁殖。繁殖季节休产，称为反季节繁殖。

二、反季节繁殖调控原理

鹅属于季节性繁殖家禽，日照的增长或缩短直接引起繁殖周期的改变。自然光照下，鹅的繁殖状态被全年的光照变化划分为繁殖季节和非繁殖季节，光照是重要的调控因子。实现这种调控的作用机制是动物体下丘脑的光感受器接受光信号，将其转换为神经冲动，然后进一步通过影响内分泌系统来最终调节动物的生殖活动。

我国地域宽广，鹅繁殖季节随不同地区气候条件的变化而呈现不同的繁殖特性。根据繁殖与季节光照的关系，将鹅分为长光照繁殖型和短光照繁殖型。我国的大部分鹅种属于短光照繁殖型，如马岗鹅、乌鬃鹅、阳江鹅等从每年的 7—8 月光照时间由长变短开始繁殖，至次年 3—4 月光照时间逐渐延长产蛋终止；四川白鹅、太湖鹅等从每年 9—10 月进入繁殖期，在次年 4—5 月进入休产期。我国的少数几个鹅种如东北地区的籽鹅、豁眼鹅以及欧洲鹅种朗德鹅、莱茵鹅属长日照鹅种，从每年 3—4 月日照延长时开始进入繁殖期，秋冬季 9—10 月进入休产期。

因此，根据鹅的繁殖活动特点与自然光照的规律，改变留种季节，利用人工光照措施模拟鹅生活环境的季节性变化来诱导鹅产蛋，并结合饲料营养、温度和活拔羽绒等技术措施，使种鹅在非繁殖季节产蛋、繁殖，从而促进鹅产业的全年均衡发展。

三、反季节繁殖调控技术

四川白鹅的反季节繁殖有两种方法：一是培育专门的反季节种鹅：于每年 10—11 月留种鹅苗，次年的 2—3 月（5 月龄时）实施强制换羽，4—5 月开产，12 月停产。二是将常规饲养的种鹅转变为反季节种鹅：正常季节选留的种鹅，于 9 月开产，种鹅开产 4 个月后即次年 1 月进行整群，停料使其停产，进行强制换羽，经 60～90d 的恢复后，种鹅 4 月重新开产至 12 月底停产。

（一）适时留种

种鹅的第一个产蛋年开始的时间与品种的关系密切。四川白鹅 210 日龄左右开产。因此，要使母鹅在 4—5 月开产，应在当年的 10—11 月出壳的苗鹅中留种，要求雏鹅体质健康、体况正常，至次年的 3—4 月（7 月龄左右）正常开产。

（二）光照程序

对于经产种鹅，实现鹅反季节繁殖的最关键的因素是调整光照程序。具体做法：在冬季延长光照，在 12 月至次年 1 月中旬在夜间给予鹅人工光照，加上在白天所接受的自然太阳光照，使一天内鹅经历的总光照时间达到 18h。用长光照持续处理约 75d 后，将光照缩短至每天 11h 的短光照，鹅一般于处理后 1 个月左右开产，并在 1 个月内达到产蛋高峰。在春夏继续维持短光照制度，一直维持到 12 月，此时再把光照延长到每天 18h，就可以再次诱导种鹅进入“非繁殖季节”，从而实施下一轮的反季节繁殖操作。对于

反季节青年种鹅，根据产蛋季节要求反季节鹅按后备种鹅及产蛋鹅的常规饲养方式要求饲养。

（三）四川白鹅的反季节繁殖实践

重庆市畜牧科学院通过培育专门的反季节四川白鹅，采用自然光照和人工光照两种措施，研究留种季节和光照措施对四川白鹅繁殖性能的影响（2014—2015年，王启贵、李琴、彭祥伟等）。方法和结果：在每年10—11月留种雏鹅，次年2—3月（5月龄）实施强制换羽，后备鹅按常规饲养方式饲养，种鹅生长至4—5月（7月龄左右）开产。种鹅在自然光照和人工降温作用下，5—12月产蛋量达到65枚，平均产蛋率29.0%，平均受精率76%，其繁殖性能显著高于人工光照组，见表4-2。通过上述研究表明，四川白鹅可通过改变留种季节和控制环境温度，实现种鹅在非繁殖季节进行繁殖。

表4-2 人工、自然光照组繁殖性能比较

组别	开产日龄（d）	平均产蛋量（枚/只）	平均产蛋率（%）	平均受精率（%）
人工光照组	218（32周）	54	24.31 ± 11.04^{aB}	66.76 ± 10.48^{b}
自然光照组	229（33周）	65	29.22 ± 11.42^{A}	75.58 ± 10.88^{a}

注：肩标中不同字母表示差异显著（$P<0.05$），字母大小写不同者表示差异极显著（$P<0.01$）。

四、反季节生产配套技术措施

（一）留种季节

于每年10—11月留种雏鹅苗，要求雏鹅体质健康、体况正常。反季节鹅按后备种鹅及产蛋鹅的常规饲养方式饲养，生长至7月龄左右（次年的4～5月）正常开产。

（二）适宜养殖区域与圈舍建设

反季节种鹅最好饲养在夏季自然气温较低的地区，如北方地区和高海拔地区，建设全开放式或半开放式鹅舍，采用自然通风和自然光照。如果在夏季自然气温比较炎热的地区饲养，需要建设能够进行温度控制的全封闭式或半封闭式鹅舍，在气候温和的季节，依靠门窗采用横向自然通风方式调节舍内环境；

气温较高时关闭门窗，采用水帘进行负压通风降温。

（三）防暑降温措施

反季节种鹅在4月开产，此时温度逐渐增强，鹅开产后很快就换羽停产，产蛋量、受精率都很低。因此，对于全封闭式鹅舍，必须通过安装防暑降温设备设施和采用相应的温度控制措施，确保种鹅产蛋的持续性和稳定性。采用湿帘＋风机的纵向通风设计，将湿帘安装在负压通风进风口一侧，风机采用低噪音大风量畜禽舍专用风机，通风量按照历史上当地最高气温所需的通风量进行设计，通过水蒸发可降低舍内温度3～7℃。

对于开放式鹅舍，可在运动场上植树或在上方搭建双层遮阳网、搭建凉棚，降低运动场的温度，调整作息时间，早晚天气凉爽时将鹅只放入运动场，深井清凉水洗浴、饮水，满足种鹅生产和生理需求。

（四）饲料营养与饲养技术

1. 抗热应激　在夏季，应在产蛋料中添加多种维生素、碳酸氢钠或其他抗应激类饲料添加剂，以增强母鹅的体质，缓解热应激的不良影响。

2. 科学的日粮配合　产蛋期饲料营养要求粗蛋白质16%～17%、代谢能11.5～12.0MJ/kg，钙3.2%，粗纤维5%，磷0.7%，食盐0.3%。种鹅产蛋期饲料参考配方参见本书第六章第三节。

3. 精粗饲料合理搭配　喂料要定时定量，精料结合青料饲喂。精料每天喂量为150～250g，刚开始进入产蛋期时饲喂量为150g/d，慢慢增至250g/d，2次/d。青草充足时每只每天补充青草0.25～0.5kg。

4. 调整作息时间，保证良好的洗浴和运动　每天早晚将种鹅放入水源较好的戏水池中洗浴和运动。根据气温变化调整放鹅时间，比如在重庆，从6月开始气温快速升高，上午放鹅时间为6：00～10：00，下午放鹅时间为16：00～18：00，可避免高温对鹅的热应激反应。

5. 舍内鹅只密度　夏季种鹅在鹅舍内时间较长，摄食和排泄量很多，容易造成舍内空气污染。为保持空气新鲜，将鹅舍内鹅只的密度控制在1.2只/m^2以下，并及时清除粪便、垫料。

（五）诱导换羽

饲养至5月龄时（1、3月）实施诱导换羽，以促进鹅群整齐开产和开产后的高产稳产。诱导换羽措施主要是通过控制喂料量、人工拔出主翼羽等措施实施人工诱导换羽，使种鹅短期停产换羽进入下一个产蛋期，并将产蛋高峰集中在理想的季节时间内。

诱导换羽程序：

1. 整群、停光、停料　诱导换羽前 2d 可进行整群，淘汰伤残鹅、体弱、瘦小和不符合种用标准的鹅，将公、母鹅分群饲养。逐渐减少喂料量和喂料次数，停止给料 3～4d，但要保证饮水充足。从第 4～5 天开始饲喂育成鹅饲料和青饲料，喂六七成饱，5d 左右（具体时间以拔毛完成为止）。

2. 拔毛　在停料和停光处理下，鹅群会有大量的小毛绒掉下，鹅身上的毛出现松散、杂乱，并且尾部和翅膀的主翼羽和副翼羽开始松动、干枯（第 10 天左右，根据鹅群状况而定），此时开始试着拔毛，如果拔下来的毛不带血，就可逐只一根一根地拔掉，暂时不适合拔的鹅第 2 天再拔，通常 2～3d 可拔完；最后拔掉主尾羽。

3. 恢复　鹅换羽后适应性较差，应防止雨淋和烈日暴晒等应激，3d 内不能让鹅群下水，以防拔毛后的伤口感染。拔完毛后饲喂育成鹅料加青草，逐步增加育成期饲料。从停料到交翅（主翼羽在背部交叉）需要 40～50d，交翅后换成初产蛋鹅料。

第五章
四川白鹅种蛋孵化

第一节　种蛋选择

鹅种蛋品质的优劣直接影响到孵化效果的好坏，也直接关系到初生雏鹅的质量和生活力，品质良好的种蛋能为胚胎发育提供丰富的营养物质，保证较高的孵化效率和育雏成活率。因此，在入孵前必须对种蛋进行严格的选择。

一、种蛋来源

鹅种蛋应来自生产性能好、繁殖力强、遗传性能稳定、健康状况良好的种鹅群体。种鹅群要求有良好的饲养管理条件，公母比例适当，且在开产前一个月进行过小鹅瘟免疫接种，最好相隔一周再接种一次，加强免疫。只有具备上述条件的种鹅才能生产出品质优良的种蛋，其种蛋才有较高的受精率和孵化率。

二、种蛋新鲜度

鹅种蛋的新鲜度是决定孵化率高低的重要因素，种蛋越新鲜，胚胎的生活力越强，孵化率越高。新鲜蛋的气室较小，蛋白黏稠，蛋黄呈圆形且完整清晰。随着种蛋保存时间的延长，由于蛋内水分逐渐蒸发，气室也随之渐渐增大，蛋黄由圆变扁平，孵化率会逐渐下降，尤其是种蛋保存在室温较高的条件下，孵化率将会迅速降低。因此，种蛋必须保存在适宜的温度和湿度的条件下，才能保证其较高的新鲜度。一般以产后 1 周内的蛋作为种蛋较为合适，3～5d 最好，若超过 2 周则孵化期延长。种蛋贮存时间越长，孵化率越低，弱

雏鹅越多。

三、种蛋外观

（一）清洁度

选择表面清洁的种蛋。蛋壳上有粪便等污物附着，会堵塞气孔，妨碍气体交换，影响胚胎正常发育，导致死胚胎增多，并会污染其他清洁蛋及孵化器增加死胎，降低孵化率，降低雏鹅质量。对于受轻度污染的种蛋，可用40℃的0.1%新洁尔灭擦洗污物（图5-1）。

图5-1 种蛋擦洗

（二）蛋重

蛋重系指蛋从母鹅体产生后24h内的重量。它受开产日龄、产蛋阶段、营养水平、气温等因素的影响。应选择中等大小的鹅蛋作为种蛋。四川白鹅的种蛋重146g左右，大于或小于其15%的蛋均不宜选作种蛋。种蛋过大或过小都影响孵化率和雏鹅的初生重。初生重大约为入孵蛋重的60%～70%。因此，选好种蛋一是可提高孵化率，二是可以提高新生雏鹅的均匀度。

（三）蛋形

正常鹅蛋为椭圆形。过长、过圆或橄榄形等畸形蛋均不宜作种蛋。衡量蛋的形状通常用蛋形指数，用游标卡尺测量蛋的纵径和最大横径求得。

蛋形指数（R）＝蛋的最大纵径（L）/蛋的最大横径（S）

四川白鹅的平均蛋形指数为1.46。蛋形指数与孵化率、健雏率有直接关系。一般而言，蛋形指数过高或过低其孵化率和健雏率都会降低。

（四）蛋壳质量

鹅种蛋蛋壳厚薄应适度，结构均匀细密，气孔分布匀称、质地好。在孵化过程中有利于胚胎顺利进行气体交换。薄壳蛋、蛋壳过厚的钢壳蛋、蛋壳厚薄不均的皱纹蛋、壳面粗糙的沙皮蛋等，均会不同程度地阻碍或影响气体交换，均不宜作种蛋。

（五）破损、血斑、肉斑蛋

破损蛋有裂纹，在孵化过程中常因水分蒸发过快和细菌入侵而危及胚胎的正常发育，导致孵化率降低，破损蛋常用轻轻敲击、碰撞，根据其音质来区分，音质清脆为完好无损的蛋，碰撞的声音嘶哑为破损蛋，应剔除。

通常用照蛋来发现血斑、肉斑。斑点有白色、黑色、暗红色，血斑、肉斑位于蛋黄上，可随转蛋移动，这种蛋不能作为种蛋。

第二节 种蛋保存与消毒

受精蛋在蛋的形成过程中已开始发育，而一旦产出母体外，其胚胎会暂停发育，以后在适当的条件下又开始发育。

一、种蛋保存条件与方法

种蛋选出后如不及时入孵，就要在一定的条件下贮存，以保证有较高的出雏率。因此，必须建有专用的蛋库。

（一）种蛋保存条件

种蛋存放在室内，环境条件适宜，可保持种蛋良好的品质。有条件的地方，室内可安装空调设备，使种蛋不受外界气温变化的影响而在较恒定的温度条件下进行保存。

四川白鹅产蛋季节性较强，多集中在当年 11 月至翌年的 5 月产蛋，这一期间外界气温较低，适宜种蛋的保存，但也要防止过低的气温。

1. 保存温度　胚胎发育的临界温度为 23.9℃。新产下的种蛋可以在低于

临界温度保存一段时间。当种蛋保存温度低于10℃时，胚盘会收缩，如果种蛋保存的温度过低，胚胎会因受冻而导致生活力下降，以致死亡。若保存温度高于临界温度时，胚胎将不断消耗蛋内营养物质，继续发育，而温度又达不到胚胎发育的适宜温度，导致胚胎发育受阻，容易造成胚胎早期死亡。一般认为种蛋保存最适宜的温度为13～16℃，如果保存期超过5d，则保存温度最好为10～11℃。

2. 保存湿度　在种蛋贮存期内，水分会通过气孔向外蒸发，其蒸发速度受室内相对湿度影响，室内相对湿度愈大，蛋内水分蒸发愈少。为了尽量减少蛋内水分损失，应提高室内相对湿度。通常室内相对湿度保持在75%～85%为宜。若室内相对湿度过高，会导致霉菌大量繁殖，于种蛋胚胎发育不利。

3. 保存时间　种蛋即使贮存在适宜的环境条件下，孵化率也会随着保持时间的推移而逐渐下降。种蛋保存时间过长，水分会过多的蒸发引起系带和卵黄膜变脆，酶的活动使蛋内营养物质变性，引起胚胎衰老，蛋白本身杀菌能力下降而导致入侵的微生物侵袭胚胎，影响胚胎的活力。

种蛋保存时间越短，孵化率越高。因此，种蛋保存时间以不超过7d为宜。

（二）种蛋保存方法

1. 种蛋的放置状态　种蛋采用小头向上放置状态，蛋黄处于蛋白的中心位置，胚胎不会脱水或与内壳膜粘连，在较长时间保存时，可不必翻蛋。

2. 种蛋的包装　一般采用聚氯乙烯塑料薄膜袋装种蛋，厚0.3mm、长118.5mm、宽71mm的塑料袋可装50～70枚种蛋。用不透气的塑料袋贮存种蛋的优点在于可防止蛋内二氧化碳和水分的逸出，较好地保持种蛋的生物品质，从而保证种蛋有较高的孵化率。

二、种蛋消毒方法

鹅蛋经泄殖腔产出后，往往易受垫料和粪便污染，在适宜的条件下，细菌迅速繁殖并通过蛋壳上的气孔侵入蛋内，影响胚胎的生长发育。种蛋受到污染不仅影响孵化效果，而且还会污染孵化设备，传播各种疾病。因此，种蛋在孵化前必须进行严格消毒。种蛋消毒方法有以下几种。

（一）福尔马林熏蒸消毒法

福尔马林熏蒸消毒法是目前国内外最常用的种蛋消毒方法，其杀菌能力强，消毒效果好，特别是对病毒和支原体消毒效果更好，此方法可杀死蛋壳上95％～98.5％的病原体。目前种蛋和孵化机多采用这种消毒方法。

1. 消毒剂配制　在孵化厂的消毒室进行消毒，一般以每立方米空间用福尔马林（40％的甲醛溶液）30mL，高锰酸钾15g的单位标准配制。对清洁度较差或外购的种蛋，消毒室按每立方米用42mL福尔马林加21g高锰酸钾的标准配制。

2. 熏蒸方法　采取措施使室内温度达到25～27℃、相对湿度达到60％～75％的条件，关闭门窗，用陶瓷盛放消毒药。放药顺序必须是：先加少量温水，后加高锰酸钾，再加入福尔马林，此顺序绝对不能颠倒。当福尔马林与高锰酸钾接触后立即散发出具有很强消毒作用的烟雾，密闭熏蒸20～30min，熏蒸结束后打开门窗，将烟雾排出室外。

对清洁度较差的或外购种蛋，在消毒室熏蒸消毒后，应在入孵器内进行第二次消毒，每立方米用28mL福尔马林加14g高锰酸钾，密闭熏蒸20～30min，熏蒸结束后打开通气孔，开动风机，排除孵化器中的福尔马林烟雾，然后再正式升温孵化。

如果种蛋数量少，也可在室内一角，用塑料薄膜制成熏蒸罩，把种蛋放人罩内熏蒸消毒，这样做可节省药品，降低费用。

3. 注意事项

（1）甲醛与高锰酸钾反应强烈，腐蚀性强，必须使用较大的陶瓷器皿或玻璃器皿，严禁用金属器皿。

（2）种蛋表面必须干净，无粪便及污物黏附，否则会降低消毒效果。对于外壳污染重的种蛋，应用40℃的清水，用清洁抹布清洗。

（3）种蛋在消毒室时，如蛋壳上凝有水珠，熏蒸时对胚胎不利，应当尽量避免。解决方法是提高温度，待水珠蒸发后，再进行消毒。

（4）甲醛是一种强致癌物，操作人员要穿好防护服装、胶鞋，并戴上防护面具，防止被人体接触和吸入。

（5）熏蒸消毒时要关闭门窗和进出气孔，熏蒸结束后，应迅速打开门窗和通风孔，将药物气体排出。

(6) 福尔马林溶液挥发性很强，要随用随取。如发现福尔马林与高锰酸钾混合后只冒泡产生小烟雾，说明福尔马林已经失效。

(二) 新洁尔灭消毒法

1. 消毒剂的配制　取5%的新洁尔灭原液1份，加至50倍40℃的温水均匀混合即配制成0.1%的新洁尔灭溶液。

2. 消毒方法

(1) 喷雾消毒法　将种蛋放于蛋架上，用喷雾器将0.1%的新洁尔灭稀释溶液均匀地喷洒在种蛋表面消毒。待药液干燥后即可送入蛋库或入孵。

(2) 浸泡消毒法　将种蛋放入盛有0.1%的新洁尔灭溶液的容器中，药液温度40℃，浸泡3min后，取出晾干后入孵。

3. 注意事项　新洁尔灭溶液切忌与碱、碘、肥皂、高锰酸钾配用，以免药物失效。

(三) 百毒杀消毒法

将浓度50%的百毒杀原液3mL，加入5 000mL水中，均匀混合后，用喷雾器对种蛋喷洒消毒。

百毒杀药液消毒效果良好，无腐蚀性和毒性，使用安全，价格便宜。

第三节　鹅蛋孵化

一、种蛋孵化条件

种蛋在孵化过程中，温度、湿度、通风是鹅胚胎发育的三大要素条件，正确掌握和运用孵化条件是获得理想孵化效果的关键（图5-2）。

图5-2　准备上孵的种蛋

(一) 温度

在孵化中，种蛋品质是内因，温度则是主要的外部因素。

鹅胚胎发育对温度的变化非常

敏感。在孵化过程中，根据鹅胚胎发育不同生理阶段对温度的不同需求，适时地给予适宜的孵化温度，保证鹅胚胎能正常生长发育，才能获得高的孵化率。

1. 温度对鹅胚胎的影响 鹅胚胎发育对孵化温度的变幅具有一定的适应能力，但若是超过适温范围就会影响胚胎的正常生长发育，甚至造成死亡。一般而言，高温对孵化中胚胎的危害较大，能引起神经、肾脏、心血管系统以及胎膜的畸形。如孵化温度达到42℃，经2～3h，鹅胚胎就会全部死亡。

鹅胚胎对低温的耐受力较强，这与自然选择的适应性是分不开的。在自然孵化条件下，母鹅孵化鹅蛋时的经常离巢，必然会引起蛋温下降却不影响孵化效果。但低温能使胚胎发育迟缓，延长孵化期，导致死亡率增加。

2. 控温标准与阶段 鹅蛋的含脂量和热量水平比鸡蛋、鸭蛋高，其孵化温度应比鸡、鸭低。鹅蛋适宜的孵化温度为36.5～38.5℃。孵化初期，胚胎的发育处于初级阶段，物质代谢低，产热较少，此时需要比较稳定和稍高的孵化温度，以刺激糖类代谢，促进胚胎发育。孵化中期，随着胚胎的发育加快，体内产热逐渐增加，此时孵化温度应适当降低。孵化后期，胚胎产生大量体热，这时可利用鹅胚胎自温转入摊床孵化，直至出雏。

鹅蛋孵化操作中对孵化温度总的要求为：前高后低，在孵化的中、后期，要避免高温孵化。

3. 控温制度 根据种蛋来源是否充足与气温的变化，为节约能源可采用恒温孵化或变温孵化。这两种控温制度均能获得好的孵化效果。

（1）恒温孵化 种蛋来源少，或者室温偏高，宜分批入孵，宜用恒温孵化法。采用恒温孵化时，机内温度控制在37.8℃。通常孵化器内有3～4批种蛋，新、老种蛋的位置交错放置，这样老蛋多余的代谢热可被温度偏低的新蛋吸收，以满足不同胚龄种蛋对温度的需求。如此循环，既减少了老蛋自温超温，又可节约能源，也不影响孵化率。

（2）变温孵化 种蛋来源充足或室温偏低的情况下宜采用整批入孵。整批入孵，孵化器内胚蛋的胚龄均相同，随着孵化胚龄的增加，胚胎自身产生的代谢热也会增加，胚蛋在孵化至中、后期代谢热高，容易引起自温超温。因此，宜采用阶段性的变温制度。孵化前期温度宜高些，中、后期温度宜低一些，即形成阶段性降温孵化。整批孵化采用变温孵化可减轻劳动强度，也比分批孵化操作简便。

鹅蛋孵化第 1 天温度为 39～39.5℃，第 2 天为 38.5～39℃，第 3 天为 38～38.5℃，第 4 天为 37.8℃，22d 以后转入摊床孵化。

（二）相对湿度

鹅胚胎发育对环境相对湿度的适应范围比温度要宽些。适宜的湿度可调节胚蛋内水分的蒸发速度，使胚蛋受热均匀，孵化后期有利于胚胎散热，也有利于破壳出雏。出雏时空气中的水分使蛋壳中碳酸钙变为碳酸氢钙，其性变脆。在雏鹅啄壳以前提高环境的相对湿度是很有必要的。

在孵化期间，胚胎在不同阶段对湿度的需求也不同，一般是“两头高，中间低”。鹅蛋孵化第 1～9d 胚胎要形成羊水、尿囊液，相对湿度应调至60%～65%，孵化至第 10～26d 为 50%～55%，孵化至第 27～30d 时，为使雏鹅正常出壳，避免绒毛与壳膜发生粘连，相对湿度应调升为 65%～70%。若采用分批孵化，孵化器内有不同胚龄的胚蛋，相对湿度应控制在 50%～60%，孵化后期出雏时相对湿度应调升为 65%～70%。

在整个孵化期内，无论相对湿度过高或过低，均会造成弱胚增多，降低孵化效果。湿度不足，会加速胚蛋内水分蒸发，造成胚胎失水过多，导致尿囊绒毛膜干燥，容易引起胚胎与壳膜粘连，出壳困难。若湿度过大，会妨碍蛋内水分蒸发，使胚胎产生的代谢水不能及时排出，导致胚胎水肿死亡，或雏鹅腹部容积增大，脐部愈合不良，形成弱雏。因此，在孵化期内调控适宜相对湿度，才能使胚蛋受热均匀，使鹅胚胎正常发育、出壳。

（三）通风

1. 通风有利于胚胎气体代谢　在整个孵化期中，鹅胚胎发育需要不间断地进行气体交换，孵化前期，胚胎气体代谢微弱，需氧量小，胚胎发育至中、后期代谢相对旺盛，需氧逐渐增加，二氧化碳排出量也加大。孵化机内二氧化碳含量超过 1%时，则孵化率将下降 15%；二氧化碳含量达到 1.5%～2.0%时，孵化率剧烈下降，如不改善通风换气，畸形、死胚会急剧增多。孵化过程中通风换气，可以为胚胎发育提供所需氧气，及时排出二氧化碳等废气。

2. 通风驱除胚胎余热　孵化后期，鹅胚胎代谢旺盛，代谢热量急剧增加，加强通风换气，有助于驱除胚胎余热，均匀机内温度，避免鹅胚胎自温超温而引起死亡。

3. 通风减少污染　鹅胚胎在孵化过程中，产生大量二氧化碳等代谢废气，如不尽快排出机外，对胚蛋及初生雏都是极有害的。通风与温度、湿度的控制关系密切。通风量过大，机内温度、湿度不易保持，通风不良，机器内温度、湿度会提高，空气不流通，受热不均匀。按孵化阶段合理地调节通气量，既可将机内废气排出，又能改善机内卫生状况，避免交叉污染。

（四）翻蛋

1. 翻蛋的功能　自然孵化时，母禽一昼夜内翻动胚蛋可达上百次。人工孵化就是模拟自然孵化的一种形式。翻蛋可使胚胎受热均匀，促进鹅胚胎运动，促进胚胎对营养物质的吸收和进行气体交换，有利于胚胎发育，防止胚胎与壳膜粘连，保持正常胎位，有利于鹅雏破壳出雏。

2. 角度与次数　机器孵化时每次翻角度以90°为宜，每间隔2h翻蛋1次。平箱等传统孵化时，由于种蛋平放，翻蛋角度为180°，同时应调整蛋筛位置，每天翻蛋6～8次。

（五）晾蛋

1. 晾蛋的作用　鹅蛋脂肪含量比鸡、鸭蛋高，孵化过中鹅胚产生的生理代谢热较多。晾蛋的主要作用在于帮助胚蛋散热降温，并随之为胚胎提供充足的新鲜空气，保证胚胎正常发育。

2. 晾蛋方法　鹅胚蛋在孵化后期，胚胎代谢旺盛，产生大量热量，此时必须采取晾蛋措施才能及时解决散热问题。晾蛋时将蛋盘抽出孵化机器外放置，让其透气散热。

每天晾蛋2次，每次晾蛋时间为30～40min，少则15～20min。室温低，晾蛋时间短；室温高，晾蛋时间长。夏季气温高，晾蛋时蛋温不易下降，可在胚蛋表面喷凉水进行降温。待蛋温降至20～30℃，即可将胚蛋置于眼皮上，感觉温而不凉时为宜（图5-3）。

图5-3　晾　蛋

二、鹅蛋孵化方法

（一）自然孵化

自然孵化是水禽繁衍后代的本能。四川白鹅在经人们长期选择作用下母鹅早已丧失抱窝性能，而借抱窝母鸡来繁衍后代。自然孵化目前在交通不便或地势偏远的农村却不失为一种有效的孵化方法。

1. 抱窝母鸡的选择　选择用于抱窝的母鸡必须就巢性强，有抱窝习惯。在入孵前，可先设置假蛋让其试孵，待母鸡适应并安静孵化后，再将鹅种蛋放入窝内孵化。一只母鸡可孵化鹅蛋 7～8 枚。

2. 窝的准备　窝巢可用盆、箱、竹篓筑成，直径 35～40cm，窝内放置干净、柔软的稻草。将抱窝置于环境安静、避风、光线幽暗的室内。

3. 抱期的管理　鹅种蛋最好晚上放入抱窝内，有利于母鸡安静孵化。在孵化过程中每天应让母鸡离巢 1～2 次，让其采食、饮水和排粪。每天人工帮助翻蛋 2～3 次，将窝中心蛋与周边蛋对调位置。同时在孵抱期内照蛋 2～3 次，剔除无精蛋、死胚蛋并及时并窝。孵化后期，每天向胚蛋喷水 2～3 次降温。出雏时雏鹅啄壳困难时可进行人工助产，将雏鹅头部拉出置于壳外。

（二）人工孵化

人工孵化就是人为模仿自然孵化的原理，为其创造适宜的孵化条件，进行孵化。

1. 桶孵化法　桶孵化法又叫炒谷孵化法，是我国南方广泛使用的一种传统孵化法，设备和原料有孵桶、网袋、稻谷等。孵桶为竹篾或稻草编织而成的无底圆桶，桶高 90cm，直径 60～70cm，每桶可孵鹅蛋 400 枚。网袋长 50cm，口径 85cm，每网可装鹅蛋 30～40 枚。

桶孵化法的操作程序如下：

将 2kg 稻谷炒热至 55～60℃，倒入孵桶摊平，把 4 网袋鹅种蛋平放于热谷上，再用热稻谷撒于蛋上，迅速摊平，使热稻谷均匀填充在蛋隙之间，并盖过蛋面。按上法再放 4 网蛋，再撒热谷，如此共放 6 层蛋，最上一层撒上热谷后盖上蒲团，保温 20min 完成第一次烫蛋。

第二次烫蛋时将45～50℃的热谷2kg倒入桶内摊平，把第一次烫蛋时放在最上一层的种蛋取出移放在底层，依次将原桶最下面一层放在最上面，两网蛋构成每层的内外圈，每层撒上热谷，最上一层垫热谷盖蒲团保温。约30min后正式装桶。

正式装桶时，将43～46℃热谷5kg倒入桶底摊平，再放5kg冷谷摊平，把第二次烫蛋的最上一层的外圈蛋放入下一层的内圈，原内圈蛋放在外圈，依次把原上面的放在下面，下面的放在上面，内外圈互换位置，放一层热谷装一层种蛋，共12层，撒上热谷并盖上蒲团保温孵化。

孵化至第2～5天，早晚各换热谷调温翻蛋1次。第7天照蛋剔除无精蛋和死胚蛋后上孵第二批种蛋。待第一批种蛋孵化到第9天时胚胎产热已经能自己供温时，除底层仍需加热谷供温不变外，其余可改为每两层胚蛋填一层热谷，第10天改为三层胚蛋一层热谷，第11～12天改为四层胚蛋一层热谷，第13天起为老龄胚蛋供温的官桶期。

官桶期孵桶内装有两批以上的种蛋，此期不再加热谷，热源由老龄胚蛋提供。装桶时用老蛋夹新蛋的方式，可连续两层老蛋装一层新蛋，老蛋一般放在最下一层的外圈和官桶的最上一层盖面。孵化到第13～23天，每6～8h人工翻蛋1次。孵化到第23天以后可转入摊床孵化。

2. 摊床孵化法　摊床孵化法也是我国传统的孵化法，是依靠胚蛋自身产热而进行自温孵化。不论采用何种孵化机具，当胚蛋孵化到第16天以后都可移到摊床孵化，不需外部提供热源。

摊床为木制床式长架，在架上铺木板或竹篾条长席，上铺厚度为5～10cm稻草，草上放席子。摊床长度随房屋长而定，宽度以两人臂长为宜，以便两人对立操作。为节约室内空间，摊床可做2～3层。

鹅胚蛋上摊床后，需要棉被、被单、驴皮纸等覆盖物覆盖保温，继续进行孵化。由于摊床边上的胚蛋易散热，蛋温较低，处于摊床中间的胚蛋温度较高，为使摊床上胚蛋的温度保持均匀，需采取以下措施进行调温。

（1）翻蛋　将边蛋与中心蛋的位置相互调换，每昼夜翻蛋2～3次。如果边蛋与中心蛋温差太大，应增加翻蛋次数。反之，如温差小，则应减少翻蛋次数，视温差变化情况灵活掌握。

（2）调整胚蛋密度　胚蛋密度大，易升温；密度小，易散热。初上摊床的胚蛋需放双层，随着胚蛋代谢热增高，上层中心蛋可稀放。待胚蛋温差较小

时，将胚蛋全部平放。

（3）开闭门窗　开关门窗能调节室内温度，也可调节摊床上胚蛋的孵化温度。

3. 平箱孵化法　平箱孵化法是在传统的基础上改用平箱作为孵具，用木炭、煤等作为热源燃料的孵化方法。它具有操作简便、孵化率高等特点，适合我国电力资源较紧缺的地区应用。

（1）平箱的结构　平箱上层为蛋架，下层为热源。箱体用砖木制作，箱高160cm，宽、深均为96cm。箱内设7层转动式蛋架。上面6层为盛蛋的蛋筛，蛋筛用竹篾编成，外径76cm，高8cm。底层放一空竹匾，起缓冲温度之用。每一平箱可孵化鹅种蛋600枚。

平箱下部为热源，内部四角用泥涂抹成圆形炉膛，正面开一火门，装上移动门。热源与箱身连接处装一厚铁板，上面铺一层草木灰，作为热缓冲层。

（2）孵化操作

上蛋：入孵前先试温，待平箱升温稳定后，将鹅种蛋放在蛋筛里便可入孵。入孵后关上火门，让其逐渐升温。

调筛：待顶筛蛋温达38～39℃，进行第一次调筛，调筛顺序见表5-1。春季每天调筛6次，冬季调筛4次。调筛的同时进行转筛，角度为180°，以使蛋温保持均匀。

翻蛋：翻蛋可与调筛同时进行，将边蛋和心蛋位置互换。

表5-1　平箱孵化调筛顺序

调筛前的层次排列	调筛后的层次排列					
1	2	3	6	5	4	1
2	3	6	5	4	1	2
3	6	5	4	1	2	3
4	1	2	3	6	5	4
5	4	1	2	3	6	5
6	5	4	1	2	3	6

4. 机器孵化法　机器孵化法就是利用电器孵化机（图5-4），以电源作为热源而进行的人工孵化。其孵化效率高、效果好，适合我国大、中型孵化场应用。

图 5-4　电器孵化机

（1）孵化前的准备　先对孵化室、孵化机具进行严密消毒，并对孵化机作全面检查。检查完后进行试机和运转 1～2 天，待温度稳定后，即可入孵。

（2）种蛋入孵　入孵前先对鹅种蛋进行预热处理，使鹅胚胎从静止状态中逐渐苏醒。冬季和早春气温较低时，可将种蛋放置在 22～25℃的室内 4～6h。入孵时间以下午 4 时为好，这样可在白天大批出雏。

（3）翻蛋　每 1～2h 翻蛋 1 次。先按翻蛋开关按钮，待转 45°自动停止，再将翻蛋开关扳至自动位置，以后每 1h 翻蛋一次。

（4）照蛋　照蛋要稳、快、准，尽量缩短时间。孵化期内应照蛋 3 次。抽盘时要对角倒盘，即左上角与右下角孵化盘对调，右上角与左下角孵化盘对调。

（5）落盘　采用机摊相结合的方法孵化，鹅胚蛋二照以后，可将胚蛋转移至摊床上继续孵化。如全程用机器孵化，胚蛋孵到第 28 天时把蛋盘抽出，移到出雏机内继续孵化。此时应提高机内相对湿度 15%以上，停止翻蛋，准备出雏。落盘时间应视鹅胚胎发育情况而定，具体掌握在约有 50%～60%啄壳时移盘为宜。

（6）出雏　成批出雏后，每 4h 捡雏一次。捡雏时把雏鹅装在垫有垫草或草纸的竹筐内。捡雏动作要轻、快，在捡雏的同时捡出蛋壳。对少数出壳有困难的雏鹅进行人工助产。

5. 嘌蛋法　嘌蛋法是将孵化到后期的鹅胚蛋运送到另一地方出雏的孵化方法。其特点是运送量大，经济、安全、方便。

（1）嘌蛋的用具　包括盛装胚蛋的竹编蛋筐，保温用的棉被、被单、毯子、塑料布等。

(2) 运嘌胚龄　以鹅胚蛋运抵目的地出雏为前提，根据运输路径以及采用何种交通工具而定。一般而言，嘌蛋胚龄越大，在运送途中越易管理。

(3) 嘌蛋孵化的管理　冬春季节气温低，盛放嘌蛋的竹筐四周用双层纸贴严，筐底垫草，每筐放 2～3 层胚蛋，上面覆盖棉被，箩筐可作 6 层重叠以利保温，每 2～3h 检查一次蛋温，若发现蛋温过高要及时调筐。在箩筐内，边蛋与心蛋、上层蛋与下层蛋温差大，应互换胚蛋位置。

夏季气温较高，嘌蛋应以散热为主。若气温达到 30℃以上时，竹筐内只能放 12 层胚蛋，即中间一层，四周二层。注意检查胚蛋温度，适时调筐或翻蛋。蛋温过高应及时晾蛋或喷水降温。

第四节　雏鹅雌雄鉴定及分级

一、雏鹅雌雄鉴别

雏鹅的雌雄鉴别在鹅业生产上有重要的经济意义。雌雄分开后可分群饲养或将多余公鹅淘汰处理，降低种鹅的饲养成本，节省开支。商品鹅生产时可使公母分群饲养，分群管理，使鹅群生长整齐度提升。生产中常用翻肛、顶肛或捏肛方法进行公母鉴别。

(一) 翻肛鉴别

左手将雏鹅握于掌中，颈部夹在中指与无名指间，腹部向上，左手拇指挤压脐部排出胎粪。然后用右手拇指和食指翻开肛门。若在泄殖腔口见有螺旋形突起（阴茎的雏形）者，为公鹅；反之，若只见有三角瓣形皱褶，则为母鹅。

(二) 捏肛鉴别

用左手拇指和食指在雏鹅颈前分开握住雏鹅，右手拇指与食指捏住泄殖腔两侧，上下或前后稍一揉搓，感觉有一似芝麻粒或油菜子大的小突起，其尖端可以滑动，根端相对固定者，为公鹅；没有感觉到，则为母鹅。

(三) 顶肛鉴别

左手握雏鹅，右手食指与无名指夹住雏鹅体侧，用右手中指在肛门外轻轻往上顶，若感到有一小突起，为公鹅；若无，则为母鹅。

二、雏鹅分级

雏鹅经性别鉴定后，即可按体质强弱进行分级，将畸形雏，如弯头、弯趾、跛足、关节肿胀、瞎眼、钉脐、大肚、残翅等的雏鹅予以淘汰，弱雏单独饲养。这样可使雏鹅发育均匀，减少疾病感染机会，提高育雏率。一般鹅场应做到自繁自养，以降低死亡率，防止传染病的发生。若必须从外地或市场上采购雏鹅，则应掌握对健雏、弱雏的鉴别方法，防止购入弱雏和病雏。刚出壳不久的健雏，大小匀称，毛色整齐，手捉时挣扎有力，行走灵敏，活泼好动，无畸形，眼睛明亮而有精神，腹部不大而柔软，蛋黄吸收良好，脐孔处无结痂和血迹，叫声洪亮，胎粪排出正常，无尾毛污染。

第六章
四川白鹅营养与饲料

第一节　营养需要

饲料是养鹅生产的基础，饲料成本约占养殖总成本的60%左右，饲料是决定养鹅经济效益的关键因素。要获得数量多、质量好的鹅肉、鹅蛋、肥肝及羽绒，在实际生产中必须根据鹅的生理特点、生产目标、生活习性及营养需要配制日粮。因此，了解鹅的营养需要特点对于提高养鹅生产水平有着重要意义。

鹅营养需要包括维持需要（用以维持其健康和正常生命活动）和生产需要（用于产蛋、产肉、长羽和生产肥肝等）。所需的主要营养物质包括能量、蛋白质、矿物质、维生素和水等。

一、能量

能量存在于营养物质分子的化学键中，是鹅一切生命活动的基础。能量摄入超过机体需要时，多余部分会转化为脂肪，储存于皮下、肌肉、肠系膜以及肾脏周围等部位。当日粮能量水平过低时，会使鹅的健康恶化，导致酮血症、毒血症。在营养学中，禽类所需的饲料能量一般用代谢能表示，其单位一般以焦耳（J）、千焦（kJ）或兆焦（MJ）为能量单位。能量主要来源于饲料碳水化合物、脂肪和蛋白质。

碳水化合物是植物性饲料的主要组成部分，包括淀粉、单糖、双糖和纤维素等，每克碳水化合物在鹅体内平均可产生17.15kJ热能，是鹅能量的最主要来源。粗纤维不仅是鹅能量来源，而且可以起到填充消化道、刺激胃肠的发育和蠕动等作用，在鹅饲料中，5%～10%粗纤维水平较为适宜。

脂肪是体内能量的重要贮存形式。也是鹅的重要供能物质。每克脂肪氧化可产生 39.3kJ 能量，是碳水化合物的 2.25 倍。脂肪对鹅的营养生理作用主要包括以下四方面：一是构成机体组织的重要组成部分，参与细胞构成和修复；二是脂肪能值高，是鹅的优质能量来源；三是必需脂肪酸（亚油酸、亚麻酸和花生四烯酸等）的重要来源；四是作为维生素的溶剂促进脂溶性维生素（维生素 A、维生素 D、维生素 E、维生素 K）的吸收。肉鹅饲料添加1％～2％的脂肪可满足其能量需求，同时提高能量利用效率和抗热应激能力。此外，适量添加脂肪还可在一定程度上改善饲料适口性，促进动物采食。

鹅具有“为能而食”的特点，在自由采食情况下，可在一定范围内根据日粮能量浓度调节采食量。因此，鹅能适应饲料中较宽的能量浓度范围而不影响其增重，但日粮能量水平不宜过高或过低。

二、蛋白质

蛋白质是由氨基酸通过肽键结合而成的具有一定结构和功能的复杂有机化合物，是鹅必需的营养物质，不能由其他营养物质替代，必须由饲料提供。蛋白质是构成各种组织，维持正常代谢、生长、繁殖等所必需的营养物质，是体组织细胞的主要组成成分，是鹅体内一切组织和器官如肌肉、神经、皮肤、血液、内脏、甚至骨骼以及各种产品如羽毛、皮等的主要成分。在鹅的生命活动中，各种组织需要不断地利用蛋白质来增长、修补和更新。

蛋白质的营养价值取决于所含氨基酸的种类和比例，这些氨基酸可分为必需氨基酸和非必需氨基酸。必需氨基酸是维持正常生理功能、产肉和繁殖所必需的，动物自身不能合成、或合成数量与速度不能满足正常生理需要，必须由饲料中供给的氨基酸。鹅的必需氨基酸包括蛋氨酸、赖氨酸、色氨酸、苏氨酸、精氨酸、亮氨酸、异亮氨酸、胱氨酸、苯丙氨酸、组氨酸、缬氨酸、甘氨酸、酪氨酸 13 种。任何一种必需氨基酸缺乏均要影响鹅的生长发育。在这些必需氨基酸中，往往有一种或几种必需氨基酸的含量低于动物的需要量，而且由于它们的不足，限制了动物对其他氨基酸的利用，并影响到这个日粮的利用率。因此。这类氨基酸称为限制性氨基酸。在生长鹅玉米-豆粕型日粮中，限制性氨基酸的顺序一般为蛋氨酸、赖氨酸、苏氨酸和色氨酸。非必需氨基酸指

动物自身能够合成或需要较少，不经由饲料中供给也能正常需要的氨基酸。蛋白质也可转化为能量，但一般在鹅能量供应不足的情况下才分解供能，其能量效率不及脂肪和碳水化合物。

三、矿物质

矿物质是鹅正常生长、繁殖和生产过程中不可缺少的营养物质。在鹅体内具有生理功能的必需矿物元素有22种。根据占鹅体重的百分比，可将矿物元素分为常量元素（占体重0.01%以上）和微量元素（占体重0.01%以下）。鹅需要的常量元素主要有钙、磷、钠、氯、钾、镁、硫等，微量元素主要有铁、铜、锌、锰、碘、钴、硒等。矿物元素缺乏或不足会导致鹅严重的物质代谢障碍，生产性能下降，甚至导致死亡。矿物元素过多则会引起机体代谢紊乱，严重时导致中毒或死亡。

（一）常量元素

1. 钙和磷　是鹅需要量最多的两种矿物质，约占矿物质总量的65%～70%。钙磷主要以磷酸盐、碳酸盐的形式存在于鹅组织、器官、血液，尤其是骨骼和蛋壳中。钙的主要功能是构成骨骼、蛋壳成分，参与维持神经、肌肉的正常生理活动，促进血液凝固，并且是多种酶的激活剂。雏鹅缺钙易患软骨病，关节肿大，骨端粗大，腿骨弯曲或瘫痪，有时胸骨呈S形；种鹅缺钙，蛋壳变薄，软壳和畸形蛋增多，产蛋率和孵化率下降。磷不仅参与骨骼形成，而且参与碳水化合物与脂肪代谢，维持细胞膜功能和保持酸碱平衡等。缺磷时，鹅食欲减退，生长缓慢，饲料利用率降低，严重时关节硬化。

一般认为，生长鹅饲料钙磷比约为2∶1，其中钙为0.8%～1%，有效磷为0.4%～0.5%；产蛋鹅饲料钙磷比为6∶1，其中钙为2.5%～3%，有效磷为0.4%～0.5%。此外，日粮供给充足维生素D，有利于钙磷吸收。

2. 钠、氯、钾　钠和氯主要存在于体液和软组织中。钠不仅能维持鹅体内酸碱平衡、保持细胞和血液间渗透压的平衡，调节水盐代谢，维持神经肌肉的正常兴奋性，还有促进鹅生长发育的作用；氯具有维持渗透压、促进食欲和帮助消化等作用。钾具有钠类似的作用，与维持水分和渗透压的平衡有着密切关系，对红细胞和肌肉的生长发育有着特殊作用。鹅对钠、氯的需要通过添加食盐满足，其添加量以0.25%～0.5%为宜。钾的需要量一般以占日粮

0.2%～0.3%为宜。

3. 镁　镁是鹅体内含量较高的矿物元素，在参与维持神经、肌肉兴奋性方面起着重要作用。镁缺乏时，鹅出现肌肉痉挛，步态蹒跚，生长受阻，产蛋量下降等症状。饲料中镁添加量在500～600mg/kg即可满足需要。

（二）微量元素

主要微量元素功能、缺乏症及需要量见表6-1。

表6-1　微量元素功能、缺乏症及需要量

名称	功　能	缺乏症	需要量（以饲料计）
铁	是血红蛋白、肌红蛋白和细胞色素及多种辅酶成分，参与红细胞运送氧、释放氧、生物氧化供能等	鹅食欲不振、贫血和羽毛生长不良等	0～60mg/kg
铜	是酶的组成部分，参与体内血红蛋白合成及某些氧化酶的合成与激活，促进血红蛋白吸收和血红蛋白的形成	雏鹅贫血、骨质疏松、羽毛褪色等	8mg/kg
锌	是多种酶成分，影响骨骼和羽毛生长，促进蛋白质合成，调节繁殖和免疫机能	食欲不振，生长停滞，关节肿大，羽毛发育不良；产软壳蛋，产蛋量和孵化率下降等	40～80mg/kg
锰	是蛋白质、脂肪和碳水化合物代谢酶类的组成部分，参与骨骼形成和养分代谢调控	骨骼发育不良，出现骨粗短症，并可引发神经症状，共济失调；母鹅产蛋量与种蛋受精率降低	40～80mg/kg
钴	是维生素B_{12}的组成成分	贫血、骨短粗症，关节肿大；母鹅产蛋率下降，种蛋受精率和孵化率下降	1～2mg/kg
碘	是甲状腺素的重要组成成分，并通过甲状腺素发挥其生理作用，对细胞的生物氧化、生长和繁殖以及神经系统的活动均有促进作用	鹅生长受阻，甲状腺肿大，种鹅产蛋量减少、种蛋受精率和孵化率下降	20mg/kg
硒	是谷胱甘肽过氧化物酶的成分，具有抗氧化功能，有助于清除自由基、保护细胞膜	动物生长迟缓，渗出性素质，肌营养不良、白肌病，肝坏死	0.15mg/kg

四、维生素

维生素是动物维持正常生理活动和生长、繁殖等所必需而需要量极少的一

类低分子有机化合物。大多数维生素在体内不能合成，必须由饲料供给。按其溶解性，维生素可分为脂溶性维生素和水溶性维生素两大类。脂溶性维生素包括维生素A、维生素D、维生素E、维生素K。这类维生素与脂肪同时存在，如果条件不利于脂肪吸收，维生素的吸收也受到影响。脂溶性维生素可在体内储存，一般较长时间缺乏才会出现缺乏症。水溶性维生素包括B族维生素（维生素B_1、维生素B_2、维生素B_6、维生素B_{12}、泛酸、叶酸、胆碱、烟酸、生物素等）和维生素C。除维生素B_{12}外，其余水溶性维生素几乎不能在体内储存。绝大多数维生素在体内不能合成或合成量少，不能满足需要，必须由饲料供给。青绿饲料中维生素含量丰富，在供给充足青绿饲料条件下，一般不会发生维生素缺乏症。

（一）脂溶性维生素

脂溶性维生素的功能、缺乏症及其来源见表6-2。

表6-2　脂溶性维生素功能、缺乏症及来源

名　称	功　　能	缺乏症	来　源
维生素A	参与维持正常视觉及对弱光的敏感性，保护呼吸、消化、泌尿系统和皮肤上皮的完整性，促进骨骼生长发育，提高免疫力	易患夜盲症、干眼症，种鹅产蛋量下降、种蛋孵化率降低，免疫力下降	鱼肝油，豆科牧草和青绿饲料含有较多维生素A前体物质——胡萝卜素
维生素D	具有促进肠道钙、磷吸收，骨骼钙化	生长缓慢、佝偻病和腿畸形，蛋壳变薄，孵化率低	动物肝脏，牧草和动物经太阳光照射，可将其所含前体转化为维生素D
维生素E	抗氧化，维护生物膜完整性，保护生殖机能，提高免疫力和抗应激能力，并与神经、肌肉组织的代谢有关	繁殖功能紊乱，胚胎退化，种蛋受精率和孵化率下降，脑软化，肌肉营养不良（白肌病），免疫和抗应激能力下降	谷类粮食、绿色饲料、优质干草
维生素K	参与凝血活动	凝血时间延长，皮下或肌肉发生出血，小伤口不易止血，创面的愈合时间延长	青绿饲料、肝、蛋、鱼粉

（二）水溶性维生素

水溶性维生素的功能、缺乏症及其来源见表6-3。

表 6-3　水溶性维生素功能、缺乏症及来源

名　称	功　　能	缺乏症	来　　源
维生素 B_1	参与碳水化合物代谢，抑制胆碱酯酶活性，减少乙酰胆碱水解，促进胃肠蠕动和腺体分泌	多发性神经炎	酵母、谷物
维生素 B_2	以辅基形式与特定酶蛋白结合形成多种黄素蛋白酶，进而参与碳水化合物、脂肪和蛋白质代谢	腿部瘫痪、蹼弯曲呈拳状、附关节着地、用附关节行走，皮肤干燥而粗糙；种鹅腹泻、垂翅、产蛋率和种蛋孵化率降低	绿色的叶子、鱼粉、饼粕、酵母、乳清、酿酒残液、动物肝脏
维生素 B_6	参与碳水化合物、脂肪和蛋白质代谢，与红细胞生成和内分泌有关	生长缓慢，羽毛发育不良、贫血、繁殖力下降、抽搐	酵母、肝、肌肉、乳清、谷物及其副产物和蔬菜
维生素 B_{12}	参与核酸和蛋白质合成，促进红细胞形成、发育成熟维持，维持神经系统的完整	生长缓慢、羽毛粗乱、贫血、肌胃糜烂、饲料转化效率低	骨粉、鱼粉、肝脏、肉粉
烟酸	参与碳水化合物、脂类和蛋白质代谢，尤其在体内供能代谢的反应中起重要作用	食欲减退，生长迟缓，羽毛不丰满、蓬乱，口腔和食管上部易发生炎症，皮肤和脚偶尔有鳞状皮炎，骨粗短，关节肿大；成年鹅发生“黑舌病”，羽毛脱落，产蛋率下降，生长不良	动物性产品、酒糟、发酵液以及油饼类饲料
泛酸	参与碳水化合物、脂肪和氨基酸代谢	雏鹅生长受阻，羽毛松乱、生长不良，进而表现为皮炎，眼睑出现颗粒状小结痂并粘连，皮肤和黏膜变厚和角质化；种鹅繁殖力下降，孵化过程中胚胎死亡率升高	苜蓿、花生饼、糖蜜、酵母、米糠和小麦麸、谷物种子等
叶酸	参与蛋白质和核酸代谢，促进红细胞和血红蛋白形成，维持正常免疫功能	生长不良、羽毛褪色、出现血红细胞性贫血与白细胞减少，产蛋率、孵化率下降，胚胎死亡率高	广泛存在于动植物产品中
生物素	以辅酶的形式参与碳水化合物、脂肪和蛋白质的代谢	生长缓慢，喙、眼睑、泄殖腔周围及趾蹼部有裂口，发生皮炎，胫骨粗短，孵化率降低，胚胎骨骼畸形，呈鹦鹉嘴症	广泛分布于动植物中
胆碱	参与脂肪代谢，防止脂肪肝的形成；作为神经递质组成部分，参与神经信号传导	胫骨粗短，关节变形出现滑腱症，生长迟缓，种鹅产蛋率下降，死亡率升高	肝、鱼粉、酵母、豆饼及谷物籽实

（续）

名 称	功 能	缺乏症	来 源
维生素C	参与胶原蛋白的生物合成，影响骨骼和软组织的正常结构，具有解毒和抗氧化功能，能提高机体免疫力和抗应激能力	鹅黏膜发生自发性出血，生长停滞，代谢紊乱，抗感染和抗应激能力降低，蛋壳变薄	青绿饲料和水果

五、水

水是鹅生命活动必不可少的重要物质，主要分布于体液、组织和器官中。水是各种营养物质的溶剂，参与物质代谢、营养物质吸收、运输及废物排除，缓冲体液的突然变化，调节体温，润滑组织器官等。当体内损失1%～2%水分时，会引起食欲减退，损失10%水分导致代谢紊乱，损失20%水分则发生死亡。鹅体内水分来源于饮水、饲料水和代谢水，其中饮水是鹅获得水分的主要途径，占机体需要总量的80%以上。

第二节　常用饲料

鹅常用饲料包括能量饲料、蛋白质饲料、青绿饲料、青贮饲料、粗饲料、矿物质饲料、维生素补充饲料和饲料添加剂等。

一、能量饲料

系指干物质中粗纤维含量小于或等于18%、粗蛋白质含量小于20%的饲料。能量饲料包括禾谷类籽实、糠麸类、块根茎类及油脂类。

（一）禾谷类籽实

鹅常用的禾谷类籽实饲料包括玉米、小麦、大麦、高粱、稻谷等。其营养特点是能值高，粗纤维含量低，蛋白质品质差，赖氨酸、蛋氨酸和色氨酸等缺乏，钙少磷多，且磷多以植酸磷形式存在，利用效率低。

1. 玉米（图6-1）　能值含量高（代谢能达13.39MJ/kg），消化率高，号称“能量之王”，是鹅最主要的能量饲料。根据颜色不同，玉米可分为黄玉米和白玉米。黄玉米含有较多胡萝卜素，可作为维生素A来源。黄玉米还含有叶黄素，有助于蛋黄和皮肤的着色。玉米在鹅饲料中可用到30%～65%。

2. 小麦　能值较高（代谢能达12.5MJ/kg），但稍低于玉米，粗蛋白质含量较高，氨基酸组成高于玉米，但苏氨酸和赖氨酸缺乏，钙磷比例失当。小麦中含有较高戊糖，大量使用易引起肠道内容物黏度增加，因此，在鹅配合饲料中用量不宜超过30%。使用小麦配制日粮时，配合使用木聚糖酶有利于提高能量利用效率。近年来，玉米供应短缺，小麦作为能量饲料使用呈现上升趋势。

图6-1　玉　米

3. 大麦　有皮大麦和裸大麦之分。大麦能值水平较高（代谢能达11.34MJ/kg），低于玉米和小麦。大麦皮壳粗硬，难以消化，最好脱壳、破碎或发芽后饲喂。大麦在鹅饲料中用量为10%～25%。

4. 高粱　代谢能为12.0～13.7MJ/kg，低于玉米，蛋白质含量低、品质差。高粱含有单宁等抗营养因子，可降低饲料适口性，降低蛋白质和矿物质利用率。在鹅饲料配制中，高粱用量不宜高于15%，但低单宁高粱可适当增加用量。

5. 稻谷　能值较低（代谢能约为10.77MJ/kg），粗纤维含量较高，粗蛋白质含量比玉米低。稻谷适口性差、可消化率低，鹅饲料中用量不宜超过10%。稻谷去壳后的糙米和制米筛分出的碎米是鹅优质能量饲料来源。在配制鹅日粮时，糙米可用10%～60%，碎米可用30%～50%。

（二）糠麸类

糠麸类是谷类籽实（如稻谷、小麦等）加工的副产品。其能值较原谷类籽实低，粗蛋白质和粗纤维比原谷类籽实高；矿物质丰富，但利用率低，钙磷比例失衡；B族维生素丰富。糠麸类来源广泛，价格便宜，在生产中广泛使用。

1. 米糠　稻谷加工的副产物，其营养价值与出米率有关。米糠所含代谢能较低（约为玉米的一半），粗脂肪含量较高，易氧化酸败，不宜久存。米糠在雏鹅日粮中可用5%～10%，育成鹅可用10%～20%。

2. 小麦麸（图6-2）　小麦加工成面粉时的副产品，其营养价值与出粉率

图 6-2　小麦麸

有关。小麦麸能值较低，蛋白质含量较高，氨基酸水平与小麦相似，钙少磷多，B族维生素丰富，体积蓬松，有轻泻作用。在鹅日粮配方中的用量为5%～20%。

3. 次粉　面粉加工时的副产物。适口性好，营养价值高。与小麦相似，多喂时会产生粘嘴现象，但制成颗粒料时则无此问题。次粉在鹅饲料中用量为10%～20%。

（三）块根茎类

此类饲料常见的有甘薯、马铃薯、木薯、胡萝卜等，含水量高达70%～90%。干物质中，淀粉含量高，粗蛋白质和粗纤维含量低，矿物质含量不平衡，钙、磷含量较少，钠、钾含量丰富。在鹅饲粮配制过程中，甘薯粉可占日粮的10%，马铃薯粉可用10%～30%，木薯粉用量在10%以下。胡萝卜含有丰富的胡萝卜素（维生素A前体），宜生喂。

（四）油脂类

油脂是“油”和“脂”的总称，根据来源可分为动物油脂（猪油、牛油、禽油等）和植物油脂（豆油、菜籽油、棕榈油等）两大类。油脂含能值极高，是优质的能量来源。添加油脂可提供必需脂肪酸，有利于促进脂溶性维生素吸收，改善制粒效果，提高采食量并减轻热应激。在使用时，应注意防止脂肪的氧化酸败。在配制日粮时，油脂用量一般不宜超过5%。

二、蛋白质饲料

蛋白质饲料系指干物质中粗纤维含量在18%以下，粗蛋白质含量在20%以上的饲料。这类饲料营养丰富，蛋白质含量高，易消化，能值较高。钙、磷含量高，B族维生素含量也丰富。按其来源，蛋白质饲料可分为植物性蛋白质饲料、动物性蛋白质饲料和单细胞蛋白质饲料三大类。

（一）植物性蛋白质饲料

植物性蛋白质饲料主要是豆科籽实和油料作物提油后的副产品，其中压榨提油后的块状副产品称为“饼”，浸出提油后的碎片状副产品称为“粕”。一般来讲，饼类残油量高于粕类，因此饼类能值高于粕类。鹅常用的植物性蛋白质饲料包括豆粕（饼）、菜籽粕（饼）、棉籽粕（饼）、亚麻饼（粕）和玉米干酒糟及可溶物（DDGS）等。

1. 豆粕（饼）（图 6-3）　大豆提油后的副产品，是目前使用最广泛的一种优质蛋白质饲料。其粗蛋白质含量为 40%～46%，赖氨酸含量较高，蛋氨酸和胱氨酸含量不足。生豆粕（饼）含胰蛋白酶抑制因子、血凝素和皂角素等抗营养因子，热处理可破坏以上抗营养因子，因此应熟喂。国内一般多用 110℃热处理 3min，其用量可占鹅日粮的10%～25%。

图 6-3　豆　粕

2. 菜籽粕（饼）　油菜子提油后的副产品，其粗蛋白质含量为 35%～40%，含硫氨基酸、赖氨酸含量丰富，精氨酸不足。菜籽粕（饼）含有硫代葡萄糖苷等抗营养因子，可降低饲料适口性，引发甲状腺肿大，其用量控制在 5%～8%较为适宜。

3. 棉籽粕（饼）（图 6-4）　棉籽脱壳提油后的副产品，其粗蛋白质含量在 33%～40%，蛋氨酸和赖氨酸含量低，精氨酸含量高。棉籽粕（饼）含有棉酚，食入过多，对体组织和代谢有破坏作用，并损害动物繁殖机能，在饲料中的用量一般不超过 8%。

图 6-4　棉籽粕

4. 亚麻饼（粕）　粗蛋白质含量为 34.72%～41.47%，赖氨酸和蛋氨酸含量较低。亚麻饼（粕）钙含量在 0.33%～0.56%，磷含量较高，最高可达到 1.02%。亚麻饼（粕）表观代谢能为 3.49～10.33MJ/kg，真代谢能为 4.30～11.13MJ/kg。亚麻饼（粕）含有生氰糖苷等抗营养因子和有毒有害物质，在饲料中用量不宜过高。

5. 玉米干酒糟及可溶物（DDGS）（图 6-5）　优质的蛋白质饲料来源，在动物生产中广泛应用，用于替代豆粕和鱼粉。DDGS 粗蛋白质含量约 30%，富含氨基酸、矿物质和维生素。由于微生物作用，酒糟中蛋白质、氨基酸及 B

族维生素含量均高于玉米，且含有发酵生成的未知促生长因子。

图 6-5 玉米干酒糟及可溶物

（二）动物性蛋白质饲料

动物性蛋白质饲料主要是肉、乳、蛋等加工的副产品。常用的动物性蛋白质饲料包括鱼粉、肉（骨）粉、血粉、蚕蛹等，其粗蛋白质含量在50%以上。

1. 鱼粉（图 6-6） 鹅的优质蛋白质饲料，有进口和国产鱼粉两种。进口鱼粉蛋白质含量为60%～70%，赖氨酸和蛋氨酸含量丰富，钙磷含量丰富，且比例适宜。国产鱼粉质量差异较大，粗蛋白质含量在30%～60%，盐分含量较高。因价格较高，鱼粉在鹅饲料配方中一般不超过5%。

图 6-6 鱼 粉

2. 肉（骨）粉 动物屠宰加工副产物(骨、肉、内脏、脂肪等)，经脱油、干燥、粉碎而得到混合物。因原料来源不同，不同部位骨骼的比例不同，其营养物质变化很大，粗蛋白质含量在20%～55%，赖氨酸含量丰富，钙、磷、维生素 B_{12} 含量高。在饲料中的用量不宜超过5%。

3. 血粉 由动物鲜血经脱水加工而成，其蛋白质含量高，达80%～90%，赖氨酸、色氨酸、苏氨酸和组氨酸含量较高，蛋氨酸和异亮氨酸缺乏。血粉味苦、适口性差，消化率低，在日粮中用量为1%～3%。

4. 蚕蛹（图 6-7） 粗蛋白质含量为60%～68%，蛋氨酸、赖氨酸和核黄素含量较高。蚕蛹脂肪含量较高，易酸败变质，影响适口性和肉蛋品质，在鹅日粮的用量可占5%左右。

图 6-7 蚕 蛹

（三）单细胞蛋白质饲料

单细胞蛋白质饲料主要包括一些微生物和单细胞藻类，如各种酵母、蓝藻、小球藻类等。目前应用较多是饲料酵母，其粗蛋白质含量为40％～50％，赖氨酸含量偏低，B族维生素含量丰富。酵母带苦味，在日粮中的用量一般不超过5％。

三、青绿饲料

青绿饲料水分含量高（达70％～95％），能量和蛋白质含量低，维生素（特别是B族维生素和胡萝卜素）和矿物质含量丰富，含有促生长未知因子，且适口性较好。新鲜青绿饲料含有多种酶、有机酸，可调节胃肠道pH，促进消化，提高消化利用率。

常用的青绿饲料有苜蓿、三叶草、黑麦草、象草、菊苣（图6-8）、墨西哥玉米（图6-9）、苦荬菜、籽粒苋、甘薯藤、牛皮菜、胡萝卜等。四川白鹅对部分青绿饲料的真代谢率见表6-4。青绿饲料饲喂前应予以适当加工，比如清洗、切碎、打浆或蒸煮等。青绿饲料使用时，避免长时间堆放或焖煮，以避免亚硝酸盐中毒。含有氰苷的饲料［如三叶草（图6-10）、玉米苗、高粱苗（图6-11）

图6-8　菊　苣

图6-9　墨西哥玉米

图6-10　三叶草

图6-11　高粱苗

等］饲喂鹅时，必须限量，喂前需经水浸泡、煮沸或发酵，以减少毒素。

表 6-4　四川白鹅对部分青绿饲料的真代谢率（%）

项　目	三叶草	苜　蓿	象　草	黑麦草	菊　苣
能量	51.62±10.19	53.59±8.43	34.10±10.03	58.89±7.71	45.36±12.40
粗蛋白质	42.09±7.09	55.67±35.04	—	42.35±26.51	—
蛋氨酸	70.06±8.44	75.79±7.80	48.62±14.72	74.90±13.80	58.70±21.57
赖氨酸	75.98±5.36	81.31±4.22	57.73±14.65	88.65±4.70	51.98±16.68
天冬氨酸	80.32±4.25	86.95±3.51	64.70±10.80	91.08±4.67	66.94±24.59
苏氨酸	76.51±7.55	81.04±6.40	50.54±18.94	86.79±3.92	34.18±19.95
丝氨酸	73.78±7.67	78.74±7.39	60.71±19.53	86.82±5.08	43.99±23.85
谷氨酸	78.03±5.73	83.45±4.97	62.14±15.41	89.10±4.78	40.65±22.29
甘氨酸	37.84±12.37	43.85±9.36	—	62.05±10.32	
丙氨酸	78.90±4.47	84.81±3.39	59.04±12.32	89.54±3.87	52.24±26.05
胱氨酸	51.05±21.90	70.17±5.67	43.57±5.63	—	—
缬氨酸	77.70±5.44	80.81±4.84	59.73±17.31	88.38±5.00	52.55±26.53
异亮氨酸	81.58±4.35	84.20±4.17	63.33±10.64	91.09±4.20	45.95±23.66
亮氨酸	83.21±4.51	85.37±3.91	58.49±18.86	91.53±3.40	50.78±27.40
酪氨酸	77.57±6.73	80.81±5.04	56.66±20.71	71.56±5.71	43.84±25.44
苯丙氨酸	80.97±5.08	82.00±4.09	70.22±15.63	89.13±4.46	48.03±23.79
组氨酸	76.80±6.76	77.64±4.91	68.55±16.42	90.34±4.50	47.82±20.13
精氨酸	86.54±4.21	90.40±3.70	69.71±14.46	92.52±2.59	49.64±23.50
脯氨酸	86.02±4.53	84.18±7.11	63.48±12.69	91.22±4.29	46.50±14.09
总氨基酸	77.16±5.54	81.55±4.55	66.05±10.99	86.13±5.20	40.77±33.47

注：表中数据引自“国家水禽产业技术体系养殖技术岗位”2012 年度工作总结报告

四、青贮饲料

青贮饲料是将新鲜的青绿饲料或收获后的玉米秸秆直接或经适当凋萎后，切碎、密封于青贮窖、青贮塔或塑料袋内，在厌氧条件下利用乳酸菌发酵作用调制而成。青贮饲料来源广泛、不受气候条件限制、制作方法简单、存放时间长。

青贮饲料是发展草食畜禽不可缺少的基础饲料之一。青贮饲料因基本保持了青绿多汁饲料的营养，并改善了适口性，具有酸香味（乳酸），畜禽喜食，并可长期保存，在畜牧业生产中被广泛应用，成为调节青绿饲料季节性余缺、提高饲用价值的重要措施。青贮时，应特别注意原料收割的时间，收果穗后的玉米秸，应在果穗成熟后及时抢收茎秆作青贮。禾本科牧草以抽穗期收割为好，豆科牧草以开花初期收获为好。豆科牧草由于含糖量少，蛋白质含量较高，不宜单贮，应与禾本科牧草混贮。

在玉米产区可做玉米秸秆青贮饲料喂鹅，在7至8月将玉米秸秆粉碎，整株玉米秆效果很好，用切草机每小时可切2t青贮饲料，省时省力。青贮方式有塑料袋青贮和窖式青贮两种，即把收获的青玉米秸秆铡碎到1～2cm，如果有条件，直接用揉搓机揉丝，揉搓机能实现对玉米秸秆的纵向压扁揉搓和铡切揉搓，能破坏秸秆表面的角质层和茎节，加工成细丝状，经揉搓的玉米秸秆质地柔软、适口性大幅改善，采食率在90%以上，鹅也更喜欢采食细条状的饲料。将切碎或揉丝的秸秆的含水量调到67%～75%（即以手握原料从指缝中可见到水珠，但不滴水），装入塑料袋或窖中，压实并排净空气，以防霉菌污染，密封保存40～50d即可开袋（窖）喂用。饲喂时再加上玉米面和豆饼以保证饲料营养的全面性，这是利用玉米产区的优势。初喂青贮料时可能有些鹅不习惯采食，应逐渐过渡，由少到多逐渐增加用量。一般雏鹅青贮饲料的使用量不超过饲料总量的10%，青年鹅可达到25%～30%，种鹅（停产期间）或后备鹅青贮饲料的使用量可占饲料总量的40%～50%。为了防止鹅采食青贮饲料后因体内酸碱不平衡而引起中毒，对过酸的青贮饲料可加入适量的小苏打（用浓度9%～10%小苏打水，按青贮饲料重量的10%～20%加入，充分搅拌）再饲喂。

五、粗饲料

凡是在干物质中粗纤维含量等于或大于18%的饲料都称为粗饲料，主要包括干草及各种农作物的秸秆秕壳。常用的优质粗饲料有青干草、甘薯藤、花生藤、槐叶粉等。这类饲料木质化程度相对较低，粗纤维含量较低（18%～30%），蛋白质和维生素组成比较全面，适口性较好，比较容易消化。常用的

青干草有苜蓿、三叶草、黑麦草等。青干草可作为维生素和蛋白质的补充料，成为配合饲料的重要组成部分。自然干燥的青干草营养成分损失多在20%左右，胡萝卜素损失70%～80%，粗蛋白质损失20%～50%，但由于阳光直射，维生素D含量显著增加。人工干燥青干草营养损失较少，损失量仅为自然干燥的10%～30%，但维生素C损失严重，且缺乏维生素D。由于粗纤维不易消化，其用量要适当控制，一般不宜超过10%，干草粉占日粮比例通常为20%左右。

六、矿物质饲料

（一）食盐

食盐的化学成分为氯化钠，能同时补充氯和钠，是鹅必需的矿物质饲料。食盐具有增进食欲、促进消化、维持机体细胞的正常渗透压等作用。在饲粮中的添加量一般为0.25%～0.5%。

（二）钙、磷饲料

1. 钙源饲料　常见的钙源饲料有石灰石粉、贝壳粉和蛋壳粉，另外还有工业碳酸钙、磷酸钙等。

（1）石灰石粉　又称石粉，是目前应用最广泛的钙源饲料，其基本成分为碳酸钙，含钙量不低于35%，禽类饲粮石粉用量一般控制在0.5%～3%。

（2）贝壳粉　由软体动物外壳加工而成，主要成分为碳酸钙，钙含量大约在34%～38%。

（3）蛋壳粉　由蛋壳加工而成，钙含量在30%～37%。

2. 磷源饲料　常见的磷源饲料有骨粉、磷酸氢钙和磷酸二氢钙等。

（1）骨粉　基本成分是磷酸钙，钙磷比为2∶1，骨粉中钙含量为30%～35%，磷含量为13%～15%。骨粉在饲粮中的用量一般为1%～2%。

（2）磷酸氢钙和磷酸二氢钙　是最常用的钙磷补充饲料。磷酸氢钙（无水）钙含量为29.6%，磷含量为22.7%；磷酸二氢钙钙含量为15.9%，磷含量为24.5%。

（三）微量元素矿物质饲料

1. 含铁饲料　硫酸亚铁是饲料工业中应用最广泛的铁源，有七水硫酸亚铁和一水硫酸亚铁两种。此外常用的铁源还包括氯化铁、氯化亚铁、甘氨酸亚铁等。

2. 含铜饲料　最常用的含铜饲料是硫酸铜，此外还有碳酸铜、氯化铜和氧化铜等。

3. 含锰饲料　最常用的含铜饲料是硫酸锰，此外还有氧化锰、氯化锰等。

4. 含锌饲料　常用的有硫酸锌、氧化锌、碳酸锌、葡萄糖酸锌、蛋氨酸锌等。目前最常用的是硫酸锌。

5. 含钴饲料　常用的有硫酸钴、碳酸钴和氧化钴。

6. 含碘饲料　常用的含碘饲料有碘化钾、碘化钠、碘酸钠、碘酸和碘酸钙。最常用是碘化钾。

7. 含硒饲料　常用的有亚硒酸钠、硒酸钠和酵母硒等。硒具有毒性，一般使用预混剂。配料时应注意混合均匀度和添加量。

常用微量元素矿物质饲料中微量元素含量见表 6-5。

表 6-5　常用微量元素矿物质饲料中微量元素含量

元　素	饲　料	微量元素含量（%）
铁	七水硫酸亚铁	20.1
	一水硫酸亚铁	32.9
铜	五水硫酸铜	25.5
	一水硫酸铜	35.8
锰	五水硫酸锰	22.8
	一水硫酸锰	32.5
锌	七水硫酸锌	22.75
	一水硫酸锌	36.45
	氧化锌	80.3
硒	亚硒酸钠	45.6
	硒酸钠	41.77
碘	碘化钾	76.45
	碘化钙	65.1

七、维生素补充饲料

维生素补充饲料包括脂溶性维生素和水溶性维生素两大类，有关产品见表6-6。

表 6-6 部分维生素产品

种 类	名 称	产 品
脂溶性维生素	维生素 A	维生素 A 油、维生素 A 醋酸酯、维生素 A 棕榈酸酯、维生素 A 丙酸酯、胡萝卜素
	维生素 D	维生素 D_2、维生素 D_3
	维生素 E	α-生育酚醋酸酯、α-生育酚
	维生素 K	甲萘醌、亚硫酸氢钠甲萘醌、亚硫酸嘧啶甲萘醌、二氢萘醌二醋酸酯、乙酰甲萘醌
水溶性维生素	维生素 B_1	维生素 B_1 硫酸盐、维生素 B_1 硝酸盐
	维生素 B_2	烟酸和烟酰胺
	泛酸	DL-泛酸钙、D-泛酸钙
	维生素 B_6	吡哆醇盐酸盐
	维生素 B_{12}	氰钴胺素、羧钴胺素、硝钴胺素、氯钴胺素、硫钴胺素
	维生素 C	L-抗坏血酸、抗坏血酸钠、抗坏血酸钙、抗坏血酸棕榈酸酯

八、添加剂

添加剂是指添加到饲粮中能保护饲料中的营养物质、促进营养物质的消化吸收、调节机体代谢、增进动物健康，从而改善营养物质的利用效率、提高动物生产水平、改进动物产品品质的物质的总称。添加剂可分为营养性添加剂和非营养性添加剂。

（一）营养性添加剂

营养性添加剂包括氨基酸添加剂、维生素添加剂和微量元素添加剂，主要用于平衡日粮成分，以增强和补充日粮营养。常见的氨基酸添加剂有 DL-蛋氨酸、蛋氨酸羟基类似物，L-赖氨酸盐酸盐、L-赖氨酸硫酸盐，色氨酸，苏氨酸，L-精氨酸盐酸盐等。常用的维生素添加剂包括动物生产所需的十余种维生素单体。微量元素添加剂见本章第一节矿物质饲料相关论述。

（二）非营养性添加剂

非营养性添加剂不提供鹅必需的营养物质，但添加到饲料中可以产生良好的效果，有的可以预防疾病、促进食欲，有的可以提高产品质量和延长饲料的保质期限等。常用的非营养性添加剂有抗生素（硫酸黏杆菌素、恩拉霉素、黄霉素等）、抗氧化剂（二丁基羟基甲苯、丁羟基茴香醚、乙氧基喹啉等）、防霉剂（山梨酸钠、丙酸钙等）、酶制剂（淀粉酶、木聚糖酶、纤维素酶、植酸酶等）、酸化剂（柠檬酸、富马酸、苯甲酸等）、益生素（乳酸杆菌、芽孢杆菌、双歧杆菌和酵母等）、益生元（大豆寡糖、纤维寡糖）等。

饲料添加剂的使用应遵循农业农村部发布的《饲料添加剂品种目录》《饲料药物添加剂允许使用品种目录》《饲料添加剂安全使用规范》《兽药停药期规定》等法律法规。

第三节　饲养标准与日粮配合

一、饲养标准

鹅的饲养标准是指根据科学试验和生产实践经验的总结，制订的鹅的营养物质需要量的一个标准，主要包括能量、蛋白质、氨基酸、矿物质及维生素等营养指标。因饲养标准不是一个绝对值，具有相对的合理性，它因鹅品种、性别、年龄、体重、生产目的和饲养环境的不同而变化。长期以来，鹅营养需要研究相对滞后，我国目前尚未制订鹅的国家饲养标准。近年来，四川白鹅的营养需要研究取得了一定进展，但对集中在商品代鹅的能量、蛋白质、氨基酸需要量方面，以及商品代鹅矿物元素、维生素需要，及种鹅的营养需求的研究，尚处于空白状态，有待进一步研究。四川白鹅主要营养需要参数见表 6-7。

表 6-7　四川白鹅主要营养需要参数

指　标	周　龄	需要量	文献来源
代谢能（MJ/kg）	0～3	11.43	李琴等（2014）
	0～4	10.00～10.50	王阳铭等（1999）
	4～8	12.13	李琴等（2015）
	3～6	10.77	刘维德等（1994）
	5～10	10.10～10.40（夏季）	王阳铭等（1999）
		8.60～9.00（冬季）	王阳铭等（1999）
	7～10	12.12	刘维德等（1994）
	9～10	11.43	李琴等（2015）
	9～19（育成鹅）	11.72	王阳铭（2014）

（续）

指　标	周　龄	需要量	文献来源
粗蛋白质（%）	0～3	20	李琴等（2014）
	0～4	21.5	王阳铭等（1999）
	3～6	20	刘维德等（1994）
	4～8	15	李琴等（2015）
	5～10	18	王阳铭等（1999）
	7～10	19	刘维德等（1994）
	9～10	13	李琴等（2015）
	9～16（育成鹅）	14	王阳铭（2014）
氨基酸（%）	0～4	蛋氨酸 0.35～0.45 赖氨酸 1.15 苏氨酸 0.57 色氨酸 0.22	黄健（2013）等
	5～10	赖氨酸 0.75 蛋氨酸 0.32 苏氨酸 0.38 精氨酸 0.47	高巧仙（2013）

此外，侯水生等于 2005 年提出了我国《鹅饲养标准草案》（表 6-8），可供四川白鹅饲料配制时参考使用。

表 6-8　鹅饲养标准草案

营养成分	0～3 周龄	4～8 周龄	8 周龄～上市	维持饲养期	产蛋期
粗蛋白质（%）	20.00	16.50	14.0	13.0	17.50
代谢能（MJ/kg）	11.53	11.08	11.91	10.38	11.53
钙（%）	1.0	0.9	0.9	1.2	3.20
有效磷（%）	0.45	0.40	0.40	0.45	0.5
粗纤维（%）	4.0	5.0	6.0	7.0	5.0
粗脂肪（%）	5.00	5.00	5.00	4.00	5.00
矿物质（%）	6.50	6.00	6.00	7.00	11.00
赖氨酸（%）	1.00	0.85	0.70	0.50	0.60

（续）

营养成分	0～3 周龄	4～8 周龄	8 周龄～上市	维持饲养期	产蛋期
精氨酸（%）	1.15	0.98	0.84	0.57	0.66
蛋氨酸（%）	0.43	0.40	0.31	0.24	0.28
蛋氨酸+胱氨酸（%）	0.70	0.80	0.60	0.45	0.50
色氨酸（%）	0.21	0.17	0.15	0.12	0.13
丝氨酸（%）	0.42	0.35	0.31	0.13	0.15
亮氨酸（%）	1.49	1.16	1.09	0.69	0.80
异亮氨酸（%）	0.80	0.62	0.58	0.48	0.55
苯丙氨酸（%）	0.75	0.60	0.55	0.36	0.41
苏氨酸（%）	0.73	0.65	0.53	0.48	0.55
缬氨酸（%）	0.89	0.70	0.65	0.53	0.62
甘氨酸（%）	0.10	0.90	0.77	0.70	0.77
维生素 A（IU/kg）	15 000	15 000	15 000	15 000	15 000
维生素 D_3（IU/kg）	3 000	3 000	3 000	3 000	3 000
胆碱（mg/kg）	1 400	1 400	1 400	1 200	1 400
核黄素（mg/kg）	5.0	4.0	4.0	4.0	5.5
泛酸（mg/kg）	11.0	10.0	10.0	10.0	12.0
维生素 B_{12}（mg/kg）	12.0	10.0	10.0	10.0	12.0
叶酸（mg/kg）	0.5	0.4	0.4	0.4	0.5
生物素（mg/kg）	0.2	0.1	0.1	0.15	0.2
烟酸（mg/kg）	70.0	60.0	60.0	50.0	75.0
维生素 K（mg/kg）	1.5	1.5	1.5	1.5	1.5
维生素 E（IU/kg）	20	20	20	20	40
维生素 B_1（mg/kg）	2.2	2.2	2.2	2.2	2.2
吡哆醇（mg/kg）	3.0	3.0	3.0	3.0	3.0
锰（mg/kg）	100	100	100	100	100
铁（mg/kg）	96	96	96	96	96
铜（mg/kg）	5	5	5	5	5
锌（mg/kg）	80	80	80	80	80
硒（mg/kg）	0.3	0.3	0.3	0.3	0.3
钴（mg/kg）	1.0	1.0	1.0	1.0	1.0

（续）

营养成分	0～3周龄	4～8周龄	8周龄～上市	维持饲养期	产蛋期
钠（mg/kg）	1.8	1.8	1.8	1.8	1.8
钾（mg/kg）	2.4	2.4	2.4	2.4	2.4
碘（mg/kg）	0.42	0.42	0.42	0.30	0.30
镁（mg/kg）	600	600	600	600	600
氯（mg/kg）	2.4	2.4	2.4	2.4	2.4

二、日粮配合

（一）鹅日粮配方设计基本原则

1. 选用合适的饲养标准　在进行饲料配方时，应充分考虑品种类型、生理阶段、饲养方式、生产目标等方面的特点和要求，选用相应的饲养标准作为饲料配方营养含量的依据。此外，饲养标准还应根据气候特点、饲养环境、饲养管理方式等的不同进行相应的调整。配制配合饲料时应首先保障能量、蛋白质及限制性氨基酸、钙、有效磷、地区性缺乏的微量元素与重要维生素的供给量。

2. 选择恰当的饲料原料　首先要保证所选饲料的安全卫生，不选用霉败变质和受污染的饲料。对于含有抗营养因子的饲料原料，应予以恰当处理并限量使用。其次要考虑原料的成本，尽量选用来源广泛、价格低廉的饲料原料。

3. 确定合适的用料比例　根据鹅的消化生理特点，选用多种饲料原料科学搭配。特别注意的是鹅等食草性家禽，日粮中须有一定的粗纤维饲料，其中含量在日粮中一般占5%～8%。各类饲料原料的组合大致比例如下：谷物类占40%～60%，可由2～3种提供能量与B族维生素；饼粕类占10%～20%，由1～2种提供蛋白质；动物性饲料占3%～10%，由1～2种补充蛋白质、赖氨酸、胱氨酸及必需脂肪酸；矿物质占2%～8%，由2～3种补充钙磷等；添加剂占0.05%～0.25%，按比例添加维生素和抗菌、抗球虫和驱虫等药物；食盐占0.25%～0.5%；青饲料可按日粮的30%～50%喂给。

（二）鹅日粮配合方法

日粮配方设计方法包括计算机配方法和手工配方法两种。计算机配方采用相关软件，使用方便、快捷，这里不做详细介绍。手工配方方法容易掌握，但完成配方速度慢，仅适合小型养殖场（户）。手工配方法包括试差法和线性规划法等。试差法在实践中应用仍相当普遍，具体做法是：首先根据饲养标准的规定初步拟出各种饲料原料的大致比例，然后用各自的比例去乘该原料所含的各种营养成分的百分含量，再将各种原料的同种营养成分之积相加，即得到该配方的每种营养成分的总量。将所得结果与饲养标准进行对照，若有任一种营养成分超过或者不足时，可通过增加或减少相应的原料比例进行调整和重新计算，直至所有的营养指标都基本满足要求为止。

现举例如下。

【示例】选择玉米、大豆油、大豆粕、鱼粉、苜蓿草粉、赖氨酸、蛋氨酸、石粉（碳酸钙）、磷酸氢钙、食盐、添加剂预混料，设计雏鹅的日粮配方。

第一步：根据饲养标准和饲料原料的营养成分，选择并确定雏鹅各项营养指标含量（表6-9），从饲料营养价值表查出并列出所用饲料营养成分（表6-10）。

表6-9　雏鹅饲养标准

代谢能（MJ/kg）	粗蛋白质（%）	钙（%）	总磷（%）	赖氨酸（%）	蛋氨酸（%）
11.70	18.50	0.95	0.80	1.00	0.45

表6-10　各种饲料原料的营养成分

	代谢能（MJ/kg）	粗蛋白质（%）	钙（%）	总磷（%）	赖氨酸（%）	蛋氨酸（%）
玉米	13.54	7.80	0.02	0.27	0.23	0.15
大豆粕	11.04	43.00	0.33	0.62	2.54	0.59
鱼粉	13.82	67.05	3.27	2.25	4.74	1.86
苜蓿草粉	4.14	14.30	1.34	0.19	0.60	0.18
大豆油	36.00					
赖氨酸					78.80	
蛋氨酸						99.00
石粉			35.80			
磷酸氢钙			20.29	18.00		

第二步：根据实践经验，初步确定各种原料的用量比例，并计算各指标含量（表6-11）。同饲养标准相比，改配方中粗蛋白质及部分氨基酸含量不足，与标准存在较大差异，需进一步优化。

表 6-11 试配结果

项目	用量（%）	代谢能（MJ/kg）	粗蛋白质（%）	钙（%）	总磷（%）	赖氨酸（%）	蛋氨酸（%）
玉米	61.92	=13.54×61.92/100	=7.80×61.92/100	=0.02×61.92/100	=0.27×61.92/100	=0.23×61.92/100	=0.15×61.92/100
大豆粕	22.00	=11.04×22.00/100	=43.00×22.00/100	=0.33×22.00/100	=0.62×22.00/100	=2.54×22.00/100	=0.59×22.00/100
鱼粉	3.50	=13.82×3.50/100	=67.05×3.50/100	=3.27×3.50/100	=2.25×3.50/100	=4.74×3.50/100	=1.86×3.50/100
苜蓿草粉	8.80	=4.14×8.80/100	=14.30×8.80/100	=1.34×8.80/100	=0.19×8.80/100	=0.60×8.80/100	=0.18×8.80/100
大豆油	0.30	=36.00×0.30/100					
赖氨酸	0.04					=78.80×0.04/100	
蛋氨酸	0.14						=99.00×0.14/100
食盐	0.30						
石粉	0.40			=35.80×0.40/100			
磷酸氢钙	1.5			=20.29×1.5/100	=18.00×1.5/100		
胆碱	0.10						
预混料	1.00						
合计	100	11.77	18.00	0.77	0.67	0.95	0.44
饲养标准		11.70	18.50	0.95	0.80	1.00	0.45
与标准比较		0.07	−0.50	−0.18	−0.13	−0.05	−0.01

表 6-12　饲料配方修正结果

项目	用量（%）	代谢能（MJ/kg）	粗蛋白质（%）	钙（%）	总磷（%）	赖氨酸（%）	蛋氨酸（%）
玉米	60.50	=13.54×60.50/100	=7.80×60.50/100	=0.02×60.50/100	=0.27×60.50/100	=0.23×60.50/100	=0.15×60.50/100
大豆粕	24.00	=11.04×24.00/100	=43.00×24.00/100	=0.33×24.00/100	=0.62×24.00/100	=2.54×24.00/100	=0.59×24.00/100
鱼粉	3.50	=13.82×3.50/100	=67.05×3.50/100	=3.27×3.50/100	=2.25×3.50/100	=4.74×3.50/100	=1.86×3.50/100
苜蓿草粉	7.40	=4.14×7.40/100	=14.30×7.40/100	=1.34×7.40/100	=0.19×7.40/100	=0.60×7.40/100	=0.18×7.40/100
大豆油	0.20	=36.00×0.20/100					
赖氨酸	0.06					=78.80×0.06/100	
蛋氨酸	0.14						=99.00×0.14/100
食盐	0.30						
石粉	0.60			=35.80×0.60/100			
磷酸氢钙	2.20			=20.29×2.20/100	=18.00×2.20/100		
胆碱	0.10						
预混料	1.00						
合计	100.00	11.70	18.45	0.96	0.80	1.00	0.45
饲养标准		11.70	18.50	0.95	0.80	1.00	0.45
与标准比较		0	−0.05	0.01	0	0	0

第三步：试配配方中粗蛋白质和氨基酸含量不足，应适当提高蛋白质饲料（豆粕和鱼粉）用量比例，同时调整相应其他原料用量。反复优化调整，直至配方合符饲养标准（表 6-12）。

第四步：根据第三步计算结果列出配方结果（表 6-13）。

表 6-13　雏鹅日粮配方及营养水平

日粮配方		营养水平	
原料	用量（%）	指标	营养成分
玉米	60.50	代谢能（MJ/kg）	11.7
大豆粕	24.00	粗蛋白质（%）	18.45
鱼粉	3.50	钙（%）	0.96
苜蓿草粉	7.40	总磷（%）	0.80
大豆油	0.20	赖氨酸（%）	1.00
赖氨酸	0.06	蛋氨酸（%）	0.45
蛋氨酸	0.14		
食盐	0.30		
石粉	0.60		
磷酸氢钙	2.20		
胆碱	0.10		
预混料	1.00		
合计	100		

三、参考配方

在生产中配制饲料时，因充分根据鹅品种、饲料原料、饲养方式等的不同而科学配制饲料。以下列举配方仅供参考（表 6-14 至表 6-17）。

表 6-14　0～10 周龄鹅饲料配方（1）（%）

原料	0～3 周龄	4～8 周龄	9～10 周龄
玉米	58.0	68.3	71.8
大豆粕	24.0	19.4	11.5
鱼粉	5.6	—	—
苜蓿草粉		3.0	6.0
麸皮	10.5	5.0	7.2
大豆油	—	1.0	—
胆碱	0.1	0.1	0.1
食盐	0.3	0.3	0.3
磷酸氢钙	0.2	1.0	1.0
石粉	0.3	0.5	0.4

（续）

原料	0～3 周龄	4～8 周龄	9～10 周龄
赖氨酸	—	0.2	0.3
蛋氨酸	—	0.2	0.4
预混料	1.0	1.0	1.0
合　计	100.0	100.0	100.0

表 6-15　0～10 周龄鹅鹅饲料配方（2）（%）

原料	0～4 周龄	5～10 周龄
玉米	55.7	64.2
大豆粕	30.6	20.8
苜蓿	9.8	11.0
大豆油	0.5	0.5
胆碱	0.1	0.1
食盐	0.4	0.3
石粉	0.1	0.2
磷酸氢钙	1.7	1.8
蛋氨酸	0.1	0.1
预混料	1.0	1.0
合计	100	100

表 6-16　后备鹅饲料配方（%）

原料	配方 1	配方 2
玉米	58.7	49.6
豆粕	8.0	15.0
小麦麸	30.0	22.2
米糠	—	10
骨粉	1.3	1.5
食盐	0.3	0.3
石粉	0.7	0.4
预混料	1.0	1.0
合计	100	100

表 6-17　产蛋期种鹅饲料配方（%）

原料	配方 1	配方 2
玉米	55.0	60.0
小麦麸	9.5	13.2
豆饼	12.0	17.5
菜籽饼	2.5	—
棉仁饼	3.0	—
花生饼	6.0	—
进口鱼粉	3.0	—
骨粉	1.2	1.3
石粉	7.0	7.2
食盐	0.3	0.3
预混料	0.5	0.5
合计	100	100

第七章 四川白鹅饲养管理

第一节　种鹅饲养管理

种鹅繁殖规律的最大特点就是有明显的季节性。一般从当年的秋末开始，直到次年的春末为母鹅的产蛋期。公母鹅有固定配偶的习性。据观察，有的鹅种 40％的母鹅和 22％的公鹅是单配偶。鹅的繁殖成绩在前 3 年随年龄的增长而逐年提高，到第三年达到最高，第四年开始下降。因此，种母鹅的经济利用年限可长达 4～5 年之久，种鹅群以 2～3 年龄的鹅为主组群较为理想。

一、后备期饲养管理

（一）后备种鹅的饲养方式

后备种鹅育成期饲养主要有 3 种方式，即完全放牧饲养、放牧与补饲结合、完全舍饲饲养。有条件的种鹅场多数采用放牧加补饲方式饲养，这种方式所用饲料与工时最少，经济效益好。如果放牧地面积较大或牧草质量较好，可采取完全放牧形式。如果放牧地面积较小，应采取放牧加补饲方式，参见图 7-1。完全舍饲主要适于集约化饲养时采用，东北地区在寒冷季节饲养种鹅也多采用完全舍饲。

图 7-1　放牧加补饲

后备种鹅育成期饲养的关键是抓好放牧，放牧场地要有足够数量的青饲料，对草质要求比雏鹅放牧的标准低些。一般来说，300 只左右育成鹅群需自然草地 7hm^2左右或人工草地 3hm^2左右。有条件的种鹅场可实行分区轮牧制，第 1 天开始在一块草地，间隔 15d 移至另一块草地，把草地的利用和保护结合起来。放牧的时间应尽量延长，早出晚归或早放晚宿。一般每天放牧 9h 左右，以适应鹅多吃快拉的特点。放牧鹅常呈狭长方形队阵，出牧和收牧时赶鹅速度宜慢。放牧面积较小、草料多时，鹅群要靠紧些，反之则要放散些，让其充分自由采食。育成种鹅的游泳也要充足，除每次吃饱后游泳以外，在天气较热时，应及时增加游泳次数。如果放牧能吃饱，可以不补饲；如吃不饱，或者正在换羽，应该给予适当补饲。补饲时间通常安排在傍晚。

如果采取全舍饲方式，除供给全价配合饲料外，再补饲一定量粗饲料。如：青贮玉米秸，补饲 250g 左右；或黄贮玉米秸，补饲 100～150g；或优质牧草，补饲 200g 左右。

（二）后备种鹅的控制饲养阶段

1. 控制饲养的目的　此阶段一般从 120 日龄开始至开产前 50～60d 结束。后备种鹅经第 2 次换羽后，如供给足够的饲料，经 50～60d 便可开始产蛋。但此时由于种鹅的生长发育尚不完全，个体间生长发育不整齐，开产时间参差不齐，导致饲养管理十分不方便。加上过早开产的蛋较小，母鹅产小蛋的时间较长，种蛋的受精率低，达不到蛋的种用标准，降低经济效益。因此，这一阶段应对种鹅控制饲养，达到适时开产日龄，比较整齐一致地进入产蛋期。

2. 控制饲养的方法　种鹅的控制饲养方法主要有两种。一种是减少补饲日粮的喂料量，实行定量饲喂；另一种是控制饲料的质量，降低日粮的营养水平。大多数采用后者，但一定要根据条件以灵活掌握饲料配比和喂料量，既能维持鹅的正常体质，又能降低种鹅的饲养费用。

在控料期应逐步降低饲料的营养水平，每天的喂料次数由 3 次降为 2 次。尽量延长放牧时间，逐步减少每次给料的喂料量。控制饲养阶段，母鹅的日平均饲料用量一般比生长阶段减少 50%～60%。饲料中可添加较多的填充粗料（如米糠、曲酒糟、啤酒糟等），目的是锻炼鹅的消化能力，扩大食道容量。后备种鹅经控料阶段前期的饲养锻炼，利用青粗饲料的能力增强，在草质良好的牧地，可不喂或少喂精饲料。在放牧条件较差的情况下每天喂料 2 次。

3. 后备种鹅的恢复饲养　经控制饲养的种鹅，应在开产前60d左右进入恢复饲养阶段。此时，因种鹅的体质较弱，应逐步提高补饲日粮的营养水平，并增加喂料量。日粮蛋白质水平控制在15%～17%为宜，经20d左右的饲养，种鹅的体重可恢复到控制饲养前期的水平。种鹅开始陆续换羽，为了使种鹅换羽整齐和缩短换羽时间，节约饲料，可在种鹅体重恢复后进行人工强制换羽，即人为地拔除主翼羽和副主翼羽。拔羽后加强饲养管理，适当增加喂料量。公鹅的拔羽期可比母鹅早2周左右进行。

（三）后备种鹅的管理

1. 做好防疫工作　采用放牧方式的后备育成种鹅，应及时注射禽流感、禽霍乱疫苗。在放牧中，如发现邻区或上游放牧的鹅群或分散养鹅户发生传染病时，应立即转移鹅群到安全地点放牧，以防传染疫病。不要到排放工业污水的沟渠游泳，对喷洒过农药，施过化肥的草地、果园、农田，应经过10～15d后再放牧，以防中毒。每天均要清洗食槽和水槽，定期更换垫草，定期搞好舍内外和场区的清洁卫生。

2. 公母分群，限制饲养　限制饲养从90日龄开始到180日龄左右，公鹅和母鹅应分开管理饲养，这样既可适应各自不同的饲养管理要求，还可防止早熟的种鹅滥交乱配。这一阶段应实行限制饲养，只给维持饲料。这样既可控制后备种鹅产蛋过早，开产期比较一致，又可锻炼其耐粗饲能力，降低饲料成本。限制饲养要控制母鹅在换羽结束至开始产蛋前1个月。

3. 后期防疫接种，恢复饲养　后备种鹅育成后期是从180日龄左右起到开产，历时约1.5个月。这一阶段重要工作之一是进行防疫接种（图7-2、图7-3），注射禽流感疫苗和小鹅瘟疫苗，这种疫苗适用于种鹅，一般均在产

图7-2　可调连续注射器

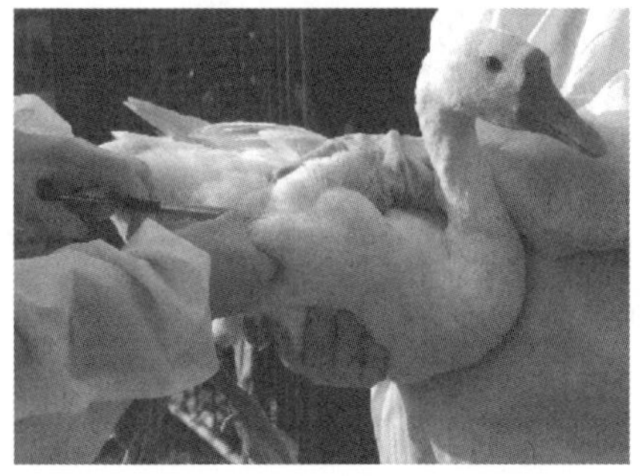
图7-3　给后备鹅注射疫苗

蛋前注射。一次注射后，整个产蛋季节都有效。在饲养上要逐步由粗变精，让鹅恢复体力，促进生殖器官的发育。这时的恢复饲养，只定时不定量，做到饲料多样化，青饲料充足，增喂矿物质饲料。临产母鹅全身羽毛紧贴，光泽鲜明，尤其颈羽显得光滑紧凑，尾羽与背羽平伸，后腹下垂，耻骨开张达 3 指以上，肛门平整呈菊花状，行动迟缓，食欲大增，喜食矿物质饲料，有求偶表现，想窝念巢。后备种公鹅的精料补饲应提早进行，促进其提早换羽，以便在母鹅开产前已有充沛的体力和旺盛的食欲。

二、产蛋期饲养管理

（一）营养搭配

在日粮配合上，采用配合饲料，满足蛋白质、钙、磷等常规养分的需要。微量元素和维生素数量及比例应适当。饲料中粗蛋白质水平应在17.5%～19%。

喂料要定时定量，精料结合青粗饲料。精料每天喂量为 150～250g，刚开始进入产蛋期时每天饲喂量为 150g，慢慢增至 250g，上午和下午各饲喂 1 次。饲草充足时每天每只补充青草 0.25～0.50kg。补饲量是否恰当，可根据鹅粪情况来判断。如果粪便粗大、松软，呈条状，轻轻一拔就分成几段，说明鹅采食青草多，消化正常，用料适当；如果粪便细小、结实，断面层粒状，则说明采食青草较少，精料量过多，消化吸收不正常，容易导致鹅体过肥，产蛋量反而不高，可以适当减少补饲量；如果粪便色浅而不成形，排出即散开，说明补饲精料量过少，营养物质跟不上，应增加精料补饲量。

（二）饲养方式

规模化的养鹅场，种鹅多采用全舍饲的方式饲养。要加强戏水池水质的管理，保持清洁。舍内和舍外运动场也要每日打扫，定期消毒。每日采用固定的饲养管理制度。

小规模和单品种饲养种鹅，采用放牧与补饲相结合的饲养方式比较适合（图 7-4、图 7-5），晚上赶回圈舍过夜。放牧时应选择路近而平坦的草地，慢慢驱赶，上下坡时不可让鹅争抢拥挤，避免损伤。尤其是产蛋期的母鹅，行动迟缓，在出入鹅舍、下水时，应呼号或用竹竿稍加阻挡，使其有秩序地出入棚舍或下水。放牧前要熟悉当地的草地和水源情况，掌握农药的使用情况。一般春季放牧采食各种青草、水草；夏、秋季主要放牧麦茬地、收割后的稻田；冬季放牧湖滩、沟边、河边。不能让鹅群在污秽的沟渠、池塘、河沟等内饮水、洗浴和交配。种鹅喜欢在早晚交配，在早晚各放水1次，有利于提高种蛋的受精率。

图7-4　带水天然种鹅放养地

图7-5　放牧鹅及放牧草地

（三）防止产窝外蛋

母鹅有择窝产蛋的习惯，第一次产蛋的地方往往成为它一直固定产蛋的场所，因此，在产蛋鹅舍内应设置产蛋箱（窝）（图7-6），以便让母鹅在固定的地方产蛋。开产时可有意训练母鹅在产蛋箱（窝）内产蛋。可以用引蛋（在产蛋箱内人为放进的蛋）诱导母鹅在产蛋箱（窝）内产蛋。母鹅的产蛋时间大多数集中在下半夜至上午10时左右，个别的鹅在下午产蛋。舍饲鹅群每日至少集蛋3次，上午2次，下午1次。放牧鹅群，上午10时以前不能外出放牧，在鹅舍内补饲，产蛋结束后再外出放牧，而且上午放牧的场地应尽量靠近鹅舍，以便部分母鹅回箱（窝）产蛋。这样可减少母鹅在野外产蛋而造成种蛋丢失和破损。放牧前检查鹅群，如发现个别母鹅鸣叫不安，腹部饱满，尾羽平伸，泄殖腔膨大，行动迟缓，有觅窝的表现，应将其送到鹅舍产蛋箱（窝）内产蛋，待产完蛋后就近放牧。

图7-6　种鹅回箱产蛋

（四）控制就巢性

就巢的发生和环境有很强的相关性，应增加母鹅在室外的活动时间。一般白天非产蛋时间均应让鹅在室外活动。如果发现母鹅有恋巢行为，应及时隔离，关在光线充足、无垫草的围栏里，只给饮水不给料，2～3d后饲喂一些粗纤维饲料，使其体重不过度下降，待醒抱后能迅速恢复产蛋。也可使用市场上出售的“醒抱灵”等药物，一旦发现母鹅抱窝时，立即服用，有明显的醒抱效果。

（五）补充人工光照

1. 光照的作用　光照时间的长短及强弱以不同的生理途径影响家鹅的生长和繁殖，对种鹅的繁殖力有较大的影响。光照可分为自然光照和人工光照两种。人工光照的广泛应用，可克服日照的季节局限性，能够创造符合家鹅繁殖生理功能所需要的昼长光照。人工光照在养鸡、养鸭生产中已被广泛应用，但在养鹅生产中还未被广大养鹅户认识和应用。光照管理恰当，能够提高鹅的产蛋量和种蛋的受精率，取得良好的经济效益。

2. 光照制度　开放式鹅舍的光照受自然光照的影响较大，因此，光照制度必须根据鹅群生长发育的不同阶段分别制定。

（1）育雏期　为使雏鹅均匀一致地生长，0～7日龄提供24h的光照时间，8～14日龄以后则应从24h光照逐渐过渡到只利用自然光照。光照强度：0～7日龄每15m^2用1只40W灯泡，8～14日龄换用25W灯泡，高度距离鹅背部2m左右。

（2）育成期　只利用自然光照。

（3）产蛋前期及产蛋期　种鹅临近开产期，用6周的时间逐渐增加每日的人工光照时间，使种鹅的光照时间（自然光照＋人工光照）达到16～17h，此后一直维持到产蛋期结束。

三、休产期饲养管理

（一）整群与分群

整群，就是重新整理群体；分群，就是整群后把公母鹅分开饲养。鹅群产蛋率下降到5％以下时，标志着种鹅将进入较长的休产期。种鹅一般利用3～4

年才淘汰，每年休产时都要将伤残、患病、产蛋量低的母鹅淘汰，并按比例淘汰公鹅。同时，为了使公母鹅能顺利地在休产期后达到最佳的体况，保证较高的受精率，以及保证活拔羽绒及其以后的管理方便，要在种鹅整群后将公母分群饲养。

（二）诱导换羽

在自然条件下，母鹅从开始脱羽到新羽长齐需较长的时间，换羽有早有迟，产蛋也有先有后。为缩短换羽的时间，使换羽后产蛋比较整齐，可采用人工诱导换羽。

人工诱导换羽是通过改变种鹅的饲养管理条件，促使其换羽。一般采用停止人工光照，停料2～3d，只提供少量的青饲料，并保证充足的饮水；第4天开始喂给由青料加糠麸、糟渣等组成的青粗饲料；第10天左右试拔主翼羽和副翼羽，如果试拔不费劲，羽根干枯，不带血迹，可逐根拔除，否则应隔2～3d后再拔；最后拔掉主尾羽。在规模化饲养的条件下，鹅群的诱导换羽通常与活拔羽绒相结合进行，即在整群和分群结束后，采用诱导换羽的方法处理1周左右，对鹅群实施活拔羽绒。一般9周后还可再次进行活拔羽绒。这样可以提高经济效益，并使鹅群开产整齐，利于管理。

（三）休产期饲养管理要点

休产期将产蛋期的精料日粮改为粗料日粮（糠麸等），从而进入休产期。粗饲的目的是促使母鹅消耗体内的脂肪，促使羽毛干枯而容易脱换一致。通过粗饲还可以大大提高鹅群的耐粗饲能力，降低饲养成本。

粗饲期若不进行人工拔羽，在自然换羽期间应改喂育成期料，并要求限量供应，在限饲过程中，要定期称重，以使其生长发育符合标准生长曲线。青绿饲料自由采食，充分供应。

粗饲期如果要进行人工拔羽，则可将其分为两个阶段。

1. 换羽期的饲养管理　所谓换羽就是对种鹅进行粗饲，使鹅体消瘦，羽毛干枯脱落，又称为制羽。制羽的目的是统一整个鹅群换羽时间，便于人工拔羽及控制统一开产时间，有利于对鹅群的管理和提高养鹅的经济效益。

换羽技术，关键在于控制饲料。在粗饲条件下，公鹅换羽期比母鹅早10～15d，此时可将公母鹅分群饲养管理。粗饲开始的头1～3d，原来喂饲的精料

（如稻谷等）渐减至原来的1/4或1/5，到第4～5d，停止喂精料而改喂糠麸等粗料。喂饲次数可由2次/d减到1次/d，然后再1次/2d，逐渐转入1次/3～4d。但每天的饮水必须充分供应。经12～13d，鹅体逐渐消瘦，体重减轻约1/3（图7-7）。当主翼羽与主尾羽出现干枯现象，此时就可以恢复喂料了。喂料量可2次/d，每次每只喂糠麸125g左右。连喂3～5d，待体重逐渐回升，健康恢复，便完成了制羽期，可进入拔羽期了。

2. 拔羽期的饲养管理

人工拔羽可以缩短换羽时间，使种鹅换羽时间一致，开产时间一致。判断可否拔羽的标志是：制羽期后，放牧时鹅群行动敏捷一致，走路距离靠近，精神状态良好，说明鹅群健康恢复一致；检查，直到拔到羽根不带血时，可进行拔羽（图7-8）。否则不能拔羽。拔羽时间应选在天气温暖的晴天进行。

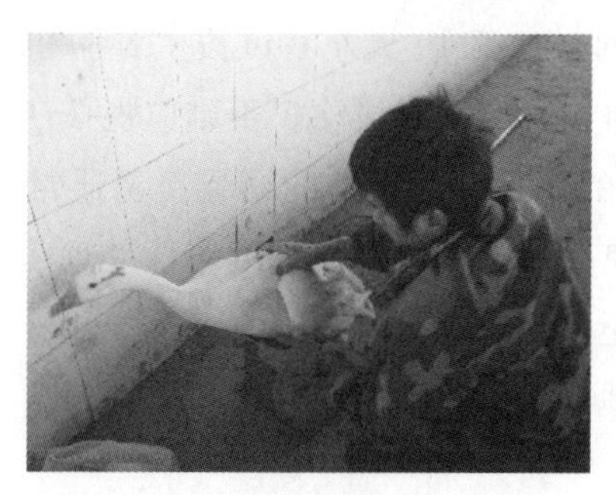

图7-7　体重减轻20%～30%

图7-8　拔除到羽根不带血的羽毛即可拔毛

3. 人工拔羽方法

人工拔羽有两种方法——手提法和按地法。

（1）手提法　用一手紧握鹅的两翼，提起悬空，另一手把翼张开，用力顺着主翼羽生长的方向将主、副翼羽拔去，最后拔去尾羽。此法适用于小型鹅种。

（2）按地法　左手提着鹅的颈上部，右手提住鹅的两脚向后拉，把鹅按在地上，然后拔羽者用双脚夹住鹅，左手的大拇指和第二指轻轻固定鹅颈，同时捏住鹅翼，右手用力拔去左、右主翼羽和主尾羽（图7-9）。此法适用于体型比较大的种鹅或初学拔毛者。对已自行换羽的鹅，不必再拔。

4. 拔羽后的饲养管理　拔羽后应加强饲养管理。拔羽后的头两天，不能让鹅群下水游泳，只能在运动场内喂料、喂水和休息等，以防止细菌感染。拔羽后的第3天才能放鹅下水，但要注意防寒保暖，避免烈日曝晒和雨淋，加强护理，下水时间不能过长。拔羽后要增加新鲜青饲料的供应，并增加精饲料的喂量，补喂精饲料 2 次/d。拔羽鹅与未拔羽鹅应分开饲养，以免打斗或啄伤。如果拔羽 1 个月后新羽仍然没有长出，则要加大饼粕的补充量，使日粮中的蛋白质含量达到 15%。

图 7-9　诱导换羽

四、种公鹅饲养管理

俗话说："母鹅好，好一窝，公鹅好，好一坡"。在生产实践中，搞好种公鹅的饲养管理十分重要。

（一）种公鹅的体况要求

种公鹅体况的总体要求是：体格高大匀称，体质健壮结实，中等膘情，羽毛紧密，性欲旺盛，精液品质良好。

（二）种公鹅的饲养方案

1. 种公鹅的饲养特点　饲料多样、营养全面、长期稳定，保持种用体况；在配种前 1.5～2 个月要逐渐增加营养物质，以保证良好的精液品质。

2. 非配种期饲养　6—10 月为非配种期，此期虽无配种任务，但仍不能忽视饲养管理工作，除坚持放牧外，还应适当补饲混合精料，以满足其能量、蛋白质、矿物质和维生素的基本需要。

3. 配种期饲养　此期可分为配种前期（1.5～2.0 个月）、配种期（7～8 个月）两个阶段。

（1）配种前期　此期除放牧外，种公鹅应较母鹅提前 10～15d 补饲。补饲时，应逐渐增加精饲料喂量，先按配种期饲喂量的 60%～70%投放，经过 2～

3 周达到正常喂量。

(2) 配种期　11 月至翌年 5 月为配种期。此期种公鹅消耗营养和体力最大，日粮要求营养丰富全面，饲料种类多样化，适口性好，易消化。特别是蛋白质、矿物质和维生素要充分满足。配种期种公鹅日粮中蛋白质水平应增加到 18%～19%。精液中钙、磷较多，必须补充，还要注意微量元素锌、铜、锰、铁的供应量。维生素 A、维生素 E 及 B 族维生素对精液生成及品质也有很大的影响，在冬春季节青草缺乏时要注意补充。最好补饲全价颗粒饲料。

配种期种公鹅饲粮定额大致为：颗粒料 150～200g，青料 1.5～2kg，草料每日分 2～3 次饲喂，同时给予清洁饮水。种公鹅不能长得过肥，否则会影响配种，如公鹅体重超标，就要酌情减少精料饲喂量。

(三) 种公鹅的管理要点

1. 补充光照　光照能激发公鹅促性腺激素的分泌，刺激睾丸精细管发育，促使后备公鹅达到性成熟。正常情况下，要求自然光照加人工光照时间保持每天 14h。

2. 早晚交配　公鹅早晚性欲最旺盛。因此在早、晚应各放水一次，让其嬉水交配，有利于提高种蛋受精率。

3. 环境卫生　放牧前要了解当地草地和水源状况、农药使用情况。切忌将种鹅群放入污染的水塘、河渠内饮水、洗浴和交配。

4. 择偶习性　少数公鹅有择偶习性，这将减少与其他母鹅配种的机会，应及时隔离这只公鹅，经 1 个月左右，方能克服而与其他母鹅交配。

5. 制止争斗　在配种季节公鹅有互相啄斗争雄行为，影响配种，甚至因争先配种而格斗致伤，应及时制止。

五、种母鹅饲养管理

饲养种母鹅是为获得高的产蛋量和良好受精率的种蛋。根据母鹅在一个繁殖周期内所经历的不同生理阶段，种母鹅的饲养管理可分为产蛋前期、产蛋期和休产期三个阶段。

(一) 产蛋前期

后备母鹅进入产蛋前期时，生殖器已得到较好的发育。经产母鹅此期换羽完毕，体重逐渐增加。临产母鹅，体态丰满，全身羽毛紧凑，富有光泽，性情温顺，腹部饱满，松软有弹性，耻骨间距增宽，采食量增大，行动迟缓。母鹅常用头点水，寻求配偶或衔草做窝，出现这种现象时，表明临近产蛋期。

1. 饲养特点 此期应采用放牧加补饲的饲喂方案。既要加强鹅群放牧采食，又要逐渐增加补饲量，补饲精料要逐步过渡到种鹅产蛋期的配合饲粮。以舍饲为主的鹅群应注意饲粮中蛋白质、维生素、矿物质及微量元素等营养物质的平衡，使母鹅的体质得到迅速恢复，为产蛋积累丰富的营养物质。

2. 管理要点

（1）补充光照 光照能促进母鹅性腺激素分泌，促使母鹅卵巢卵泡发育，卵巢分泌雌激素，促进输卵管发育，使耻骨开张，泄殖腔扩大。种母鹅临近开产期，可用 6 周时间来逐渐增加光照时间，使其每日自然光照加人工光照时间达到 16～17h 为宜。合理的光照管理，能提高种母鹅的产蛋量和种蛋受精率。

（2）补饲量逐渐增加 日补饲量不能增加过快，一般用 4 周时间的过渡期，逐渐增加到正常量。反之，如果补饲量增加过快，会导致种母鹅开产时间提前，影响以后的产蛋力和种蛋受精率。

（3）免疫和驱虫 开产前 2～4 周种母鹅驱虫 1 次，并注射小鹅瘟疫苗，使种蛋具有免疫抗体。

（4）合理放牧 放牧地距离要适中，不宜选择太远。要做到早出晚归，出牧收牧要缓慢前行，不能驱赶过急。要有较多时间让种母鹅在池塘、沟渠戏水。

（二）产蛋期

四川白鹅产蛋期可长达 7～8 个月，多集中在冬、春两季。种母鹅开产后，因连续产蛋，需要消耗大量的营养。为了发挥母鹅的产蛋潜能，此期应当供给充足的蛋白质、钙、磷、维生素等营养物质，以满足其产蛋的营养需要，使种母鹅保持中等膘度体况，利于连续产蛋。若饲料中营养不足或缺乏某些营养素，会导致种母鹅体况消瘦，产蛋量下降，提前停产、提早换羽等不良后果，给种鹅饲养带来损失。

1. 饲养特点 产蛋期种母鹅应采用舍饲为主、放牧为辅的饲养方案。为了提高种母鹅的产蛋量，饲粮中粗蛋白质营养水平应达到 17.5%～19%，代谢能为 11.29～11.70MJ/kg。每只母鹅日补饲量应控制在 150～250g 为宜，青绿料 1.5～2.0kg。喂料要做到定时定量，先精料，后喂青料。青料可不定量，任其自由采食。每日饲喂 2 次，上午和下午各 1 次，在产蛋高峰期晚间可补喂 1 次。

2. 管理要点

（1）种母鹅产蛋期每日的光照，即自然光照加补充光照应保证 16～17h，并一直维持到产蛋结束。

（2）产蛋期种母鹅行动迟缓，放牧地应就近选择优质牧草地。出入鹅舍、放牧、收牧、下水均应慢赶缓行。

（3）种母鹅产蛋时间大多数集中在凌晨至上午 10 时左右，为使母鹅养成在舍内产蛋的习惯，舍内应设置产蛋箱或产蛋窝，让其在固定的地方产蛋。放牧前要注意检查鹅群，观察产蛋情况，待母鹅产蛋结束后，再外出放牧。要注意防止窝外蛋。放牧后如发现有母鹅鸣叫不安，有寻窝表现，经触摸腹中有蛋，则应将其送回产蛋窝内产蛋。

（4）此期要注意环境卫生，产蛋窝或箱要勤换垫草，保持种蛋的清洁。舍内要备有清洁的饮水，任其自由饮用。

（5）四川白鹅需在水上配种。因此，种母鹅产蛋期每天要保证种鹅有一定的时间（特别是上午和傍晚）在水上游泳、戏水、交配。

（三）休产期

母鹅到产蛋后期体重明显下降，大多数母鹅羽毛干枯，产蛋量明显降低，进而进入休产期。此时应淘汰体弱低产鹅和伤残母鹅。

1. 诱导换羽　母鹅进入休产期，一些母鹅开始脱毛，在自然状态下，鹅的换羽时间有早有迟，参差不齐，这也涉及以后开产有前有后。为了缩短鹅群换羽时间和控制统一开产时间，需要进行人工诱导换羽。

（1）饲喂与操作　诱导换羽是经过人为改变鹅群饲养条件，降低营养水平等手段，使其换羽。具体操作是：种鹅群停止喂料 2～3d，只供给饮水和少量青饲料；第四天开始喂粗糠及青料，经 12～13d，鹅体重减轻 1/3 左右，主翼羽与主尾羽出现干枯现象时，再依次拔除主翼羽、副主翼羽，最后拔主尾羽。

人工拔羽应选择气温暖和的晴天进行。种公鹅应较种母鹅提前 10d 左右进行强制换羽，使其在以后种母鹅开产时具有强健的体质和配种能力。

（2）管理要点　加强对鹅群的护理。鹅群拔羽后当天不能下水，以防细菌感染，引发毛孔发炎等疾患。第三天可以放牧下水游泳。要避免烈日曝晒或雨淋，气温变化时要注意防寒保暖。强制换羽后由于鹅的体质较弱，加之受强行拔羽的强烈刺激，其自身抵抗力较差，要注意环境清洁卫生。

2. 休产期饲养管理要点　四川白鹅的繁殖季节性较强，种母鹅每年停产期长达4～5个月。此期种鹅应以放牧为主，饲养上以青粗饲料为主，以锻炼和提高鹅群耐粗饲的能力，从而降低饲养成本。为使种鹅群保持较高的生产能力，每年在停产期间要严格选择和淘汰部分生产力低的种鹅，并补充优良后备种鹅。休产期种鹅可进行鹅活体拔羽绒2～3次，增加经济收入。

第二节　雏鹅饲养管理

一、雏鹅饲养

（一）雏鹅的潮口

雏鹅出壳后第一次饮水叫潮口。初生雏鹅能行走自如，并表现有啄食欲望时，便可进行潮口。方法是：用小型饮水器或水盘盛水让雏鹅自由饮吸，盘中水深2cm左右，以不湿雏鹅绒毛为度。个别不会饮水的雏鹅应进行调教，可人为将其喙放入水中数下，便可使其学会饮水（图7-10）。潮口能刺激雏鹅食欲，促使胎粪排出。

图7-10　雏鹅潮口

1～3日龄雏鹅的饮水，可用0.1%的高锰酸钾溶液或配制0.1%复合维生素溶液，让雏鹅自由饮用。这对于清洁雏鹅胃肠道，刺激雏鹅的食欲，促进其消化吸收能力有好处。如果是远距离运输，则宜首先喂给5%～8%的葡萄糖水，其后改用普通清洁饮水，必要时饮0.05%高锰酸钾水。

（二）雏鹅的开食

让雏鹅第一次采食饲料，俗称开食。雏鹅潮口后可即行开食。方法是：将半生半熟米饭均匀撒在塑料布上让雏鹅自由啄食（图7-11）。对少数不会吃料的雏鹅，须经调教，让其学会采食。若用颗粒饲料开食，须将粒料碾碎，以便雏鹅采食。雏鹅开食后，可喂切成细丝状的青料。青料要求新鲜、幼嫩多汁，以幼嫩菜叶、莴苣叶最好。

图 7-11 雏鹅开食

（三）雏鹅的饲喂方法

因雏鹅消化道容积小，育雏阶段应遵循少给勤添、定时定量的原则。自雏鹅开食后，便可以 1 份颗粒料（破碎）、2 份青料（切细）的比例饲喂。精料与青料可分开饲喂，以“先精后青”的顺序饲喂。这样可防止雏鹅偏食过多的青料，避免引起消化不良或腹泻等不良后果。

饲喂次数：第一周每天可喂 6～10 次，约 2～3h 喂料一次，其中：3 日龄后，可在日粮中加入少量的砂砾，以增强其消化功能，5～6 日龄起，可以开始放牧；第二周，随着雏鹅体重的增加，采食量的增大，可逐渐减少到饲喂 5～6 次/d，其中夜间喂 2 次；雏鹅 10 日龄后，应以青料为主，增加优质青饲料的使用量，逐渐减少补饲精料，并可加适量的开口谷（煮至刚露出米粒的谷），训练雏鹅采食谷粒，为放牧稻茬田做准备。

二、雏鹅管理

初生雏鹅个体小、体质娇嫩，生理机能尚不完善，其调节体温、御寒抗热能力弱，对外界环境适应能力较差。在育雏期间，应根据雏鹅的生理特点，细心呵护，使雏鹅健康成长。

（一）分群

图 7-12 初生重

由于同期出壳的雏鹅体质强弱不同，以后又会因多种因素的影响造成强弱不均，必须定期按强弱、大小分群（图 7-12），将病雏及时挑出隔离饲养，并对弱群加强各方面管理。自温育雏时，尤其要控制鹅群密度，一般第一周在直径 35～40cm 的围栏中养 15 只左右，以后逐渐减为养 10 只左右；给温育雏时，也要注意饲养密度，每平方米面积养雏鹅数为：1～5d为25只，6～10d为15～20只，11～15d为12～15只，15d后为8～10只，每群以100～150只为宜。如图7-13。

图7-13 健 雏

（二）控温

雏鹅出壳后全身仅覆盖稀薄绒毛，体温调节机能发育不完全，对外界温度变化，尤其是低温适应性差。温度过高过低均不利于雏鹅生长发育，因此，需要人工调节育雏舍温度，但所谓育雏温度也仅只是一种参考。

在饲养过程中除看温度表和通过人的感官估测掌握育雏温度外，还可根据雏鹅的表现观察温度的高低。温度适宜，雏鹅安静无声，彼此虽依靠，但无打堆现象，吃饱后不久就睡觉（图7-14）；温度过低，雏鹅叫声频频而尖，并相互挤压，严重时发生堆集；温度过高，雏鹅向四周散开，叫声高而短，张口呼吸，背部羽毛潮湿，行动不安，放出吃料时表现口渴而大量饮水。另外，温度不能忽高忽低，温度过低，雏鹅受凉易感冒；温度过高，雏鹅体质将会变弱。

图7-14 温度适宜时的雏鹅

（三）防湿

适宜的温湿度对鹅生长发育至关重要。不同日龄鹅育雏的适宜温度与湿度见表7-1。低温高湿导致鹅体热散发而感寒冷，易引起感冒和下痢。高温高湿则抑制体热散发，造成物质代谢与食欲下降，抵抗力减弱，发病率增加。因此，育雏室的门窗不宜密封，要注意通风透光，室内不宜放置湿物，喂水时切勿外溢，及时清理粪便与更换湿垫料，保持地面干燥。

表 7-1　不同日龄雏鹅的适宜温度与湿度

日龄	育雏温度（℃）	湿度（%）	室温（℃）
1～5	27～28	60～65	15～18
6～10	25～26	60～65	15～18
11～15	22～24	65～70	15
16～20	20～22	65～70	15
＞20	脱温		

注：育雏温度是指育雏箱内距垫草 5～10cm 处的温度，室温是指室内两窗之间距地面 1.5～2m 高处的温度。

（四）脱温

在育雏期间，最初 1 周不得低于 28℃，以后每周下降 1～2℃，21 日龄时把温度降到 20℃。以后应根据实际情况，逐步调节到自然温度，称为脱温。过早脱温时，雏鹅容易受凉，发育受影响；保温太长，则雏鹅体弱，抗病力差，容易得病。

（五）放牧与游水

雏鹅 10 日龄后，如果气温适宜，可以开始放牧。放牧 2 次/d，上午和下午各 1 次，每次放牧时间要控制在 0.5～1h，以后随日龄增长而适当延长放牧时间。阴雨天应停止放牧。雏鹅 15 日龄前后可开始游水，每次游水时间约 15min，以后可适当延长，但最好不要超过 1h。

（六）防敌害

在育雏的初期，雏鹅无防御和逃避敌害的能力，鼠害是雏鹅最危险的敌害。因此对育雏室的墙角、门窗要仔细检查，堵塞鼠洞；在农村还要防范黄鼠狼、猫、狗、蛇等，在夜间应加强警惕，并采取有效的防御措施。此外，还应加强蚊蝇消灭工作，防止其叮咬雏鹅，避免疾病传播。

（七）加强防疫

雏鹅出壳后 1 日龄皮下注射抗小鹅瘟高免血清 0.5mL，1 周后注射小鹅瘟冻干疫苗，1∶100 倍稀释，每只 1mL，15 日龄注射鹅副黏病毒疫苗每只 0.5mL，30 日龄注射禽出败疫苗 1 次，注射剂量见产品说明书。

（八）其他日常管理

在育雏过程中，应注意观察鹅群精神状态、采食和饮水及排便情况是否正常，准备好育雏记录本，记录采食量、体重、死亡数、存栏数、疾病发生情况与诊疗措施等。

第三节　商品鹅饲养管理

一、四川白鹅肉用生产特点

（一）草食性、耐粗饲

四川白鹅是家禽中体型较大和较易饲养的草食性水禽，有草地和水源的地方均可饲养，尤其水源丰富、牧草富饶的地方，更适宜成群地放牧饲养。鹅喜食牧草，只需饲喂少量的精饲料，不存在人畜争粮的问题。在我国人口众多、粮食紧张的大环境下，大力发展商品肉鹅养殖业，对实现畜牧业战略性结构调整具有重要意义。

四川白鹅具有强健的肌胃，肌胃内压力比鸡、鸭高 1.5～2 倍，可以更容易地磨碎食物，发达的消化道和盲肠是鹅的另一大特征。研究表明，雏鹅到 3 周龄时，盲肠开始发育，并且重量迅速增加，5 周龄时盲肠的重量是出生时的 36 倍多，并且盲肠内含有大量微生物，尤其是厌氧纤维分解菌特别多，易使纤维素发酵分解，产生大量低级脂肪酸供鹅体吸收利用，这使得育成育肥期肉鹅对纤维素具有很强的消化能力。

（二）生长发育快

四川白鹅生长速度快，产肉能力强。70 日龄的体重可达 3～4kg，屠宰率很高，屠宰率在 80%以上，全净膛率在 65%以上。

二、四川白鹅育肥原理

根据四川白鹅耐粗饲，生长快、易沉积脂肪的特点，鹅的育肥应按骨、肉、脂的顺序为原则进行饲养。由于在育成育肥阶段骨骼肌肉生长发育最快，

首先应供给充足的蛋白质和钙、磷物质，以保证其骨骼的快速生长，促进肌细胞尽快分裂繁殖，使鹅体各部肌肉，特别是胸肌、腿肌充盈丰满。通过提供大量碳水化合物，促进体内沉积脂肪，使个体变得肥大而结实。

育肥后期应养于光线较为暗淡的环境中，适当限制其活动，减少体内养分的消耗，以利于长肉，促进其脂肪的沉积。

三、育肥前的准备工作

饲养至60～70日龄的育成鹅即可用于育肥。育肥的鹅要精神活泼、羽毛光亮、两眼有神、叫声洪亮、机警敏捷、善于觅食、健壮无病。为了使育肥鹅群生长齐整、同步增膘，必须将大群分成若干个小群饲养。分群的原则是：将体型大小相近和采食能力相似的公母鹅混群，分为强群、中群和弱群等，在饲养管理中根据各群的实际情况，采取相应的技术措施，缩小群体之间的差异，使全群达到最高的生产性能，一次性出栏。另外，鹅易感寄生虫，如蛔虫、绦虫、泄殖吸虫等，因此，育肥前要进行一次彻底的驱虫，可提高饲料转化率和育肥效果。驱虫药应选择广谱、高效、低毒的药物。

四、育肥鹅饲养方式

育肥前应该有一段育肥过渡期，或称预备期，使育肥鹅群逐渐适应育肥期的饲养管理。育肥的方法按采食方式可以分为两大类：自由采食育肥法和填饲育肥法。自由采食育肥法包括放牧育肥法、放牧加补饲育肥法和舍饲育肥法。放牧加补饲育肥法是最经济的育肥方法，被农村地区养殖户广为采用；放牧条件不充足或集约化养殖时，则采用舍饲育肥法，舍饲育肥法管理方便，以能量饲料为主的配合饲料喂养鹅群，育肥效果好。填饲育肥法又包括手工填饲育肥法和机器填饲育肥法。

（一）放牧加补饲育肥

放牧育肥（图7-15）成本低，一般结合农时进行，即在稻麦收割前50～60d开始雏鹅的养殖，稻麦收割后的空闲田最适合50～60日龄的育成鹅放牧育肥，这样可以充分利用残留的谷粒和麦粒。放牧育肥时，应尽量减少肉鹅群的运动，可以搭建临时鹅棚，鹅群放牧到哪里，就在放牧地留宿，这样既可以减少鹅群路上往返的时间，增加鹅群觅食的时间，又可以减少肉鹅的能量消

图 7-15　放牧育肥

耗，提高育肥效果。良好的放牧育肥方法要有一定的路线，放牧条件好且面积大的地方可以选择逐渐向城镇或收购地靠拢，且放牧路线上应有水质清洁的水源。放牧中让鹅吃饱后再放下水，每次游泳 30min，上岸休息 30min，再继续放牧。鹅群归牧前应该在舍外给予休息和补饲，每天每只鹅用 100g 精饲料加上切细的青饲料拌匀后饲喂，青饲料（以干物质计）占精饲料量的 20%左右。这样经过约 15d 的放牧育肥，到达目的地就地收购，既减少了运输途中的麻烦、防止掉膘或者伤亡，又减少了能量消耗，提高了放牧育肥的效益。

（二）舍饲育肥

虽然放牧育肥肉鹅成本低，但是工作量大，工作人员很辛苦。生产中可将鹅圈养在舍内，限制其活动，饲喂丰富的精饲料和青绿饲料，让鹅迅速肥壮起来。舍饲育肥主要有网上育肥和地面圈养育肥两种方式。

图 7-16　网上育肥

围栏网上育肥（图 7-16）：网架距离地面 60～70cm，网孔距离 3～4cm，鹅粪可以通过网孔间隙漏到地上，育肥结束后一次性清理粪便，网面上可保持干燥、干净的环境。这样既减少额外的工作强度，也有利于育肥鹅的健康和育肥效果。为限制鹅的活动，可以将网面分割成若干个小栏，每栏 $10m^2$ 为宜。饲喂量以鹅吃饱为宜，并且提供一些青绿饲料，供给清洁充足的饮水。

圈养育肥（图 7-17）：把肉鹅圈养在地面上，限制其活动，饲养密度为 4～6 只/m^2。并给予大量能量饲料，让其长膘长肉。在冬天多采用在地面加垫料的方式育肥肉鹅，定期清理垫料或添加新垫料。与网上育肥方式相比，这种育肥方式人员劳动强度相对较大，卫生条件较差，但是投资少，育肥效果也很好。在圈养育肥时要特别要求鹅舍的安静，限制活动，可以隔日让鹅群水浴1次，每次10min。

图7-17 地面圈养育肥

舍饲育肥采用自由采食，充分供给以能量饲料为主的精饲料的饲喂方法（图7-18），每天每只鹅用300～500g精饲料加上切细的青饲料拌匀后饲喂，青饲料（以干物质计）占精饲料量的10%～20%。这样对饲养50～60d的育成鹅，经过10～15d的育肥即可达到上市出售或加工所需肥度的肉鹅标准。出栏时实行全进全出制，并清洗消毒圈舍后再育肥下一批肉鹅。

图7-18 自由采食

（三）填饲育肥

鹅的填饲育肥可采用专门的填饲技术，有人工填饲和机器填饲两种。肉用仔鹅短期强制填饲大量的碳水化合物饲料后，仔鹅增重快，屠体美观，肉的品质好。

1. 鹅填饲饲粮参考配方

配方一：玉米、碎米、甘薯面合计60%，米糠、麦麸30%，豆饼（粕）粉8%，生长素1%，食盐1%。

配方二：玉米30%，大麦30%，粗糠29.5%，麦麸（或细糠）10%，食盐0.5%。

2. 填饲方法　将混合好的饲料加水拌成糊状，用特制的填饲机填饲。没有填饲机可手工填饲，将配合好的饲料加水拌成干泥状，放置2～4h，待饲料全部软化后，用手搓成长 6 厘米、粗 1～1.5cm 的食条，一次性填入鹅的食道中。操作方法：用两腿夹住鹅体使其保持直立，用左手握住鹅的头部，并以拇指和食指将其上下喙分开，用右手将食条强制填入鹅的食道，每填一条随手顺食道轻轻推动一下。每天进行 3～4 次，每次填 3～4 条，初填 3d 内不宜填得过饱，以后每天填 5 次，从早上 6 点到晚上 10 点，平均每 4h 填饲 1 次。每次填饲后，将鹅放入安静的鹅舍内休息并提供充足饮水，每天傍晚放水 1 次，时间约半小时。每天清扫圈舍，随时更换垫草，保持舍内清洁、干燥、卫生。经 10～15d 填饲后，鹅体内脂肪沉积增多，育肥完成，即可上市。

第八章 四川白鹅常见疾病的防控

与其他家禽相比，鹅有着更高的抗逆性。日常只要加强饲养管理，做好消毒和隔离工作，做好免疫预防接种工作，即可有效预防疾病的发生。但是，如果这些工作落实不到位，极易发生疫病，轻则影响健康水平，重则造成大面积死亡，带来惨重的经济损失。因此，日常管理需要把疫病防控放置在重要的位置，坚持“防重于治”的理念，做好疫病防控工作。

首先，要加强鹅的日常饲养管理，科学饲养。其次，要根据“预防为主，综合防治”的原则控制疾病。可从以下几个方面把好疾病防控关：

一要时常保持鹅舍的清洁卫生，定期消毒，通风换气，保温保湿，维持相对稳定的生长环境。合理放牧和补料，增强体质，提高其对疾病及外界环境变化的抵抗能力。

二要本着“早、快、严、小”的原则，平时多观察，及早发现、隔离和淘汰病鹅；及时诊断，尽快对症制定治疗方案，避免疫病的传播扩散；采取严格的综合性防制措施，将疫病控制在小范围内并迅速扑灭疫情，防止疫情扩散，对死鹅要焚烧或深埋。处理完病鹅、死鹅后，操作人员要用消毒液洗手。

三要实施有效的免疫计划，认真做好免疫接种工作。

四要定时驱虫和消毒。在鹅 20～30 日龄、60～90 日龄时，用广谱驱虫药如阿苯达唑各驱虫 1 次，并定期对生长环境进行严格消毒。

五要在生产上尽可能做到“全进全出”。坚持全进全出的饲养方式防止交叉感染。每批鹅全部出售后，对鹅舍、场地、用具等进行彻底清洗，并选用不同消毒液喷雾或浸泡消毒 2 次，两次消毒时间要求间隔 12h 以上，然后空置 2

周以上。这样可有效切断病原的传播，减少疫病发生，提高成活率，降低成本，增加效益。

第一节 消　毒

养殖场严格执行消毒制度，杜绝一切传染来源，是确保鹅群健康的一项十分重要的措施。用化学药品或某些物理方法杀灭物体及外界环境中的病原微生物的方法，称为消毒。它通过切断传染途径来预防传染病的发生或阻止传染病继续蔓延。因此，消毒是一项重要的防疫措施。消毒的范围包括周围环境、鹅舍、孵化室、育雏室、用具、饮水、仓库、饲料加工厂、道路、交通工具及工作人员等。

一、消毒的种类

（一）预防性消毒

饲养过程中，为预防疫病发生而有计划地定期对鹅舍、运动场、用具、饲槽、饮水器等进行消毒。

（二）临时性消毒

发生了危害性较大的传染病，或者由于某些环节处理不当，怀疑鹅场的某些场所、道路、水源、用具、车辆、衣物等可能被传染源污染，为了安全起见，对上述物体和场所进行的临时性的消毒措施，称为临时性消毒，亦称突击性消毒。其目的是消灭病原体，切断传播途径，防止传染病的扩散。临时消毒一般需要多次反复进行。

（三）终末消毒

指传染病感染的鹅群已死亡、淘汰或全部处理后，经两周没有出现新病例时，对养鹅场内、外环境和用具进行的一次全面彻底的大消毒。

平时要做好鹅舍、运动场及生产用具等的清洁、消毒工作，合理处理垃圾、粪便，保持洁净的饲养环境，减少发病概率。对尚未发生疫病的鹅舍进行预防性消毒，一般每月 1 次；发生疫病时，鹅舍要进行临时消毒和终末消毒，

一般每周 2 次，且药物的浓度要稍大。空舍消毒时要遵循先净道（运送饲料等的道路）、后污道（清粪车行使的道路），用 2～3 种不同作用类型的消毒药交替进行的原则。

二、鹅舍消毒基本步骤

（一）清扫

清扫是消毒工作的前提。清理鹅舍内的废弃物，并对地面进行清扫。清扫、冲洗要按照一定的顺序，一般先扫后洗，先顶棚、后墙壁、再地面。从鹅舍的远端到门口，先室内后环境，逐步进行，经过认真彻底的清扫和清洗，可以大大减少粪便等有机物的数量。

（二）高压水枪冲洗

用高压水龙头冲洗育雏网床、地面、食槽或饲料盘、水槽等地方。试验结果表明，经清扫过的禽舍，细菌减少 21.5%；如果清扫后用水冲洗，则细菌总数可减少 50%～60%；清扫和冲洗后再用消毒剂喷雾消毒，舍内细菌总数可减少 90%。

（三）消毒剂消毒

可用浓度为 0.3%的过氧乙酸（用量 $30mL/m^3$）喷洒鹅舍的地面、墙壁和屋顶，也可用 10%的漂白粉或 2%的烧碱溶液消毒。

三、鹅场育雏舍消毒

对于鹅场的育雏舍，应进行彻底全面的消毒，具体方法如下：用 10%的漂白粉或 2%的烧碱溶液对网架、地面、墙壁（1.4m 以下）进行全面泼洒消毒，隔 8h 后用清水彻底冲洗干净，再用福尔马林进行熏蒸消毒。密闭熏蒸 24h，然后打开门窗，通风换气 3～4d。进雏当天再用百毒杀溶液全面喷雾消毒一次。

福尔马林＋高锰酸钾熏蒸消毒是利用甲醛与高锰酸钾发生氧化还原反应过程中产生的大量的热，使其中的甲醛受热挥发，从而达到杀死病原微生物的目的，此法具有省时、省力和消毒效果好等优点，是目前较为广泛采用的消毒方法。

福尔马林熏蒸消毒方法：

1. 准备工作

（1）熏蒸前对畜舍进行彻底清扫，除粪，扫灰尘，冲刷，并将需要消毒的饮水器、料槽等工具设备洗刷干净，放人畜舍中，以备一同消毒。

（2）做好密封工作，把门窗缝隙、墙壁裂缝、天窗等部位用塑料布或纸条封好，避免因留有空隙而致舍内有效浓度降低，影响消毒效果。

（3）计量鹅舍空间，依此计算出所需福尔马林和高锰酸钾的量。一般情况下，常用以下两种比例浓度：一是每立方米用福尔马林 40mL、高锰酸钾 20g，热水 15mL，用于重度污染或全进全出时的消毒；二是每立方米用高锰酸钾 15g、40%的甲醛溶液 30mL，多用于预防性的消毒，如种蛋消毒。同时，依计算所得的量预备好消毒用的器皿。如果消毒空间较大、药量较多，则可放置多个容器。

（4）因高锰酸钾和福尔马林都具有腐蚀性，所以要选用陶瓷或搪瓷等耐腐蚀的容器。因混合后反应剧烈，有热量释放，且持续时间长（10～30min），所以为防止药液外溢，盛放药品的容器应足够大，通常来说容器的容量应为所盛福尔马林体积的 4 倍以上。

（5）为保证消毒效果，应采取一定措施将舍温提高到 20℃以上，相对湿度达到 70%以上。因此，当室内湿度较低时，应在室内用喷雾器喷洒清水，使湿度达到 70%以上；室温不足 20℃时，应用加热炉等使鹅舍升温到 20℃以上，然后再进行熏蒸。这样在液体蒸发结束时，舍温可达到 25℃以上，湿度可达到 75%以上，并维持较长时间，才能达到理想的消毒效果。

2. 操作方法

（1）先将高锰酸钾放入容器内，再将福尔马林倒入容器中，不可将高锰酸钾倒入福尔马林中，以免药液迸溅，造成人员灼伤。如果是多个容器，则须注意要从鹅舍内部向外部依次倾倒。

（2）消毒时间的长短因消毒目的的不同而不同。相对来讲，消毒时间越长越好，一般情况下，畜禽舍达到 24h 即可。

（3）现代科学研究表明，甲醛是一种致癌物质，对人的呼吸道黏膜和皮肤均有很强的刺激性，所以用于熏蒸的容器应尽量靠近门，以方便操作人员迅速撤离，尽量避免或减少人与福尔马林的接触，确保人身安全。另外，也禁止应用此法进行带畜禽消毒。

3. 消毒后处理

（1）消毒后，因舍内有较强的刺激性气味，不能立即使用，所以要打开门窗，通风换气 3～5d，以降低甲醛的气味浓度。接雏前预温时，如仍有甲醛气味，可密闭鹅舍，用 10g/m^{3}左右的碳酸氢钠加在适量水中加热蒸发，使产生的氨气同甲醛气体中和。30min 后，打开门窗通风 30～60min 即可使用。也可按每立方米鹅舍用氯化铵 5g、生石 10g 灰和 75℃的热水 10mL 混合放入容器中，即可放出氨气中和舍内的甲醛气味。

（2）高锰酸钾熏蒸结束后，可依残留物的状态来判断反应是否完全。若反应后的残渣呈微湿的褐色粉末状，则表明二者比例适当；若残渣是紫色，则表明高锰酸钾过量；若残渣太湿，则表明高锰酸钾不足或加水过多。

（3）反应后的药物残渣应定点堆放或深埋，不可随意乱放，以免造成环境污染。

四、常用消毒药及其使用特性

下面介绍几种常用的环境消毒药物，供参考。

（一）福尔马林（甲醛）溶液

福尔马林一般含甲醛 36%～40%。甲醛属醛类消毒剂，是最简单的脂肪醛，有极强的还原活性，能使蛋白质中的氨基发生烷化反应，使蛋白质变性，而起到杀菌作用。甲醛为广泛使用的杀菌剂，0.25%～0.5%的甲醛液在 6～12h 能杀死细菌、芽孢及病毒，可用于仓库、鹅舍、孵化室的消毒以及器械、标本、尸体防腐，并用于雏鹅、种蛋的消毒。

（二）氢氧化钠

氢氧化钠又称为烧碱、火碱或苛性钠，为白色或黄色块状或棒状物质，易溶于水和醇，露在空气中易吸收二氧化碳和水而潮解，使消毒效果减弱，故需密闭保存。3%～4%氢氧化钠溶液能杀死病毒和细菌，可用于畜禽舍、饲具及环境消毒。30%溶液能在 10min 内杀死炭疽芽孢，加入 10%食盐能加强氢氧化钠杀灭芽孢的能力。

（三）生石灰

用于墙壁、地面、粪池、污水沟等消毒，配成 10%～20%石灰乳喷洒或涂刷。生石灰易吸收二氧化碳，使氧化钙变成碳酸钙而失效，故要现配现用。陈旧石灰已变成碳酸钙而失效，不能用作消毒。生石灰的消毒作用不及烧碱强。

（四）来苏儿

来苏儿即煤酚皂溶液，可用于鹅舍、墙壁、运动场、用具、粪便、鹅舍进出口处消毒。常配成3%～5%的浓度作鹅舍进出门消毒用，用5%～10%的浓度作排泄物消毒用。

（五）百毒杀

百毒杀属双链季铵盐消毒剂，是一种广谱杀菌剂，它对细菌、病毒、真菌和藻类都有杀灭作用，并且是速效、强效和长效的。由于本消毒剂对人和畜禽无毒、无刺激性、无不良反应，因此，既可用于鹅群的饮水消毒、带鹅消毒等预防性消毒，也可用于疫情发生时的紧急消毒，紧急消毒时的药物用量加倍即可。常规喷雾消毒时，按1∶300倍稀释，或每瓶盖（10mL）加水3.0kg；常规饮水消毒时，按1∶600倍稀释，或每瓶盖加水6.0kg。烈性传染病流行期喷雾消毒时，按1∶150倍稀释，或每瓶盖加水1.5kg。一般每消毒一次可维持药效10～14d。

（六）高锰酸钾

可用于皮肤、黏膜、创面冲洗，以及饮水、种蛋、容器、用具、鹅舍等的消毒。常用0.1%溶液用于皮肤、黏膜创面冲洗及饮水消毒，0.2%～0.5%的浓度用于种蛋浸泡消毒。高浓度有腐蚀作用，遇氨水、甘油、酒精易失效。本品为强氧化剂，不能久存，应现配现用。

（七）新洁尔灭

新洁尔灭又叫溴化苄烷铵，可用于鹅舍、地面、笼饲具、容器、器械、种蛋表面的消毒。市售的为2%或5%的浓度，用时应稀释成0.1%的浓度。用于浸泡种蛋，温度40～43℃，不宜超过30min。本品忌与肥皂、碘、升汞、高锰酸钾或碱配合使用。

（八）劲能（天 F-100）

用于环境、器具、种蛋、饲料防霉等消毒。1∶1 500 用于环境、器具喷洒消毒或浸泡种蛋、器械；防饲料霉变可按每吨饲料添加 25g，防鱼粉霉变可按每吨鱼粉添加 60g，拌匀，有效期 6～8 个月。

（九）复合酚

复合酚类消毒药有很多，如菌毒敌、菌毒灭、菌毒净、来苏儿等，用于鹅舍、笼具、运动场、运输车辆、排泄物的消毒。常用 0.3%～1%溶液喷洒、清刷鹅舍地面、墙壁、笼具等进行消毒，忌与碱性物质和其他消毒药合用。

（十）威力碘

威力碘属络合碘溶液，用于带鹅消毒和饮水、种蛋、笼器具、孵化器的消毒。1∶（60～200）稀释后带鹅喷雾消毒；1∶（200～400）稀释供饮水用；1∶200供种蛋浸泡消毒 10min；孵化器等器具可按 1∶100 稀释后浸泡或洗涤消毒。

五、鹅场消毒四大误区

误区一：不发疫病不消毒。

消毒的主要目的是杀灭传染源的病原体。传染病的发生要有三个基本条件：传染源、传播途径和易感动物。在家禽养殖中，有时没有看到疫病发生，但外界环境已存在传染源，传染源会排出病原体。如果此时没有采取严密的消毒措施，病原体就会通过空气、饲料、饮水等传播途径，入侵易感家禽，引起疫病发生。如果此时仍没有及时采取严密有效的消毒措施，净化环境，环境中的病原体越积越多，达到一定程度时，就会引起疫病蔓延流行，造成严重的经济损失。因此，鹅场消毒一定要及时有效。具体要注意三点：一是栏舍内消毒、舍外环境消毒和饮水消毒；二是鹅舍消毒每周不少于 3 次，环境消毒每周 1 次；三是饮水始终要进行消毒并保证清洁。

误区二：消毒后就不会发生传染病。

这种想法是错误的。这是因为虽然经过消毒，但并不一定就能收到彻底杀灭病原体的效果，这与选用的消毒剂及消毒方式等因素有关。有许多消毒方法存在着消毒盲区，况且许多病原体可以通过空气、飞禽、老鼠等多种传播媒介进行传播，即使采取严密的消毒措施，也很难全部切断传播途径。因此，家禽养殖除了进行严密的消毒外，还要结合养殖情况及疫病发生和流行规律，有针对性地进行免疫接种，以确保家禽安全。

误区三：消毒剂气味越浓效果越好。

消毒剂效果的好坏，不简单地取决于气味。有许多好的消毒剂，如双季铵盐类、复合酚类消毒剂，就没有什么气味，但其消毒效果却特别好。因此，选择和使用消毒剂不要看气味浓淡，而要看其消毒效果，是否存在消毒盲区。

误区四：长期单一使用同一类消毒剂。

长期单一使用同一种类的消毒剂，会使细菌、病毒等产生耐药性，给以后杀灭细菌、病毒增加难度。因此，养殖场最好是将几种不同类型、种类的消毒剂交替使用，以提高消毒效果。

第二节　免　　疫

规模化养鹅场，由于饲养数量大，相对密度较高，随时都有可能受到传染病的威胁，为防患于未然，平时要有计划地对健康鹅群进行免疫接种。

一、免疫程序制定和应用

制定免疫程序必须综合考虑鹅疫病流行情况及其规律，鹅的用途（种用、蛋用或肉用）、日龄、母源抗体水平和饲养条件，以及疫苗的种类、性质、免疫途径等方面的因素。免疫程序不是一成不变的，应根据具体情况进行调整。

推荐的鹅免疫程序见表8-1。

二、免疫接种注意事项

（1）疫苗必须来自有信誉、有质量保证的生物制品厂。

（2）各种疫苗必须进行冷藏运输和保存，使用前不能在阳光下曝晒。

（3）使用前逐瓶检查是否有破损、变质、异物或密封不严，凡存在上述现象的疫苗一律不得使用。

（4）尽量减少开启疫苗箱的次数，开后应及时关严。

（5）注射用具应事先清洗和煮沸消毒，吸取疫苗时，要做到无菌操作。

（6）饮水免疫时应注意水质，水中不应含氯，要让绝大多数鹅饮到足够量的疫苗。

（7）接种后应搞好饲养管理，减少应激因素（如寒冷、拥挤、通风不良等），使机体产生足够的免疫力。

表 8-1　鹅免疫程序

日龄	疫苗种类
1	接种小鹅瘟疫苗或注射小鹅瘟抗血清（种鹅产蛋前未接种小鹅瘟疫苗的）；种鹅接种过小鹅瘟疫苗且未超过 100d 的雏鹅，可在 7 日龄注射小鹅瘟抗血清
7	接种禽流感疫苗
15	接种鹅副黏病毒油乳灭活疫苗
20	加强免疫禽流感
90	注射禽霍乱疫苗
120	注射大肠杆菌疫苗
180	第三次注射禽流感疫苗
200	第四次注射禽流感疫苗（禽流感流行地区）
种鹅在产蛋前 1 个月	注射小鹅瘟疫苗和鹅卵黄性腹膜炎疫苗各 1 次

第三节　主要传染病防控

一、小鹅瘟

小鹅瘟（gosling plague，GP）是由小鹅瘟病毒引起的一种雏鹅急性病毒性传染病。其临床特征是主要侵害 3～20 日龄的雏鹅，引起精神委顿，严重腹泻，急性死亡。特征性的病变为严重的肠道发炎，肠黏膜坏死脱落，形成香肠样栓子，堵塞肠管。本病传播迅速，发病率和死亡率高达 90%～100%，是一种严重危害养鹅业的重要传染病。1956 年，我国首先发现了本病，定名为小鹅瘟。事后，世界许多养鹅国家相继报道了本病。

[病原]

本病的病原为小鹅瘟病毒，病毒存在于病鹅的脑、肝、脾、血液、肠内容物及其他组织中。国内外分离到的毒株抗原性基本相同，仅有 1 个血清型。本病毒具有较强的抵抗力，加热至 56℃3h 以上才能被灭活，在－20℃时，活力可持续 2 年以上。在 37℃的孵化器内，经 1 个月后病毒仍存活。

［流行特点］

在自然情况下，小鹅瘟病毒可感染各种鹅，包括白鹅、灰鹅、狮头鹅与雁鹅，其他动物除番鸭外均不感染。本病主要发生于 3～20 日龄的雏鹅，3 周龄以上雏鹅发病率逐渐降低，成年鹅对病毒有较强抵抗力。发病日龄愈小，死亡率愈高，以 10 日龄雏鹅的发病率和死亡率最高，15 日龄以上的雏鹅比较缓和，半数可自行康复。据近年报道，本病的发病日龄日趋增大，已由往常的 3～20 日龄延至目前的 30～60 日龄，甚至有 73 日龄鹅发生本病的报道。

小鹅瘟主要经消化道传染，病鹅和带毒鹅是主要传染源。与病鹅直接接触或接触被病鹅排泄物沾污的饲料、饮水、用具和场地，都是本病的主要传播途径。本病也可通过种蛋传播，被带毒的种蛋（主要是蛋壳被污染的种蛋）污染的孵化室和孵化器也会传播本病。

小鹅瘟发病率及死亡率的高低，与母鹅的免疫状况有关。病愈的雏鹅、隐性感染的成鹅均可获得坚强的免疫力。成鹅通过卵黄将抗体传给后代，使雏鹅获得被动免疫。本病具有一定的周期性，一般 1～2 年或 3～5 年流行一次。

［临床特征］

潜伏期为 4～5d。日龄较小（7 日龄内）的病雏鹅，常不呈现任何症状，在 1d 内突然死亡。日龄较大（7～15 日龄）的病雏鹅，病程较长（2～3d），首先表现精神沉郁、缩颈、步行艰难，常离群独处。继而食欲废绝，严重腹泻，排出黄白色或绿色水样混有气泡的稀粪。喙前端色泽变深，鼻液增多。病鹅摇头，口角有液体甩出，临死前常出现颈部扭转、全身抽搐或瘫痪等神经症状。病鹅通常在出现症状后 12～48h 死亡。在疫病流行的后期或是日龄较大的病鹅，症状比较轻微，以食欲不振和腹泻为主，病程也较长，常可延长到 1 周以上，少数病鹅可自然康复。

［剖检特征］

剖检病变主要在消化道，特别是小肠部分。急性病死的雏鹅，十二指肠黏膜充血，呈弥漫性充血、出血，表面附有多量黏液。10 日龄以上且病程在 2d 以上的病雏鹅，肠道特别是靠近卵黄柄和回盲部的肠段，外观上变得极度膨大，体积比正常肠段增大 2～3 倍，质地坚实，像香肠一样，将膨大部肠壁切开时，可见肠壁变薄，肠腔中充塞着一种淡灰白色或淡黄色的凝固栓状物，将肠腔完全堵塞。栓状物干燥，切面中心是深褐色的干燥肠内容物，外面包裹着由坏死肠黏膜和纤维素性渗出物凝固所形成的厚层的灰白色伪膜，这些栓塞物均不与肠壁粘连，易从肠腔中取出，这是小鹅瘟的特征性病变。病鹅的肝脏肿大，呈深紫色或黄红色，胆囊明显膨大，充满暗绿色胆汁。

[防制措施]

1. 疫苗接种　雏鹅出壳后是否接种小鹅瘟疫苗，什么时间接种小鹅瘟疫苗，一直是很多养鹅户迷茫的问题，养鹅（场）户可以按照下列方法进行小鹅瘟的预防。

（1）种鹅免疫：种鹅在开产前15～20d，用小鹅瘟弱毒活疫苗进行预防注射。种鹅免疫时间超过4～6个月，所产蛋孵出的雏鹅保护率有所下降，种母鹅应进行再次免疫。

（2）如果种鹅小鹅瘟预防做得好，种鹅抗体水平比较高的话，小鹅出壳后不要注射小鹅瘟活疫苗，因为这时小鹅有母源抗体的保护，可以抵抗小鹅瘟的感染，并且母源抗体能中和活疫苗中的病毒，使活疫苗不能产生足够的免疫力而导致免疫失败。到1周龄时再注射一次小鹅瘟血清可有效控制小鹅瘟的发生。

（3）如果种鹅未进行小鹅瘟预防或种鹅小鹅瘟免疫时间已超出150d，可采取两种方法有效预防小鹅瘟：一是在小鹅出壳后1～2d内注射小鹅瘟疫苗，注射后7d内应严格管理，防止未产生免疫力之前因野外强毒感染而引起发病，7d后免疫雏鹅产生免疫力，基本可抵抗小鹅瘟病毒感染。二是在小鹅出壳后注射小鹅瘟血清，5～7日龄时再注射小鹅瘟疫苗或再注射一次小鹅瘟血清，如果是疫区最好连续注射两次小鹅瘟血清，基本可以控制小鹅瘟的发生。

2. 谨慎引种　不从疫区引进鹅苗和种蛋、种鹅，尽量做到自繁自养。如果确实需要从外地购进鹅苗和种蛋时，必须了解供应鹅苗和种蛋的鹅场（地区）有无小鹅瘟流行，以往输出雏鹅有无发病，母鹅群是否接种过小鹅瘟疫苗等，以便采取相应预防措施。

3. 隔离饲养　新购进的雏鹅，应隔离饲养20d后，确认无小鹅瘟发生时，方能与其他雏鹅合群饲养。

4. 孵化消毒　对种鹅场，为防止病毒经种蛋传播，对种蛋应严格地进行药液冲洗和福尔马林熏蒸消毒。孵化场要定期进行彻底消毒。孵化室一旦被污染，应立即停止孵化，在进行严密的消毒后方能继续进行孵化。

5. 发病时的控制措施　对已发病的鹅场应采取严格的封锁和隔离措施，把疫病控制在最小范围内，防止疫情扩大蔓延。对无治愈希望的病雏，应集中淘汰，病死鹅尸体应焚烧或深埋，不准随意丢弃，对病毒污染的场地要彻底消毒。严禁病鹅外调或出售。

对发病的和暂无临床表现但与病雏接触过的假定健康雏，应逐只注射小鹅瘟高免血清或干扰素，除重症病雏外，对刚受感染的雏鹅，治疗用剂量为每只每次2～3mL，一般治疗1～3次后，保护率可达80%～90%，对刚发病的雏鹅保护率40%～50%。预防用剂量为出壳后每只雏鹅肌内注射0.5～1mL，可防止小鹅瘟的暴发流行。抗小鹅瘟卵黄抗体的用途同抗血清，也能起到预防及治疗作用。

二、鹅禽流感

鹅禽流感是由A型流感病毒中的致病性血清型毒株所引起的鹅只全身性或呼吸道性传染病。其中高致病性禽流感病毒对鸡、鸭、鹅均具有高度致病性。高致病性禽流感是以禽类为主的烈性传染病，并对人产生极大的威胁，世界动物卫生组织（OIE）将其列为必须报告的动物传染病，我国将其列为一类动物疫病。

为预防、控制和扑灭高致病性禽流感，我国依据《中华人民共和国动物防疫法》《重大动物疫情应急条例》《国家突发重大动物疫情应急预案》及有关的法律法规制定了《高致病性禽流感防治技术规范》，因此，在实际养殖生产过程中，鹅场应严格按照此防治技术规范开展养殖生产。

[病原]

鹅禽流感的病原为A型禽流感病毒，有十多种血清型。禽流感病毒对热比较敏感，56℃30min、60℃10min和65～70℃几分钟即可被杀死。但病毒对低温的抵抗力较强，在有甘油保护的情况下－10℃可保持活力数月或1年以上，在－70℃或冻干状态下可长期保持其传染性。在自然条件下，粪便中病毒的传染性在4℃可保持30～35d，20℃可存活7d，在羽毛中可存活18d，在骨或组织中可存活数周，在冷冻的禽肉和骨髓中可存活10个月。

[流行特点]

鹅禽流感主要经呼吸道感染，也可由被污染的水源、羽毛、肉尸、排泄物、饲料及用具经消化道感染。在鹅群附近发生禽流感的鸡、鸭群，也是重要的传染源。本病一年四季均可流行，以冬春季节为主，大批发病和死亡常见于10—12月及第二年的1—4月。雏鹅发病可高达100%，死亡率95%。大日龄鹅及种鹅发病率也较高，死亡率40%～80%不等。

[临床特征]

由于禽流感病毒的毒力不同，引起鹅的临床症状也有所不同，分为最急性型、急性型和亚急性型。

(1) 最急性型　病鹅常突然发病，食欲废绝，低头闭目，很快倒地，不久死亡。

(2) 急性型　病鹅精神沉郁，羽毛松乱，双翅下垂，拉黄绿色稀便。两脚发软，下颌、颈等皮下水肿。眼结膜充血，有出血点或出血斑，眼泪呈红色，俗称血泪，后期见眼结膜混浊呈灰白色，俗称眼生白膜。病鹅出现神经症状，曲颈歪头，左右摇摆或频频点头，最后倒地挣扎，终因呼吸困难而死亡。产蛋母鹅感染禽流感表现产蛋下降，破蛋、小蛋数量增加，死亡率较低，能耐过的种鹅经1～1.5个月才能恢复产蛋。

(3) 亚急性型　表现以呼吸道症状为主，一旦发病很快波及全群。病鹅出现呼吸急促，鼻流浆液性鼻液，呼吸时发出啰音、咳嗽，2～3d后大部分鹅呼吸道症状减轻，若在发病早期及时控制，症状迅速减轻或消失，只留下少数病鹅转为慢性。死亡率3%～10%不等。母鹅感染主要以降低产蛋为主，死亡率很低。

[剖检特征]

头部肿大的病例，可见头部皮下呈胶样，颈上段肌肉出血，鼻黏膜充血、出血和水肿，鼻腔充满血样黏液性分泌物，喉、气管黏膜不同程度地出血。严重病例可见腺胃分泌物增多，腺胃与肌胃交界处有出血点或出血带。肠黏膜充血、出血，尤以十二指肠严重，心肌、肺、肝、肾、脾、脑等均不同程度地出血。产蛋鹅卵泡充血、出血、变形和皱缩，输卵管黏膜充血、出血。

[防制措施]

(1) 疫苗接种　国家对高致病性禽流感实行强制免疫制度，免疫密度必须达到100%，抗体合格率达到70%以上。最好选用禽流感（H5+H9）多价灭活苗进行预防：种鹅5～15日龄每只0.5mL首免，50～60日龄每只1～1.5mL二免，开产前每只2～3mL三免，以后每4～5个月免疫一次；种鹅未免疫的雏鹅，5～15 日龄每只 0.5mL 首免，2 月龄每只 1～1.5mL 二免；种鹅已免疫的雏鹅，15 日龄左右首免，2 月龄二免。

（2）紧急控制措施　在发病早期使用禽流感抗血清或多价超高免蛋黄抗体，搭配干扰素、白细胞介素能增强鹅机体的抵抗力和提高非特异性免疫功能，修补机体受损伤的免疫细胞和组织，有利于控制继发感染，降低发病损失。

（3）科学饲养管理　改善饲养管理条件，保持合理的饲养密度，鹅舍干燥通风，对 1 月龄以内的雏鹅注意保暖。搞好环境卫生，对鹅舍、养鹅设备及地面等切实做好清洗和消毒工作，选择有效的消毒剂，如 2%～5%氢氧化钠、0.1%～0.2%过氧乙酸等进行彻底消毒。禁止鹅群与其他家禽混养。

（4）注意事项　鹅一旦发生疑似禽流感症状，要立即将鹅场封锁，并上报有关部门进行诊断或处理，并注意自身安全防护。

[高致病性禽流感处置]

禽类发生高致病性禽流感时，因发病急，发病和死亡率很高，目前尚无好的治疗办法。按照国家规定，凡是确诊为高致病性禽流感后，应该立即对 3km 以内的全部禽只扑杀、深埋，其污染物做好无害化处理，如此处理，可以尽快扑灭疫情，消灭传染源，减少经济损失，是扑灭禽流感的有效手段之一。

为预防、控制和扑灭高致病性禽流感，农业农村部依据《中华人民共和国动物防疫法》《重大动物疫情应急条例》《国家突发重大动物疫情应急预案》及有关的法律法规，制定了《高致病性禽流感防治技术规范》（GB19442－2004），规定了高致病性禽流感的疫情确认、疫情处置、疫情监测、免疫、检疫监督的操作程序、技术标准及保障措施，养鹅场必须按此技术规范处理相关防治工作。

三、鹅副黏病毒病

鹅副黏病毒病是由鹅副黏病毒引起的各种年龄鹅均可感染的一种急性病毒性传染病，其主要症状是精神沉郁，食欲减退，体重迅速减轻。拉水样稀粪，并出现扭颈、转圈等神经症状。病理变化特征是脾脏和胰腺呈现灰白色坏死灶。消化道黏膜有坏死、溃疡。发病率和死亡率均可高达 98%，是养鹅业的大敌。

［病原］

本病的病原为禽Ⅰ型副黏病毒，病毒存在于病鹅的脾、脑、肝、肺、气管分泌物、卵泡膜、肠管和排泄物中，病毒抵抗力不强，干燥、日光及腐败容易死亡。在室温或较高的温度下，存活时间较短。存在于病死鹅体内的病毒，在土壤中能存活1个月。常用消毒药物有2%氢氧化钠溶液、3%石炭酸溶液和1%来苏儿等，3min内均能将本病毒杀灭。

［流行特点］

各种年龄的鹅都易感染，但主要发生于15～60日龄的雏鹅。鹅龄越小发病率和死亡率越高，发病率为40%～100%，平均为50%～60%，死亡率为30%～50%，严重者可达90%以上。通常15日龄以内雏鹅的发病率和死亡率不高。产蛋种鹅除发病死亡外，产蛋率明显下降。

鹅副黏病毒病的流行没有明显的季节性，一年四季都可发生，各种品种的鹅均可感染，鹅群发病之后2～3d，邻近的鸡群也可受到感染而发病，死亡率可达80%。

鹅副黏病毒病经消化道和呼吸道传染，若引进了病鹅群，被病鹅的唾液、鼻液及粪便污染的饲料、饮水、垫料、用具和孵化器等均可成为本病的传染来源。病死鹅尸体、内脏、下脚料及羽毛是重要的传染来源。

［临床特征］

病鹅初期精神沉郁、委顿、无力，常蹲地，体重减轻，少食或不食，但饮水量增加，不愿下水，即使人为强赶其下水，也只浮在水面，顺风飘浮，很快挣扎上岸蹲伏。后期出现扭颈、转圈、仰头等神经症状，尤其在饮水后更明显，10日龄左右雏鹅常出现甩头现象。发病雏鹅排白色或灰白色稀粪，随着病情发展，排出黄色、暗红色或墨绿色稀便或水样便。部分病鹅可出现甩头、咳嗽等症状，耐过的病鹅经7～10d可逐步恢复，但生长受阻。

［剖检特征］

特征性病变主要在消化道。病鹅的腺胃及肌胃充血、出血，肠道黏膜上有淡黄色或灰白色芝麻粒大小至小蚕豆粒大纤维素性坏死性结痂，剥离后可见出血面或溃疡灶，部分病鹅的食道特别是下端也有散在芝麻粒大小的灰白色或淡黄色易剥离的结痂。盲肠扁桃体肿大，明显出血，盲肠和直肠黏膜上有同样的结痂病变。肝肿大、瘀血，质地较硬。脾脏肿大，有芝麻粒至绿豆大的坏死灶。胰腺肿大，有灰白色坏死灶，心肌变性。这些脏器的坏死灶都是本病的特征性病变。

[防制措施]

鹅副黏病毒属于禽副黏病毒Ⅰ型，该毒株对鸡和鹅均有致病力，因此，鸡群必须与鹅群严格分开饲养，避免疫病相互传播。鹅场要严格执行卫生防疫制度，加强消毒工作。

1. 疫苗预防　使用鹅副黏病毒油乳剂灭活苗，无论对雏鹅或种鹅，均安全可靠，无不良反应。对新购进的雏鹅立即注射鹅副黏病毒高免血清或卵黄抗体，免疫种鹅产蛋所孵出的雏鹅具有一定的母源抗体，初次免疫在 7～10 日龄，用鹅副黏病毒油乳剂灭活苗，每只接种剂量为颈部皮下注射 0.5mL，若种鹅未经免疫接种所产的蛋孵出的雏鹅，则无母源抗体，首免应在 2～7 日龄，2 个月后再免疫 1 次。留种的鹅群在 7～10 日龄时进行首免，2 个月时进行二免，产蛋前 2 周进行三免。

2. 鹅专用干扰素　对已发病的鹅群可使用鹅专用干扰素进行控制，连用 3d，效果很好。

四、水禽鸭传染性浆膜炎（水禽鸭疫里默氏杆菌病）

鸭传染性浆膜炎是由鸭疫里默氏杆菌（Ra）引起的一种接触性传染性疾病，又称为鸭疫里默氏杆菌病、新鸭病、鸭败血征、鸭疫综合征等，是一种接触传染、分布很广，并以纤维素性心包炎、肝周炎、气囊炎、干酪性输卵管炎和脑膜炎为特征的细菌传染性疾病。由于本病的高发病率和高死亡率，是当前国内外造成养鹅业重大经济损失的最主要疾病之一。1996 年匈牙利学者报道鹅发病时的浆膜纤维性渗出物比鸭少。

[发病特点]

本病的发生与水禽年龄的大小、饲养管理的好坏、各种不良应激因素或其他病原感染有一定的关系，死亡率一般在 5%～75%。如在卫生条件差，饲养管理不善，饲养密度过大、潮湿、通风不良，饲料中缺乏维生素、微量元素以及蛋白质含量较少等条件下，容易诱发本病的流行；或雏鹅转换环境、气候骤变、受寒、淋雨，及有其他疾病（番鸭花肝病、禽大肠杆菌病、禽出血性败血症等）混合感染时，更易引起本病的发生和流行，死亡率往往可高达 90%以上。本病易复发且难以扑灭，在发病鹅场持续存在，引起不同批次的雏鹅感染发病，同时还可引起大肠杆菌病的混合感染，给水禽业造成严重的经济

损失。

[临床特征]

鸭传染性浆膜炎多发于2～7周龄的雏鹅，尤其是2～4周龄的雏鹅最易感，呈急性或慢性败血症。本病一年四季都可以发生，特别是秋末或冬春季节为甚，主要经呼吸道或经皮肤外伤感染。患鹅表现为精神萎靡，食欲下降甚至废绝。临诊上主要表现为眼和鼻分泌物增多，喘气、咳嗽、打喷嚏，脚软、不愿走动，或伏地不起，翅下垂、昏睡，下痢，粪便稀薄呈绿色或黄绿色。在发病后期迅速衰竭、死亡。病程2～5d，日龄稍大的幼鹅（4～7周龄）多呈现亚急性或慢性经过，病程可达7d以上，部分鹅有共济失调、痉挛性地点头或头左右摇摆，难以维持躯体平衡，部分病例有头颈歪斜、转圈、抽筋等神经症状。有些病例表现为软脚、跛行、站立不稳，部分病例跗关节肿大、鼻窦部肿大。

[病理特征]

特征性病理变化是浆膜面上有纤维素性炎性渗出物，以心包膜、肝被膜和气囊壁的炎症为主。心包膜被覆着淡黄色或干酪样纤维素性渗出物，心包囊内充满黄色絮状物和淡黄色渗出液。肝脏表面覆盖一层灰白色或灰黄色纤维素性膜。气囊混浊增厚，气囊壁上附有纤维素性渗出物。脾脏肿大或肿大不明显，表面附有纤维素性薄膜，有的病例脾脏明显肿大，呈红灰色斑驳状。脑膜及脑实质血管扩张、瘀血。慢性病例常见胫跖关节及跗关节肿胀，切开见关节液增多。少数输卵管内有干酪样渗出物。

[诊断]

鸭传染性浆膜炎在临床及病理剖检诊断上应注意与雏鹅大肠杆菌病、衣原体感染相区别，三个病症状相似，应注意区别。确诊需实验室检查。

[防制措施]

1. 消毒　鹅群发病后，首先要对发病鹅群使用0.1%过氧乙酸对小鹅进行喷雾消毒，连用3d。更换鹅棚中的垫料；用具、饮水器、料槽清洗后用1∶1 500“百毒杀”消毒，1次/d，连用1周。用1∶1 500“消毒威”消毒运动场地。

2. 治疗　对本病有效的药物有恩诺沙星、阿米卡星、氟苯尼考、林可霉素、利高霉素、庆大霉素、大观霉素等。可以适当用于雏鹅预防性投药或治疗，但本病对药物敏感性易变，应交替使用不同药物。

3. 预防

（1）改善育雏条件，育雏室要保持通风、干燥、温暖，勤换地面垫草。饲料槽、饮水器要保持清洁干净，并定期清洗，严格消毒。

（2）尽量减少各种应激，特别要注意天气变化，防日晒、防雨淋、防寒冷等应激以及饲料营养不足等，要特别注意防止惊吓。

（3）实行“全进全出”的饲养制度，封闭式饲养管理模式，杜绝传染病的传染和蔓延流行。

4. 免疫　免疫对本病控制有一定效果。但由于本病病原菌有21个血清型，不同的国家和地区的流行菌株血清型不同，即使在同一国家和地区，不同时期的流行菌株血清型也有所不同。不同血清型的菌株其致病性存在差异，即使同一血清型的不同菌株致病性也有所不同，所以难以有合适的疫苗进行免疫预防。目前我国的流行菌株有5～6个血清型，免疫时应选用相应血清型的灭活苗。要求雏鹅在10日龄左右首次免疫，在首免后2～3周进行第二次免疫，建议首免选用水剂灭活苗，二免选用水剂灭活苗或油乳剂灭活苗。

五、禽霍乱（禽巴氏杆菌病）

禽霍乱又名禽巴氏杆菌病，是由多杀性巴氏杆菌引起的一种接触传播的传染病，鸡、鸭、鹅及野禽均可感染。本病在世界多数国家呈散发性或地方性流行，我国各地均有发生。

[病原]

禽霍乱病原为多杀性巴氏杆菌。在新的分类中，巴氏杆菌属有很大的变化，其中与兽医有关的亚种如下：多杀性巴氏杆菌亚种、败血亚种和杀禽亚种。多杀亚种包括引起家畜重要疾病的菌种，杀禽亚种的菌株来源于各种禽类，有时也引起禽霍乱。多杀性巴氏杆菌是革兰氏阴性、不运动、不形成芽孢的杆菌，在组织、血液和新分离培养物中的菌体呈两极染色，有荚膜。具有橘红色荧光菌落的菌体有荚膜，蓝色荧光菌落的菌体没有荚膜。

多杀性巴氏杆菌对热的抵抗力不强，在56℃经15min、60℃经10min被杀死。在−30℃低温可保持很长时间而不发生变异，冻干菌种可保存26年以上。

[流行特点]

禽类对本病都有易感性，成年家禽特别是性成熟家禽对本病更易感。我国各地都有发生，南方各地常年流行，北方各地多呈季节性流行。本病在鹅群中多为散发，但水源严重污染时也能引起暴发流行。病禽和带菌的家禽是主要的传染源，禽霍乱的慢性带菌状态是终生的。被污染的垫草、饲料、饮水、用具、设备、场地等可成为本病的传播媒介，狗、飞鸟，甚至人都能成为机械带菌者。此外，一些昆虫如蝇类、蜱、鸡螨也是传播的媒介。

[临床特征]

自然感染的潜伏期为3～5d，在临床上因个体抵抗力的差异和病原菌毒力的差异，其症状表现可分为三型。

1. 最急性型　多见于流行初期，高产母鹅感染后多呈最急性型。无先期症状，常突然发病倒地死亡，有时晚上喂料时无异常，次日早晨却有病鹅死于舍内。

2. 急性型　此型最为多见。病鹅精神沉郁，羽毛松乱，少食或不食，离群呆立，蹲伏地上，头藏在翅下，驱赶时，行动迟缓，不愿下水，腹泻，排灰白色或黄绿色稀便，体温高达42～43℃，呼吸困难，病程2～3d，多数死亡。

3. 慢性型　多见于流行后期，部分病例由急性型转化而来。病鹅主要表现为持续下痢，消瘦，后期常见一侧关节肿大、化脓，因而发生跛行。病鹅精神不佳，食量小或仅饮水，部分病例还表现为呼吸道炎，鼻腔中流出浆液性或黏性分泌物，呼吸不畅，贫血，肉瘤苍白，病程可持续1个月以上，最后因失去生产能力而被淘汰。

[病理特征]

最急性型往往见不到特征性病变。急性型者全身浆膜、黏膜出血，心冠脂肪、肺、气管可见小出血点或出血斑，心包膜内有浆液性渗出物，肝脏上密布针尖大灰黄色坏死点，肠道尤其十二指肠出现卡他性出血性肠炎，盲肠黏膜有小溃疡灶，腹腔内有纤维素渗出物，脾变化不大，肺充血、水肿或有纤维素渗出物。慢性者可见鼻腔、鼻窦、支气管卡他性炎症，肺呈纤维素性肺炎，发生肝变，关节内积有干酪样渗出物，关节肿大、化脓。

[诊断]

根据流行特点、临床特征和病理变化只能怀疑为本病或初步诊断，确诊可采取死鹅肝、脾组织抹片、血液涂片革兰氏染色镜检，如出现大量革兰氏阴性两极着色小杆菌即可确诊。也可用病变组织作细菌培养和动物接种分离病原菌，最后作出诊断。

[治疗方法]

1. 药物治疗　治疗禽霍乱可用青霉素、链霉素、磺胺嘧啶等磺胺类药物及喹乙醇等。不同药物对不同鹅场、不同暴发的病禽效果可能不同。因此，最好先做药敏试验，然后选用最敏感的药物。参考剂量：青霉素成年鹅每只5万～8万U，2～3次/d，肌内注射，连用4～5d；链霉素每只成年鹅肌内注射10万U，1次/d，连用2～3d；20%磺胺二甲基嘧啶钠注射液每千克体重肌内注射0.2mL，2次/d，连用4～5d；长效磺胺每千克体重0.2～0.3g，内服，1次/d，连用5d；复方敌菌净按饲料重量加入0.02%～0.05%，拌匀饲喂，连用7d。

2. 禽霍乱抗血清　发病早期皮下注射10～15mL抗血清，可获得较好的疗效。

[防制措施]

1. 免疫接种　我国生产使用的禽霍乱菌苗有两大类。一类是死菌苗，即禽霍乱氢氧化铝菌苗；另一类是活菌弱毒苗，即G190E40禽霍乱弱毒菌苗和713等弱毒菌苗，在一些地区大量试用。禽霍乱亚单位氢氧化铝苗保护率可达75%。如有条件，可从当地发病禽分离菌株，制成氢氧化铝自家菌苗。

2. 防疫卫生　加强管理，使鹅保持良好的抵抗力。由于禽霍乱的发生多因体内带本菌，当出现饲养管理欠佳及长途运输等应激因素时，可引起发病。一旦发现禽霍乱发生，应对发病圈、栏进行封锁，防止病原扩散，并进行隔离治疗，健康鹅也应给予预防性药物。受污染的圈舍、用具、设备等应彻底消毒，将疫情控制在发病群内，以期尽快扑灭本病。

由于引起禽霍乱的多杀性巴氏杆菌血清型较多，在接种菌苗之后，难免还会发生禽霍乱。所以，在本病严重发生的地区，在进行免疫接种的同时，应加强卫生消毒、药物防治等综合性防疫措施。

六、鹅的鸭瘟

鹅的鸭瘟（duck plague virus，DPV）又名鹅病毒性溃疡肠炎（duck virusenteritis，DVE），是由鸭瘟病毒引起的一种急性、热性、败血性传染病。症状以高热、流泪、头颈肿大、泄殖腔溃烂、排绿色稀便和两腿发软为特征。本病是鸭、鹅和其他雁形目禽类的一种急性、热性、败血性传染病，其特征是流行广泛，传播迅速，发病率和死亡率都高。本病1963年在国内首次报道，在过去只有少数病例与报道，但近年来在广东、广西和海南已逐渐发展为地方性流行，发病率和死亡率都大为提高。用现有的鸭瘟弱毒疫苗防治效果不一。

[病原]

鸭瘟病毒属疱疹病毒科，疱疹病毒属，鸭疱疹病毒Ⅰ型。病毒存在于病鹅

的排泄物、分泌物、各内脏器官、血液、骨髓及肌肉中，以肝和脾含毒量最高。本病毒对热和普通消毒药都敏感，56℃经10min、80℃经5min死亡，1%～3%氢氧化钠溶液、10%～20%漂白粉溶液和5%甲醛溶液均能较快杀灭该病毒，75%酒精5～10min、0.5%漂白粉30min和5%生石灰30min都能减弱病毒的毒力或杀灭病毒。

[发病特点及临床特征]

本病的发生常以与鸭共养或与鸭同一水域的鹅群发病居多。任何季节、品种、年龄、性别的鹅均可感染，以10～15日龄的鹅易感性高。发病率一般为10%左右，疫区的发病率和死亡率则可高达90%以上。雏鹅发病多发现为急性死亡，迅速波及全群，死亡率可达80%左右。一般从发病到死亡的时间常为2～5d。成年鹅发病率较低，一般极少死亡。

鹅感染鸭瘟的症状与鸭相似。病鹅体温急剧升高到43℃以上，这时病鹅表现精神不佳，头颈缩起，食欲减少或停食，但想喝水，喜卧，不愿走动。病鹅不愿游水、怕光、流泪、眼睑水肿，眼睑周围的羽毛沾湿，有脓性分泌物将眼睑粘连，甚至形成出血性的小溃疡，眼结膜充血、出血。鼻腔亦有脓性分泌物，导致呼吸困难。经常头向后仰、咳嗽，部分鹅头颈部肿大，俗称“大头瘟”。病鹅下痢，呈灰黄绿色、绿色或灰白色稀便。

[剖检特征]

鹅的鸭瘟是一种急性传染病，剖检时可见到一般败血症的病理变化，表现为全身的皮肤、黏膜和浆膜出血，皮下组织弥漫性炎性水肿，实质器官严重变性，特别是以消化道黏膜的出血、炎症和坏死为特征，具有诊断意义。

解剖病死鹅可以看到一般败血症的病理变化，全身浆膜、黏膜、皮肤有出血斑块，眼睑肿胀、充血、出血并有坏死灶。口腔及食道有灰黄色假膜或出血点，嗉囊与腺胃交界处呈现环状色带或黄色假膜，假膜下是出血斑或溃疡。肌胃角质膜下、腺胃黏膜有出血斑或点。肠黏膜弥漫性出血，尤以十二指肠为甚。泄殖腔黏膜坏死，结痂；产蛋鹅卵泡增大、发生充血和出血；肝不肿大，但有小点出血和坏死；胆囊肿大，充满浓稠墨绿色胆汁；有些病例脾有坏死点，肾肿大、有小点出血；胸、腹腔的黏膜均有黄色胶样浸润液。

[防制措施]

应采取封锁隔离、严格消毒和注射疫苗相结合的综合措施。在没有发生鸭瘟的地区或鹅场，应当着重做好预防工作，执行消毒卫生工作和防疫制度。

1. 谨慎引种　不从鸭瘟疫区进鹅，平时严格执行对鹅舍、运动场等的消毒；严禁从疫区引进种鹅和鹅苗。从外地购进的种鹅，应隔离饲养15d以上，并经严格检疫后，才能合群饲养。病鹅和康复后的鹅所产的鹅蛋不得留作种蛋。

2. 接种　目前使用的鸭瘟疫苗有鸭瘟鸭胚化弱毒疫苗和鸭瘟鸡胚化弱毒疫苗两种。注意使用鸭瘟疫苗时，剂量应是鸭的5～10倍，种鹅一般按15～20倍接种。

受威胁区、疫区的鹅，应用鸭瘟弱毒苗预防接种，方法是：15日龄以下雏鹅用鸭的15倍剂量，15～30日龄雏鹅用鸭的20倍剂量，30日龄以上鹅用鸭的25～30倍剂量，后备种鹅于产蛋前用鸭的30倍剂量肌内注射。免疫后3～4d产生免疫力，免疫期可达6个月，种鹅每隔半年免疫一次，肉鹅免疫两次即可。

七、鹅大肠杆菌病

大肠杆菌病是由致病性大肠杆菌引起的产蛋母鹅和仔鹅的一种常见传染病，主要引起成年母鹅生殖器官卡他性出血性炎性病变。

[病原]

大肠杆菌是一切温血动物肠道后段常在菌，部分菌株具有致病性或条件致病性。大肠杆菌是各种菌株的总称，两端钝圆，有的近似球状，革兰氏染色阴性，不形成芽孢，有鞭毛，运动或不运动，多数菌株有荚膜或微荚膜。一些菌株的菌体表面有一层具有黏附性的纤毛，黏附性纤毛是一种毒力因子。本菌需氧或兼性厌氧，最适生长温度为37℃，在普通培养基上生长良好。其抵抗力中等，在潮湿、阴暗而温暖的外界环境中存活不超过1个月，但在寒冷而干燥的环境中存活较久，对热抵抗力不强，常用消毒剂在几分钟内可将其杀死。

[流行特点]

大肠杆菌在自然环境、饲料、饮水、体表、孵化场等处普遍存在。本病多发生于母鹅产蛋高峰季节，产蛋停止，病亦随之停息。本病能导致母鹅成批发病和死亡，发病率高达35％以上，病死率为11.4％左右。公鹅也能受到感染，主要引起生殖器官发炎、溃烂，失去交配能力，但很少死亡。

[临床特征]

鹅大肠杆菌性生殖器官病，俗称“蛋子瘟”，主要侵害鹅的生殖器官，导致鹅群产蛋率下降30％～40％，种蛋在孵化期间出现大量的臭蛋。患病母鹅

粪便含有蛋清、凝固蛋白或蛋黄，常呈菜花样。患病公鹅阴茎肿大，不同部位有数量不等的结节，严重的大部分或全部露出体外不能缩回泄殖腔，失去配种能力，种蛋受精率降低。

[剖检特征]

母鹅发生输卵管炎、卵巢炎、卵黄性腹膜炎。公鹅阴茎上有化脓性或干酪性结节。本病雏鹅主要发生卡他性肠炎，肠黏膜肿胀、充血、出血，病程长的可见肠黏膜坏死，被覆干酪样物质。肝、脾肿大，质脆，肝表面有灰白色坏死灶。肺发生肝变或有纤维素沉着，甚至出现胸、肺粘连。母鹅腹腔积有褐绿色液体，有腐败发臭的蛋黄或卵泡变性萎缩。

[诊断]

根据临床特征、流行特点，结合病理变化，可作出初步诊断。确诊可采取输卵管分泌物及病变的卵子作病原分离、生化鉴定和血清学分类鉴定。

[防制措施]

1. 治疗　大肠杆菌对多种药物如卡那霉素、新霉素、四环素、庆大霉素、链霉素、磺胺类等药物都敏感，但易产生耐药性。因此，在选用药物时尽可能作药敏试验，选择敏感性药物，内服优于注射，连续使用5～7d，避免抗药性的产生。喹诺酮类药物如环丙沙星和恩诺沙星已经证明是有效的，且对产蛋率影响不大。参考剂量：链霉素肌内注射，每只鹅5万～8万U，2次/d，连用3d。

2. 预防　加强饲养管理，改善放养条件，更换死水塘堰的污染积水，避免鹅群在严重污染的塘、堰中游水，减少传播机会。对公鹅应逐只检查，发现外生殖器有可疑病变的应停止配种，有条件的饲养场，可进行人工授精。在本病发生的地区，每年产蛋前半个月可用“蛋子瘟灭活菌苗”进行预防接种，免疫期5个月。已发生本病的鹅群，接种量可适当加大，接种后5～7d病情即可逐渐停息。

第四节　常见普通病与寄生虫病控制

一、常见普通病

（一）喉气管炎

[病因]

鹅喉气管炎是由于鹅受寒冷刺激及各种有刺激性的气体（如氨气、二氧化碳等）的刺激，而引起喉及气管的炎症过程。

[临床特征]

主要表现为鼻有多量黏液流出，喉头有白色黏液附着，常有张口伸颈，呼吸困难，并有“咯咯”的呼吸声，特别是驱赶后表现更为明显。病初精神尚好，食欲时有减退，但喜饮清水，随病情恶化，食欲废绝，体温升高，几天后死亡。

[剖检特征]

剖检可见喉、气管黏膜充血、水肿，甚至有出血点，并有黏液附着，胆汁浓稠，心包有积液。

[防制措施]

加强饲养管理，防止受寒，保持鹅舍清洁、干燥及通风良好。

[治疗方法]

1. 病鹅可按每千克体重肌内注射青霉素1万U或链霉素0.01g，1～2次/d。

2. 内服土霉素每只0.1～0.5g，1次/d，连用2～3d。

3. 中兽医治疗以解表清热、化痰止咳为原则。参考处方为：柴胡50g，知母50g，二花50g，连翘50g，枇杷叶50g，莱菔子50g，煎水1 000mL。1 000只4日龄雏鹅拌料，早、晚各1次，每次1剂。

（二）异物性肺炎

[病因]

由于异物入肺引起的肺炎称为异物性肺炎，临床上以呼吸困难、体温升高、叫声嘶哑为特征，多见于鸭和鹅。当放牧的鹅群受到狂风暴雨及台风袭击时，由于无处躲避，且鼻孔处于喙的背面，无法避免密集雨滴而吸入，或雨水随羽毛流入鼻孔而被吸入肺，即可发生异物性肺炎或坏疽性肺炎。

[临床特征]

急性或严重的病鹅在大风雨中及雨后未发现有明显症状即已死亡。一般的病鹅精神委顿，离群独立，呼吸困难，咳嗽，叫声嘶哑，体温升高，最后倒地挣扎，因呼吸、循环衰竭而死亡。

[剖检特征]

气管及支气管内充满泡沫状液体，肺水肿、瘀血而膨大，局部质地较为硬实，肺炎病灶区色彩不一，严重者广泛分布两肺。肺的局部或边缘区常有颜色较为苍白的气肿区域。

[诊断]

主要根据暴风雨放牧的病史，呼吸困难的临床症状及剖检时肺的病变可作出诊断。

[防制措施]

预防本病的关键在于避免在暴风雨中放牧，在放牧地设置避雨防风棚，使鹅群免受暴风雨的直接侵袭。

发病后立即将病鹅单独饲喂，以减少活动与惊扰，并及时注射青霉素或链霉素，轻症者可以治愈。

（三）硬嗉病

[病因]

诱发本病的因素很多：食入粗硬、多纤维或发霉的饲料；吃入过长的草、过大的根、硬皮壳类的饲料；吃了大量易发胀的豆类饲料；误食鹅毛、破布、橡胶碎片等异物；日粮搭配不当或突然更换日粮，饱饿不均等。本病多发于消化功能尚不健全的雏鹅，刚出巢的母鹅因消化机能减退亦可发生。

[临床特征]

患鹅食道膨大部胀大，触诊有坚实感，12h 甚至较长时间停滞不消，有时从口腔内发出酸臭气味。病鹅神态不安，翅下垂，呆立不动，食欲废绝，病情严重者，往往会发生死亡。

[防制措施]

本病应以预防为主：要加强饲养管理，饲料搭配要适当，块根饲料应切碎，要定时、定量饲喂，并加强运动和保证充足的饮水。

对患病鹅可采用下列方法治疗：

（1）挤压促排法　病情较轻者，喂给植物油或用注射器将植物油注入食道膨大部，并用手在其外部轻轻地向食管下方挤压，软化阻塞的物质，使其排入胃内。

（2）促进消化　10 日龄以内的雏鹅发生本病时，可投服干酵母片或乳酶生片，按每只 0.5～1g 剂量，治疗效果很好。

（3）冲洗疗法　将温和的生理盐水或 1.5％碳酸氢钠冲洗液，用注射器直接注入食道膨大部，轻轻按摩膨大部 2～5min，然后将病鹅头部朝下，由上向下轻压患部，将其内的积食和水一起从口腔挤出，可重复几次，直至排尽为止，最后投服植物油，通常1～2d即可恢复。对严重病例，可手术治疗。

（四）肠炎

肠炎即肠黏膜发生炎症，临床上以消化机能障碍、腹泻为特征。本病各种年龄的鹅都会发生，但以2～3周龄的雏鹅多发，常引起大量死亡。

［病因］

本病多发于2～3周龄的幼、雏鹅。饲养管理不善，饲料霉败变质，饲料调配不当，饲喂不定时定量，受严寒侵袭或中暑，卫生条件恶劣，饮用污水以及食物中毒或某些病原微生物、寄生虫感染均可发生本病。

［临床特征］

患鹅精神沉郁，食欲减退或废绝，羽毛逆立无光泽，两翅下垂。病鹅常常拥挤在一起，排出白色、绿色、棕色或黄色的稀便，常因腹泻失水过多，极度衰弱而死亡，剖检可见肠黏膜发炎，并常侵害黏膜下层、肌层和浆膜层。病鹅病变主要局限于肠道。

［防制措施］

改善饲养管理，搞好鹅舍清洁卫生，饲料营养成分搭配适当，严禁喂霉败饲料可预防本病的发生。

对患病鹅可选用下列药物治疗：

（1）磺胺脒（SG）　每只鹅用0.25g，混料喂服或逐只经口投服，2次/d，2d为一疗程。

（2）复方敌菌净　按每千克饲料0.2～0.4g的浓度混入饲料中饲喂。

（五）中暑

中暑是日射病与热射病的统称，是鹅在炎热夏季的常发病。鹅群可大群发生中暑，尤以雏鹅最常见。

［病因］

中暑的主要原因是高温。鹅长时间放牧，曝晒于烈日之下或灼热地上而发生日射病；鹅舍闷热，通风不良时而发生热射病；因天气骤然变化，鹅群放牧时在烈日直射下，突然被雨淋湿后，又立即驱赶入舍内，可发生中暑。

［临床特征］

患日射病的鹅以神经症状为主，表现出烦躁不安，痉挛，昏迷，体温升

高，黏膜发红，可出现大批死亡。热射病则表现为呼吸急促，张口伸颈喘气，翅张开下垂，口渴，体温升高，痉挛倒地，昏迷，亦可出现大群死亡。

［防制措施］

夏季放牧要早出晚归，避免中午放牧，应选择凉爽的牧地放牧。鹅舍要通风良好，鹅群密度不宜过大，运动场应有树荫或搭盖遮阳棚，且饮水要充足。当鹅群发生中暑时，要立即急救：将鹅群驱赶下水降温，或转移到荫凉通风处，然后喂服酸梅加冬瓜水或红糖水解暑。

二、主要营养代谢病

（一）维生素A缺乏病

维生素A的主要功能是维持家禽正常生长、最佳视力和黏膜完整。维生素A只存在于动物性饲料中，植物性饲料里则以维生素A原——胡萝卜素的形式存在，经吸收可在肝脏中转变成维生素A。家禽由于维生素A缺乏，将发生临床上以生长发育不良、视角障碍和器官黏膜损害为特征的营养代谢病。

［病因］

1. 长期饲喂缺乏维生素A和胡萝卜素的饲料（如棉籽饼、菜饼、糠麸和糟渣）而不添加维生素A，最易引起本病的发生。

2. 饲料中维生素A和胡萝卜素被破坏，如饲料贮存的时间过长、霉变、雨淋或长期日光暴晒等。

3. 慢性消化道和肝脏疾病或胃肠道有寄生虫时，引起维生素A和胡萝卜素吸收障碍。

［临床特征］

维生素A有促进抗体产生的作用，如果缺乏，易引起呼吸道及肠道的继发感染、肾脏的功能失调，引起尿酸盐沉积。此外，可见眼结膜角质化，呈"干眼病"，引起视觉障碍。维生素A缺乏，病鹅一般表现生长缓慢，精神不好，减食，羽毛乏光，产蛋下降，孵化率降低。显著的症状是上皮细胞组织变形，眼结膜、鼻窦、食管及气管黏膜的黏液细胞角质化，失去正常功能，分泌物呈水样经眼、鼻流出，在眼和鼻窦形成豆渣样（干酪样）蓄积，在食道和呼吸道黏膜上出现白色和黄白色的脓疮。

[诊断]

根据饲料分析，结合眼病和视力障碍、神经症状、病理剖检变化及血浆中维生素 A 和胡萝卜素含量降低，可做出诊断。

[防制措施]

全价饲料和补加胡萝卜素是预防本病的主要措施。此外，饲喂三叶草、黄玉米、苜蓿等富含维生素 A 的青绿饲料也有积极的作用。注射维生素 AD 制剂效果良好。同时注意饲料的保存，防止饲料发酵、酸败、霉变和氧化，以免其中的维生素 A 遭到破坏。

（二）维生素 B_2 缺乏病

维生素 B_2 又叫核黄素，是体内许多酶系统的辅助因子，对蛋白质、脂肪和碳水化合物的代谢以及细胞呼吸的氧化还原反应具有重要的意义。维生素 B_2 缺乏症是由于维生素 B_2 缺乏引起黄素酶形成减少，使物质代谢发生障碍的营养代谢病，临床上以被毛病变、趾爪蜷缩、肢腿瘫痪及坐骨神经肿大为主要特征。

[病因]

（1）主要原因是日粮中缺乏富含维生素 B_2 的饲料，同时又未添加维生素 B_2 或添加不足。

（2）饲料被日光长久暴晒、霉变及添加碱性药物，使其中的维生素 B_2 遭到破坏。

[临床特征]

（1）趾爪麻痹性蜷缩症　头、颈、翅和尾羽下垂触地，身体失去平衡，趾爪向内向下蜷缩，站立不稳，以跗关节着地，行走困难或完全不能行走，生长停止，逐渐消瘦，一般食欲正常但吃不到食物，最后饿死。

（2）胚胎异常发育症　卵中缺乏维生素 B_2，表现出孵化率低，成批死胎。死胚水肿，趾爪蜷缩。幸存者出壳后，羽毛不能突破毛鞘，在皮下形成卷曲状结节。

[诊断]

根据趾爪蜷缩、麻痹及坐骨神经干和臂神经干增粗等症状，以及维生素 B_2 缺乏病史和胚胎病变可作出诊断。

[防制措施]

确保日粮中有足够的维生素 B_2，在日粮中添加含维生素 B_2 较多的肝粉、

酵母、新鲜的青绿饲料、苜蓿、干草粉等，或添加饲养标准量的维生素 B_2，可有效地预防维生素 B_2 缺乏病。治疗时，给轻度患鹅内服维生素 B_2，病情较重鹅注射维生素 B_2 或复方维生素注射液。

（三）维生素 B_3 缺乏病

维生素 B_3（泛酸）是辅酶 A 的组成成分。辅酶 A 与碳水化合物、蛋白质及脂肪代谢有关。辅酶 A 关系到乙酰胆碱形成的乙酰化作用、脂肪的合成与氧化作用以及氨基酸脱氨基作用中的酮酸氧化作用等许多功能。维生素 B_3 缺乏可导致碳水化合物、蛋白质和脂肪代谢障碍，临床上则以皮炎、羽毛发育不全和脱落为特征。家禽比家畜易发生。

[病因]

（1）玉米中维生素 B_3 含量很低，若长期以玉米为主要日粮，易发生维生素 B_3 缺乏症。

（2）维生素 B_3 易被热破坏，尤其在酸或碱性环境中更容易遭到破坏。

（3）当饲料中维生素 B_{12} 缺乏时，也易发生缺乏症。

[临床特征]

病鹅生长发育停滞，种蛋孵化率低，胚胎大批死亡。出壳后的雏鹅生长发育不良，精神不振，呼吸快速，站立不稳，或完全不能站立，死亡率高。部分病例主要表现皮肤发炎，呈鳞状，特别在口腔和肛门周围表现更为明显。眼流泪，眼睑被黏液性分泌物粘连，羽毛发育不良。剖检可见肝脏呈黄色，萎缩，脊椎的轴突和髓鞘变性。本病的发生可能与维生素 B_2 缺乏相关。

[诊断]

本病临床症状与维生素 B_2 缺乏相似，但不出现趾爪蜷缩症状和坐骨神经及臂神经增大现象。

[防制措施]

注意日粮的搭配，多喂富含维生素 B_3 的麸皮、米糠、酵母、青绿饲料和动物肝脏等，也可补充泛酸的钙盐。

（四）烟酸缺乏病

烟酸（维生素 PP）是辅酶Ⅰ和辅酶Ⅱ的组成成分，这两种辅酶广泛参与碳水化合物、脂肪和蛋白质的代谢，在提供能量的代谢中特别重要。日粮中烟酸和色氨酸缺乏可致辅酶Ⅰ和辅酶Ⅱ的合成减少，从而导致生物氧化过程的递氢机能障碍，临床上家禽以羽毛稀少为特征。该病多发于雏禽。

[病因]

烟酸缺乏病的病因主要是日粮里烟酸和色氨酸的含量不足。

[临床特征]

病鹅出现关节肿大，骨短粗，腿弯曲，消化道上皮组织发炎，皮肤炎，羽毛发育不良，缺乏光泽，幼禽生长迟缓或停止生长。

[诊断]

根据日粮情况、临床症状及病理变化可得出诊断。本病与锰或胆碱缺乏所引起的骨粗短症的区别在于本病极少有滑腱症发生。

[防制措施]

在日粮中补加米糠、大麦、小麦、麸皮、花生饼、鱼粉、酵母等含烟酸较丰富的原料可预防烟酸缺乏症。以玉米为主的饲粮，每千克饲粮添加 10mg 烟酸。若出现可疑症状，可在每千克饲粮中加入烟酸 10～20mg，可很快见效，但对骨短粗和跗关节严重增大病例，疗效甚微。病鹅可肌内注射烟酸注射液进行治疗。

（五）维生素 D 缺乏病

维生素 D 是鹅骨骼、喙及蛋壳形成中必需的物质。当日粮中维生素 D 缺乏或光照不足等，都可导致维生素 D 缺乏症，引起钙、磷吸收代谢障碍，临床上以生长发育迟缓，骨骼变软、弯曲、变形，运动障碍及产蛋鹅产薄壳蛋、软壳蛋为特征的一种营养代谢病。

[病因]

（1）长期缺少阳光照射是造成维生素 D 缺乏病的重要原因，笼养或长期舍饲的鹅群最易发生。

（2）饲料中维生素 D 的添加量不足或饲料贮存时间太长。

（3）消化道疾病或肝肾疾病，影响维生素 D 的吸收、转化和利用。

（4）日粮中脂肪含量不足，影响维生素 D 的溶解和吸收。

[临床特征]

幼鹅表现为腿无力，站立不稳，行走困难，常以跗关节着地，蹲伏地上，骨质松软，关节肿大，特别是肋软骨和肋骨联结处明显肿大，严重的可形成结节，脊椎弯曲，长骨易断，胸部向一侧弯曲，胸廓下陷；成年母鹅产软壳蛋或薄壳蛋，产蛋量下降或完全停止产蛋，严重的可能出现喙、爪、龙骨弯曲变软，关节肿大。

[剖检特征]

幼鹅的特征病变是脊椎骨、肋骨联结处变圆，呈球形或念珠状，长骨钙化不良，成年鹅骨质松软，肋骨内侧表面有颗粒状突起，凹凸不平。

[诊断]

根据病史、特征性临床症状和剖检变化可作出诊断。

[防制措施]

本病的预防在于加强饲养管理，密切注意饲料中维生素D及钙、磷的含量，并添加足够量，尽可能增加光照时间。对发生维生素D缺乏症的鹅群，可每千克饲料添加鱼肝油10～20mg和0.5～1g多维素添加剂，一般连续喂2～3周可逐渐恢复正常；或喂服鱼肝油；对重症病鹅可肌内注射维生素D_3。

（六）钙磷缺乏病

饲料中钙、磷缺乏以及钙、磷比例失调是骨营养不良的主要原因，不仅影响生长期鹅骨骼的形成和成年鹅蛋壳的形成，而且影响血液凝固、酸碱平衡，以及神经和肌肉等正常功能，造成很大的经济损失。临床上以雏鹅佝偻病、成年鹅软骨病为该营养代谢病的特征。

[病因]

饲料中钙、磷、维生素D缺乏是造成本病的主要原因。钙、磷比例失调，影响钙、磷的吸收；锌、铜、锰缺乏会影响骨的形成和发育；钙的颉颃因子（氟和草酸）影响钙的吸收和骨的代谢；维生素A、维生素C缺乏及某些疾病都会影响钙、磷的代谢。

[临床特征]

幼鹅表现为生长发育受阻，虚弱无力，喙、爪变软易弯曲，步态不稳或行走困难，常以飞节着地呈蹲伏状，肋骨、肋软骨出现串珠状肿，翅羽畸形，常有腹泻症状。母鹅产软壳蛋或薄壳蛋，若长期得不到钙、磷补充易发生骨折，肋骨、胸骨畸形，压迫神经，产生麻痹。

[剖检特征]

可见全身骨骼不同程度地变形、骨质疏松、骨表面粗糙不平，胸骨、肋骨、后肢骨变形明显，胸骨变薄而扭曲，肋骨弓变平直且有念珠状突起，后肢长骨弯曲，关节肿大。此外，病鹅还表现出甲状腺肿大，肾脏有慢性病变。

[诊断]

根据病情、饲料分析、病史、临床症状和病理变化可作出诊断。血清碱性磷酸酶活性及游离羟脯氨酸含量均升高，可为确诊提供依据。要做到早期诊断或监测预防，须进行实验室血清碱性磷酸酶、钙、磷和血液中维生素 D 活性物质的测定，以及骨骼 X 射线等综合指标进行判断。

[防制措施]

对舍饲笼养鹅，要给予足够的日光照射，或定期用紫外线灯照射（距离1～1.5m，照射时间 5～15min）。要保证日粮中钙、磷和维生素 D 含量足够，而且保持钙、磷比例适当。发病后立即调整日粮，增加骨粉的含量，同时增加维生素 D、维生素 A、维生素 C 或复合维生素的含量，或加喂鱼肝油，或注射维生素 D_3。

三、常见寄生虫病

（一）鹅吸虫病

棘口吸虫病是棘口科的多种吸虫寄生在家禽（尤其是水禽）肠道内引起的疾病。家禽感染棘口吸虫病较为普遍，尤其在长江流域及其以南各省、自治区更为多见。

[病原]

棘口吸虫种类很多，我国已发现此科吸虫近 120 种，其中以卷棘口吸虫和宫川棘口吸虫分布最广，对鹅危害严重。卷棘口吸虫与宫川棘口吸虫新鲜虫体呈淡红色或淡黄色，虫体狭长呈柳叶状，长 5～10mm，宽 1～2mm，具有发达的头冠，头冠上有一或二排头棘，口、腹吸盘相距较近，腹吸盘大于口吸盘，有咽和食道，生殖孔位于肠叉与腹吸盘之间，有两个睾丸，前后排列，卷棘口吸虫的睾丸呈长椭圆形，宫棘口吸虫的睾丸呈分叶状，卵巢圆形，位于睾丸之前，卵黄腺发达，分布于虫体两侧，子宫弯曲于卵巢与腹吸盘之间。

卷棘口吸虫与宫川棘口吸虫的中间宿主为淡水螺。虫卵在水中孵出毛蚴，毛蚴浸入淡水螺体内进一步发育为胞蚴、雷蚴、尾蚴和囊蚴，鹅食入含有成熟囊蚴的淡水螺而受感染。

[流行特征]

因淡水螺多与水生植物一起孳生，本病多发于放养的或饲喂过水生植物的鹅。

[临床特征]

幼禽感染发病较重，可出现下痢，贫血，食欲减退以至停食，迅速消瘦，发育受阻，严重者可导致死亡。成年鹅表现为消瘦，产蛋减少或停止。

[诊断]

(1) 剖检变化以出血性肠炎为特征，尤其是直肠和盲肠。在黏膜上附有多量虫体，引起肠黏膜的损伤和出血。

(2) 采用水洗沉淀法或离心沉淀法检查病鹅粪便中的虫卵。

[防制措施]

在本病流行地区消灭淡水螺；每年进行有计划的驱虫，并对驱虫后的粪便进行严格处理；每天及时清扫圈舍，对粪便进行堆积发酵，杀灭虫卵。治疗方法如下：

(1) 硫双二氯酚　按每千克体重 100～200mg 配成混悬液，1 次内服。

(2) 氯硝柳胺　每千克体重 100～150mg，1 次内服。

(3) 阿苯达唑　每千克体重 15mg，1 次内服。

(4) 吡喹酮　每千克体重 10mg，1 次内服。

(二) 鹅绦虫病

膜壳绦虫病是膜壳科绦虫寄生于鹅肠道内所引起的一种寄生虫病。

[病原]

膜壳科绦虫是鹅体内很常见并且危害较严重的一类绦虫。国内现已发现 20 余种寄生于鹅体内的膜壳绦虫，其中以矛形剑带绦虫分布最广，对鹅危害最严重，常呈地方性流行。矛形剑带绦虫为大型绦虫，新鲜虫体呈黄白色，形如棉带状。虫体长 60～230mm，最大宽度 10～18mm，头结细小呈梨形，吻突上具 8 个吻钩，头结上有 4 个圆形吸盘，颈结短，后接逐渐增宽的链体，有节片 20～40 个，成熟节片内有睾丸 3 个，呈椭圆形，横列于卵巢内生殖孔侧，高度发育的卵巢呈叶瓣状分枝，形如两朵菊花，生殖孔位于节片前缘 1/3处。

膜壳科绦虫主要以桡足类中的剑水蚤作为中间宿主。鹅在放牧的过程中，食入含有成熟拟囊尾蚴的剑水蚤而感染。

[临床特征]

膜壳绦虫对雏鹅危害较严重，病鹅精神沉郁，贫血，腹泻，消瘦，粪中带有黏液或绦虫孕卵节片，生长发育受阻，行走不稳，尾羽着地，犟颈歪头，严重时倒地仰卧，脚做划游动作等神经症状。雏鹅感染严重时死亡率高。成年鹅主要表现为腹泻，消瘦，体重下降，产蛋率下降或停止产蛋。

[诊断]

采集鹅粪，用漂浮法检查绦虫卵或用循序沉淀法检查孕卵节片；或解剖病、死鹅，在肠道内找到大量绦虫虫体可确诊。

[防制措施]　对患病鹅可选用下列药物进行驱虫治疗：

（1）吡喹酮　按每千克体重 15～30mg，一次内服。

（2）硫双二氯酚（别丁）　按每千克体重 100～120mg，一次内服。

（3）阿苯达唑　按每千克体重 30～50mg，一次内服。

（三）鹅裂口线虫病

鹅裂口线虫病亦称裂口胃虫病，是裂口科、裂口属中的鹅裂口线虫寄生于鹅的肌胃角质膜上所引起的一种线虫病。本病抑制鹅的生长发育，常呈地方性流行，可造成患病雏鹅大批死亡。

[病原]

鹅裂口线虫为小型线虫，虫体表皮具横纹，头端有一角质的杯状口囊，口囊底部有 3 个齿，呈三角形排列。雄虫长 9～14mm，尾端有两叶交合伞，交合刺等长。雌虫长 15～21mm，阴门呈横裂，位于虫体后部，子宫内充满椭圆形虫卵，虫卵大小为（100～110）μm×（50～70）μm。

鹅裂口线虫为直接发育类型，不需要中间宿主，因此对鹅舍或放牧的鹅均具一定的危害性。虫卵排到外界后，孵出幼虫，感染性幼虫很活泼，能沿牧草爬行，很容易被鹅连同牧草或水一起吞食。鹅食入感染性幼虫后，幼虫经17～22d 在肌胃的黏膜上发育为成虫。

[临床特征]

虫体寄生在肌胃角质膜下，造成肌胃出血、坏死、发炎，消化功能减弱。患病鹅出现食欲减退或完全废绝，精神沉郁，不爱运动；幼鹅生长发育停滞，重症时步伐摇晃，呼吸困难，极度消瘦而死亡。

[诊断]

用饱和盐水漂浮法在粪中查到虫卵或在病死鹅的肌胃内找到虫体，可确诊。

[防制措施]

(1) 阿苯达唑　每千克体重 10～30mg，一次内服。

(2) 左旋咪唑　每千克体重 10mg，一次内服。

(四) 鹅球虫病

本病分布广，感染率高，损失严重。一般每年 5—9 月是本病的发病季节，雏鹅、中鹅较易感染。

[临床特征]

(1) 鹅肾型球虫病　3 周至 3 月龄幼鹅最易感，常呈急性经过，病程 2～3 天，致死率可高达 87%。病鹅精神萎靡，衰弱，腹泻，粪带白色，食欲缺乏，眼神迟钝并下陷，翅膀下垂。幸存者可能表现颈扭或把颈贴在背上，步态蹒跚。

(2) 鹅肠型球虫病　急性病例常见于雏鹅，一开始精神不振，缩头，行走缓慢，羽毛松乱无光泽且有脏质，闭目离群呆立，有时伏地头弯曲藏至背部羽下，食欲减少或不食，喜欢饮水，排便先便秘后稀便，由糊状逐渐变为白色稀便或水样便，泄殖腔周围粘有粪便很脏。后期由于肠道损伤及中毒，翅膀下垂轻瘫，共济失调，渴欲增加，食道膨大部充满液体，粪便带血，逐渐消瘦，出现神经症状，痉挛性收缩，不久即死亡。

[剖检特征]

肾球虫病可见肾肿大，呈淡灰黑色或红色，肾组织上有出血斑和针尖大小的灰白色病灶或条纹，内含尿酸盐沉积物和大量卵囊。肾小管肿胀，内含卵囊、崩解的宿主细胞和尿酸盐。

肠球虫病可见小肠肿胀，呈现出血性卡他性炎症，尤以小肠中段和下段最为严重，肠内充满稀薄的红褐色液体，肠壁上可能出现大的白色结节或纤维素性类白喉坏死性肠炎。

[诊断]

根据症状、流行病学调查、病变，以及粪便或肠黏膜涂片或在肾组织中发现各发育阶段虫体而确诊。

[防制措施]

如发现粪便有腥味，并被鹅啄食，则说明粪中已含有球虫卵囊，要注意预防。

（1）平时要加强饲养管理，雏鹅与成鹅要分开饲养，保持鹅舍干燥、卫生，及时清除粪便，饲料和饮水要保持清洁，饲料要添加维生素。

（2）鹅槽和饮水器要经常清洗和消毒，用2%～3%的烧碱水消毒，随时铲除表土，换新土，撒上石灰粉。病死鹅要深埋或烧掉，粪便要堆积发酵。

（3）平时在饲料或饮水中适当混合药物，有良好的预防作用。如在饲料中加入0.01%的金霉素；或用复方磺胺甲基异噁唑0.02%混于饲料中饲喂，连续4～6d；或每千克体重用氯苯胍120～150mg拌料饲喂或在饮水中加入80～120mg/L，连续4～6d。此外，地克珠利、妥曲珠利等亦可用于抗球虫病。

用于治疗鹅球虫病的药物很多，为了防止产生抗药性，可选用2种以上药物交替使用。

球痢灵：每千克饲料中加250mg，连喂3～5d。预防减半。

球虫净：每千克饲料中加入125mg，屠宰前4d停药。

克球多：每千克饲料中加入250mg治疗用，预防用减半，屠宰前5d停药。

广虫灵：每千克饲料中加入100～200mg，连喂5～7d。

氨丙啉：每千克饲料中加入150～200mg，或在饮水中加入80～120mg/L，连喂7d。

当鹅群暴发严重的球虫病时，病鹅往往已废食。因此，在这种情况下，最好选用磺胺二甲苯嘧啶、磺胺六甲氧嘧啶等水溶性药物较小或片剂灌服，治疗效果较好。

第九章
鹅场建设与废弃物利用

第一节 鹅场建筑与设施

一、鹅场选址与基本要求

场址的选择是很重要、很关键的一步，一定要考虑周密，切忌匆忙决定，造成选择失误，给生产带来诸多不便和经济损失。场址的选择要根据鹅场的性质、自然条件和社会条件等因素进行综合判断。

（一）地势、地形

鹅场应建在地势高燥、平坦、视野开阔的地带，南向或东南向缓坡（图 9-1、图 9-2）。地形选择向阳的缓坡地带，阳光充足，利于通风和排水。

图 9-1 圈养的鹅场

图 9-2 建设好的种鹅场

（二）土壤

鹅场的土壤应符合卫生条件要求，不能有工业、农业废弃物的污染，过去未被鹅或其他动物的致病细菌、病毒和寄生虫所污染，透气性和透水性良好，以便保证地面干燥。鹅场的土壤以沙壤和壤土为宜，这样的土壤排水性能良好，隔热，不利于病原菌的繁殖，符合鹅场的卫生要求。

（三）水

鹅场的用水量大，应以夏季最大耗水量来计算需水量。鹅场选址要求水源充足，水质良好，水源无污染，无异味，清澈透明，符合人畜饮用水标准，最好用城市供给的自来水。水不能过酸或过碱，即 pH 不能低于 4.6，不能高于 8.2，最适宜范围为 6.5～7.5。硝酸盐不能超过 45mL/L，硫酸盐不能超过 250mL/L。尤其是水中最易存在的大肠杆菌含量不能超标。水质应符合《NY 5027 无公害食品　畜禽饮用水标准》。

（四）电

选择鹅场场址时，要考虑电源的位置和距离，如有架设双电源的条件最理想。在电力不足地区，应自备发电机（图 9-3）。电力安装容量以每只种鹅 5～6W，每只商品鹅 1.5～2.0W 计算，另加孵化器、保温电器、饲料加工、照明灯的用电量。

图 9-3　一款小型发电机

（五）位置、交通

鹅场场址的选择首先考虑防疫隔离，保证安全生产，同时又要考虑产品及饲料运输的方便，要远离其他禽场和屠宰场，以防止交叉传染；要了解所在城镇近期及远期规划，远离居民住宅区。商品鹅场的主要任务是为城镇提供肉鹅，因此场址选择既要考虑运输的方便，又要考虑城镇环境卫生和场内防疫的要求。因此，商品鹅场一般距城镇 10km 左右；种鹅场对防疫隔离的要求严格，应离城镇和交通枢纽远一些。另外，鹅场距离铁路不少于 2km，距离主要公路 500m 以上、次要公路 100m 以上，但应交通方便、接近公路，自修公路能直达场内，以便运输原料和产品。

（六）草源

鹅能大量利用青绿饲料，且生性喜欢缓慢游牧。据测定，每只成年鹅一天可采食1.5～2.5kg青草，放牧鹅群生长发育良好，可节约用粮，降低成本。因此，鹅场附近有可供放牧的草地、草坡、果园最为理想。在没有放牧条件的地方，应该在邻近鹅场处有牧草生产地（图 9-4），按每亩（1 亩 = 667m^2）耕地养鹅 150～300 只规划牧草面积。

图 9-4　人工种植牧草地

二、鹅场布局

（一）鹅场的区域规划

鹅场一般分为职工生活区、行政区、生产管理区、生产区、粪污处理区。各区之间应严格分开并有一定距离相隔，职工生活区和行政区在风向上与生产区相平行，或位于上风向。条件许可时，职工生活区和行政区可设置于鹅场之外，把鹅场变成一个独立的生产机构。这样既便于信息交流及产品销售，又有利于养殖场疫病的控制。否则，如果消毒隔离措施不严格，会引起防疫工作的重大失误，给生产埋下隐患。

（二）建筑物的布局

1. 风向与地势　首先应按鹅场所处地势的高低和主导风向，将各类房舍按防疫、工艺流程需要的先后次序进行合理安排。如果地势与风向不一致，按防疫要求又不好处理时，则以风向为主，地势服从风向。见图 9-5。

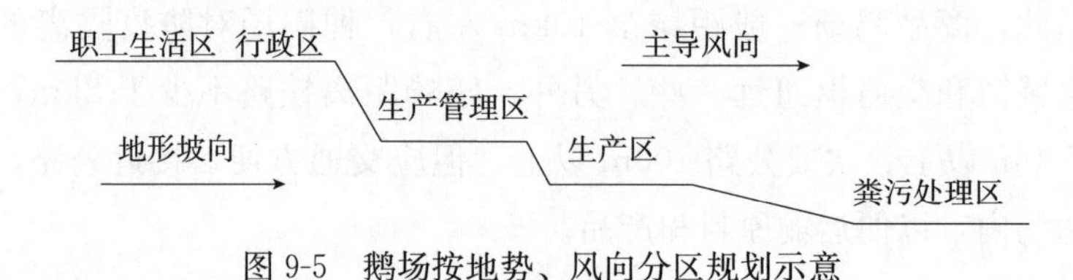

图 9-5　鹅场按地势、风向分区规划示意

2. 鹅舍的朝向　鹅舍的朝向与通风换气、防暑降温、防寒保暖及采光密切相关。朝向选择适当，能充分利用太阳光和主导风向，有利于生产。鹅舍一般为东西走向，朝向偏南，这样既可以充分利用自然光照，又有利于冬天保温和夏天防暑降温。如图 9-6、图 9-7。

图 9-6　修建中的鹅场

图 9-7　建成的其中一栋种鹅舍

三、鹅舍建设要求

鹅舍建设的基本要求是冬暖夏凉、通风换气良好、光线充足、消毒方便，经济实用。鹅耐粗放饲养，鹅舍建筑可就地取材，讲求实用，尽量降低造价，减少固定资产投入。不同的地区，建造鹅舍的功能侧重点不同，重庆以防暑降温和通风换气为主。

（一）育雏舍

通常鹅舍的梁高 2.2～2.5m，窗户面积与地面之比为 1∶（10～15），后檐高 1.6～1.8m，前屋檐高 1.8～2.0m，内设平顶，这样可增强舍内的采光和空气流通。育雏舍的建设可因地制宜，充分利用空闲的房舍。育雏舍选择向阳背风、地势高燥的地方。育雏舍应保温良好，有利于通风换气。雏鹅保暖期 21d 左右，所以育雏鹅舍的要求是保温、干燥、通风，便于安装保温设备。

育雏舍内可分成若干个单独的育雏间，也可用活动隔离栏栅分隔成若干单间（图 9-8、图 9-9）。每小间的面积 25～30m^2，可容纳 30 日龄以下的雏鹅 100 只左右。舍内地面应比舍外高出 20～30cm，地面可用黏土或砂土铺平压实，或用水泥地面。鹅舍正前面应设喂料槽和饮水设施。每栋育雏舍的面积以每个生产单元饲养 800～1 000 只雏鹅为宜。

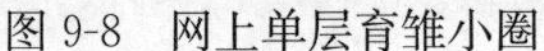

图 9-8　网上单层育雏小圈

图 9-9　网上多层育雏小圈

（二）仔鹅和育肥鹅舍

在气候温暖的南方地区，可采用简易棚架式鹅舍（图 9-10、图 9-11）。单列式棚架鹅舍，四面可用竹竿围成栏栅，围高 70cm 左右，每根竹竿间距 5～6cm，以利于鹅伸出头采食和饮水。双列式棚架鹅舍，可在鹅舍中间留出通道，两旁各设料槽和水槽。棚架离地面约 70cm，棚底用竹条编成，竹条间孔隙约 3cm，以利于漏粪。育雏棚内分成若干个小栏，每小栏 15m^{2}左右，可养中型育肥鹅80～90 只。

图 9-10　双列式棚架鹅舍

图 9-11　单列式棚架鹅舍

砖木结构的育肥舍需要考虑夏季散热问题。在设置窗户时就要考虑到散热的需要。简单的办法是，前后墙可设置上下两排窗户，下排窗户的下缘距离地面 30cm 左右。为防止敌害，可安装一层金属网，这样可使从下排窗户吹过鹅舍的风能经过鹅体，起到良好的散热和降温作用。在冬季，为防止北风侵袭，可将北面窗户封堵严实。

（三）种鹅舍

种鹅舍建筑视地区气候而定，一般也有固定鹅舍和简易鹅舍之分，均设运动场（图 9-12、图 9-13、图 9-14）。舍内面积为：大型种鹅养2～2.5 只/m^2、中型种鹅养 3 只/m^2、小型种鹅养 3～3.5 只/m^2；陆地运动场一般面积为舍内面积的 1.5～2 倍，不能低于 1 倍；水面运动场可以利用天然水面，在这种情况下，利用与陆地运动场面积相等的水面，或陆地运动场面积的 1/3～1/2，水深要求 50～100cm。如果是人工建设水池，水池宽度在 1.5m 左右比较经济实用，水深 30～50cm 即可。鹅舍檐高 1.8～2.0m，窗户大小与地面比例为 1∶(10～12)，舍内地面比舍外高 10～20cm。一般种鹅场，在种鹅舍的一隅地面较高处设产蛋间（或栏）或安置产蛋箱。产蛋间可用高 60cm 的竹竿围成，开设 2～3 个小门，让产蛋鹅自由进出；在地面上铺细沙，或在木板上铺稻草。种鹅舍正面（一般为南面）设陆地和水面运动场。

图 9-12　种鹅场运动场及水池

图 9-13　水面充足的种鹅舍

图 9-14　种鹅场全貌

四、鹅舍配套设施

（一）育雏设备

1. 自温育雏用具　自温育雏是利用箩筐或竹围栏作为挡风保温器材，依靠雏鹅自身发出的热量达到保温的目的，此法只适用于小规模育雏，一般用自温育雏栏和自温育雏箩筐进行育雏。自温育雏栏用50cm高的竹编成的围栏，围成可以挡风的若干小栏，每个小栏可容纳100只以上雏鹅，以后随雏鹅日龄增长而扩大围栏面积。栏内铺上垫草，盖上覆盖物保温。

自温育雏箩筐一般分两层套筐和单层竹筐（图9-15）两种。两层套筐由竹片编织而成的筐盖、小筐和大筐拼合而成。筐盖直径60cm、高20cm，作为保温和喂料用。大筐直径50～55cm、高40～43cm，小筐的直径比大筐略小，高18～20cm，套在大筐之内作为上层。大小筐底内铺垫草，筐壁四周用草纸和棉布保温。每层可盛初生雏鹅10只左右，以后随日龄增大而酌情减少。这种箩筐还可供出雏用。另一种是单层竹筐，筐底和周围用垫草保温，上覆盖其他保温物。筐内育雏，喂料前后提取雏鹅出入及清洁工作等十分繁琐。

图9-15　育雏单层竹筐

2. 给温育雏设备　这种育雏方式适合大群规模化饲养，舍内温度稳定，能充分满足雏鹅对温度的生理需要，操作方便，劳动量也相对较小。但育雏要求条件较高，需要消耗一定的能源。常见的加温设施有红外线灯、煤炉、保温伞、地下烟道、热风炉等。

（1）保温伞育雏　保温伞为木板、纤维板或铁皮等制成的伞状罩（图9-16），直径为1.2～1.5m，高0.65～0.70m。伞内热源可采用电热丝、电热板或红外线灯等。伞离地面的高度一般为10cm左右，雏鹅

图9-16　保温伞

可自由选择其适合的温度，但随着雏鹅日龄的增长，应调整高度。此种育雏方式效果好，但耗电多，成本较高。

（2）红外线灯育雏　具体做法是将红外线灯（常用功率为250W）直接吊在离地面或育雏网上方10～15cm处，然后将雏鹅养于灯下，每灯可养雏鹅100只左右。此法育雏效果好，但耗电且灯泡易损坏（图9-17）。

图9-17　红外线灯育雏

（3）炕道育雏　又叫烟道供暖育雏，分地上坑道式与地下坑道式两种。炉灶与火坑用砖砌成，其大小、长短、数量需视育雏舍大小形式而定。北方空气干燥、风力大、火热易通畅，地下坑道较地上坑道在饲养管理上方便，故多采用。炕道育雏靠近炉灶一端温度较高，远端温度较低，育雏时视雏鹅日龄大小适当分栏安排，使日龄小的靠近炉灶端。炕道育雏设备造价较高，热源需要专人管理，燃料消耗较多。见图9-18。

图9-18　烟道供暖育雏

（4）暖气/热风育雏　在育雏房舍安装暖气片（图9-19）或通过热风锅炉（图9-20）向舍内输送热风，使舍内温度达到理想的育雏温度。该方法适合规模化生产、保温效果好，但成本较高。

图9-19　暖气片

图9-20　热风锅炉

（二）喂料和饮水器

图 9-21　适用于雏鹅的木制料槽

1. 喂料设备　应根据雏鹅品种类型和日龄大小，配以大小和高度适当的喂料器和饮水器。要求所用喂料器和饮水器适合鹅的平喙型采食、饮水的行为特点，能使鹅头颈舒适地伸入器内采食和饮水。一般木盆、陶盆、瓦盆或专用木槽皆可，育雏期还可用鸡用塑料料槽和饮水器。为避免鹅任意进入料槽、水器内，弄脏饲料和饮水，可在盆或槽的周围或上面用竹竿围起来或用铁丝网串起来，仅让鹅头伸入其内，不让鹅脚踏入。木制料槽应适当加以固定，以防止碰翻。40 日龄以上鹅的料盆和饮水盆可不用竹围。育肥鹅可用木制饲槽，上宽 30cm、底宽 24cm、长 50cm、高 23cm。种鹅所用的饲料器多为木制或塑料制，圆形如盆，直径 55～60cm、盆高 15～20cm，盆边离地高 28～38cm；也可用瓦盆或水泥饲槽，水泥饲槽长 120cm、上宽 43cm、底宽 35cm、槽高 8cm。目前市场上较高档的饮水器有真空饮水器与钟形饮水器，供水卫生，使用简便，可用于鹅群各个生长阶段的平养。见图 9-21、图 9-22、图 9-23。

图 9-22　适用于中鹅的木制料槽

图 9-23　水管材质料槽

2. 饮水设备

（1）乳头式饮水器　乳头式饮水器具有较多的优点，节约用水，可保持供水的新鲜、洁净，极大地减少了疾病的发病率，减小劳动强度。带水杯的乳头饮水器更能减少湿粪现象，改善鹅舍的环境。乳头式饮水器的类型较多，多数厂家都设计有密封垫，在选择时要注重密封垫内在质量。见图 9-24。

（2）真空饮水器　雏鹅和平养鹅多用真空饮水器（图 9-25）。优点是供水均衡，使用方便；缺点是清洗工作量大，饮水量大时不宜使用。

图 9-24　乳头式饮水器

图 9-25　真空饮水器

（3）普拉松饮水器　又称吊盘式饮水器，一般都用绳索或钢丝悬吊在空中，根据鹅体高度调节饮水器高度，适用于平养。优点是节约用水，清洗方便（图 9-26）。

（4）水槽　是生产中较为普遍的供水设备，平养和笼养均可使用。优点是结构简单，成本低，但易传播疾病，耗水量大，工作强度大。饮水槽分 V 形和 U 形两种，深度为 50～60mm，上口宽 50mm，长度按需要而定（图 9-27）。

图 9-26　普拉松饮水器

图 9-27　塑料控水水槽

（5）杯式饮水器　与水管相连，利用杠杆原理、水的浮力供水；不足点是水杯需清洗，需配置过滤器和水压调整装置（图 9-28）。

（6）储水箱　用于暂时储存用水。

图 9-28　杯式饮水器

（三）围栏和产蛋箱

软竹围可圈围 1 月龄以下的雏鹅，竹围高 40～60cm，圈围时可用竹夹子夹紧固定。1 月龄以上的中鹅改用围栏，围栏高 60cm，竹条间距离 2.5cm，长度依需要而定。鹅群放牧时应随身携带竹围，放牧一段时间后，将围栏或渔网围起，让鹅群休息。

一般可不设产蛋箱，仅在种鹅舍内一角围出一个产蛋室让母鹅自由进出。育种场和繁殖场需做个体记录时可设立自闭式产蛋箱。箱高 50～70cm、宽 50cm、深 70cm。将箱放在地上，箱底不必钉板，箱前安装活动自闭小门，让母鹅自由入箱产蛋，箱上面安装盖板，母鹅进入产蛋箱后不能自由离开，需集蛋者进行记录后，再将母鹅捉出或打开门放出鹅（图 9-29、图 9-30）。

图 9-29　开放式种鹅舍

图 9-30　鹅产蛋箱

（四）运输笼

鹅场应有一定数量的用于运输育肥鹅或种鹅的运输笼，运输笼可用塑料、铁丝或竹子制成，一般长 80cm、宽 60cm、高 40cm。种鹅场还应有运种蛋和雏鹅的箱子，箱子应保温、牢固（图 9-31）。

图 9-31　运输笼

第二节　养殖废弃物的处理和利用

随着养鹅业的大力发展，鹅场环境的问题越来越突出。传统的养殖方式不仅严重污染周边水域，也不利于疾病的防控，更容易造成疫病的扩散与蔓延，严重地影响产品的安全和养殖效益。通过适当的加工处理，可以将鹅场废弃物转化为可利用物质或物资。如鹅粪可加工成为种植和园艺提供的优质肥料，或者转化为沼气作为能源利用。因此，养殖废弃物的处理必须变害为利，变废为宝。

一、鹅场处理利用废弃物的原则

养鹅场废弃物处理主要是按照《畜禽规模养殖污染防治条例》执行：

（1）遵循“减量化、无害化、资源化、生态化”的处理原则。

（2）采取粪肥还田、制取沼气、制造有机肥等方法，对畜禽养殖废弃物进行综合利用。

（3）环保工程建设应高产出、低成本运行。

（4）有机废弃物处理液态成分达标排放，不得直接向环境排放。

（5）实现种植、养殖、加工、利用相结合，大力发展循环经济。

（6）建立自主开发与政府资助相结合的投资机制。

二、鹅粪无害化处理

鹅粪是传统的有机肥料。鹅粪中含有丰富的氮、磷、钾及微量元素等植物

生长所需要的营养物质，还有纤维素、半纤维素、木质素等植物生长所需的成分。但是，如果没有采取一定的措施，鹅粪直接施入土壤内，不但不能被作物吸收，而且对作物根系的正常生长有害，造成土壤板结，因此须经腐熟后才可使用。

（一）肥料化处理

1. 高温堆肥　粪便在堆肥过程中，产生50～70℃的高温，可有效杀灭畜禽粪便中的各种病原体和寄生虫卵，达到无害化处理的目的。把粪便与其他有机物如秸秆、杂草及垃圾混合、堆积，在人工控制下，使微生物大量繁殖，导致有机物分解，转化为植物能吸收的无机物和腐殖质，从而获得优质肥料。

2. 干燥处理　利用燃料加热、太阳能或风力等，对粪便进行脱水处理，使粪便快速干燥，以保持粪便养分，除去粪便臭味，杀灭病原微生物和寄生虫。目前，干燥处理方式成本较高，我国较少采用，仍处于探索阶段。

3. 药物处理　为了快速杀灭粪便中的病原微生物和寄生虫卵，可采用化学药物消毒、灭虫和灭卵。在药物处理中，常用的药物有：尿素，添加量为粪便的1%；碳酸氢铵，添加量为0.4%；硝酸铵，添加量为1%。

（二）生物能利用

鹅粪通过厌氧发酵等处理后产生沼气。沼气是一种可再生的燃料，可以为生产或生活提供清洁能源。将沼气作为燃料是畜禽粪便能源化的最佳途径。将鹅粪和草或秸秆按一定比例混合进行发酵产生沼气。其优点是无需通气，也不需要翻堆，能耗省、维护费用低。在沼气的生产过程中，可消除粪臭、杀灭有害微生物、阻断寄生虫的生长周期，实现畜禽废物的无害化；沼液和沼渣中含有丰富的氮、磷、钾以及各种微量元素，是优质的有机肥料和土壤改良剂。

（三）饲料化利用

粪便的沼渣还可用作饲料饲喂家畜，以及养殖水生生物和蚯蚓等。在粪便的施用上，应以腐熟后为宜。直接把未经腐熟的粪便施于水体，常会使水体耗氧过度，使水生动物因缺氧而死亡。

三、其他废弃物无害化处理

鹅场的废弃物除粪尿外，还有病死畜禽、屠宰后产生的内脏、血、孵化废弃物和废水等，这些废弃物的处理同样关系到鹅场对环境的影响以及自身的安全、卫生等。

（一）病死鹅无害化处理

鹅在养殖中，因疾病、饲养管理及气候等因素影响而不断发生死亡。病死鹅的处理方法主要有 4 种。第一是深坑掩埋，第二是焚烧处理，第三是饲料化处理，第四是肥料化处理。这里着重介绍肥料化处理。

将病死鹅通过堆肥发酵处理，可以杀灭病菌和寄生虫，而且对地下水和周围环境没有污染。处理后转化形成的腐殖质是一种公认的优质有机肥。其方法有：第一，向容器中添加 1/3 的含碳物质；第二，添加耐高温（耐 150℃）分解菌种搅拌 10min 左右即可处理病死鹅，对病死鹅尸体进行搅碎；第三，将发热管调为 90～115℃，处理时间为 24h；第四，腐熟后传输至有机肥生产车间作为有机物添加剂。

（二）孵化废弃物处理和利用

在鹅的孵化过程中，也有大量的废弃物产生。第一次照蛋时，可挑出部分未受精蛋（俗称白蛋）和少量早死胚胎（俗称血蛋），出雏扫盘后的残留物以蛋壳为主，有部分中后期死亡的胚胎（俗称毛蛋）。这些构成了孵化废弃物。

孵化废弃物经高温消毒、干燥处理后，可制成粉状饲料加以利用。由于孵化废弃物中含有大量蛋壳，故其钙含量非常高，一般在 17％～36％。可将其制成粉末加入鹅的日粮中喂鹅。

（三）废水无害化处理

鹅场废水主要由活动水池用水、冲圈舍水、饮水器溢水、残余的粪便和饲料残渣组成。其废水富含高浓度的有机物和大量的病原体，只有使污染物浓度降低 98％以上，才能达到排放标准的要求。

污水处理的方法可分为物理的、化学的、生物的三大类，其中以物理的和生物的方法应用较多。

1. 物理处理法　在废水的前处理中一般用物理方法，包括格栅过滤、沉淀、固液分离等，主要用于去除污水中的机械杂质。

2. 生物处理法　污水的人工生物处理技术，是利用微生物能够氧化分解环境中的有机物，并将其转化为稳定的无机物这个功能，通过人工技术措施，为微生物创造生长、繁殖的良好环境，加速其增殖和新陈代谢生理功能，从而提高污水中有机污染物的降解速度和去除效率。

第三节　发酵床养鹅新技术

一、发酵床的类型

发酵床（垫料池）是将鹅舍中的地面或部分地面建设（或改造）成30～40cm厚的一个池，用于存放垫料。发酵床的类型可以分为地上式、地下式、混合式（半地上半地下式）和网下发酵床、网上养鹅等四种，不同类型有不同特点，建造时应根据水位和鹅舍结构科学设置，也可以利用特殊地理状况因地制宜地建设，以降低成本。

（一）地上式发酵床

该种垫料池高出地面，垫料槽底部与鹅舍外地面持平或略高，工作通道以及硬地平台需要抬高，其高度与垫料池的深度一致（30～40cm）。其特点是鹅舍整体高度较高，雨水不容易溅到垫料上，地面上的水也不易流到垫料里，通风效果好，能保持鹅舍干燥，特别是能防止高地下水位地区雨季返潮，而且进出垫料也方便。但造价稍高，地上建筑成本有所增加，发酵床靠近四周的垫料发酵受周围环境影响大。适合地下水位高、雨水容易渗透的地区，管理方便（图9-32）。

图9-32　发酵床养鹅

（二）地下式发酵床

该种垫料池建在地面以下，槽深30～40cm。特点是鹅舍整体高度较低，地上建筑成本较低，发酵效果相对均匀，冬季发酵床保温性能好，造价较地上槽低，饲养管理方便。但需要挖掘发酵床区域泥土。由于地势低，雨水容易溅到垫料上，进出垫料也不方便。鹅舍整体通风效果比地上式差，无法留通气孔，发酵床日常养护用工多。适合北方干燥或地下水位低、排水通畅、雨水不易渗透的地区。

（三）混合式发酵床（半地上半地下式垫料池）

该种垫料池介于地上式与地下式结构之间，就是将垫料槽一半建在地下，一半建在地上。硬地平台及操作通道取用开挖的地下部分的土回填，槽深30～40cm。特点是地上建筑成本和效果也介于地上式和地下式之间，管理方便。但透气性较地上式差，不适应高地下水位的地区。适应北方大部分地区以及南方坡地或高台地区。

（四）网下式发酵床

大型养鹅场应多采用发酵床建在网下、网上养鹅的方式。此种便于发酵床的管理，在网下利用新研制的翻耕机对垫料来回翻耙，减少人力，对网上养殖的鹅影响较少，是正在推广的一种养殖方式（图 9-33、图 9-34、图 9-35）。

图 9-33　网下翻耕机 1

图 9-34　网下翻耕机 2

图 9-35　网下翻耕机 3

二、发酵床菌种的选择

对于初次使用生物垫料发酵床的养鹅场，建议最好还是选择使用发酵效果确实可靠、由本地域专业单位制作的成品菌种。

成品菌种有湿式发酵床菌剂和干撒式发酵床菌剂。湿式发酵床菌剂包括干粉和液体（图 9-36）两种剂型。干粉菌种的活力保持持久，液体菌种的活力衰减较快，常规条件下长期存放质量没有保证。干撒式发酵床菌剂只有干粉状，干粉剂便于运输和存贮。可以从专门商家购买。

图 9-36 液体菌种

由于生物发酵菌种属于一个新的使用领域，目前，尚无专门的国家标准和行业标准，不同单位提供的成品菌种的质量相差很大，难以把握。

在选购成品菌种时应注意以下几点：

1. 选择正规单位或厂家生产的菌种　选购生物垫料发酵菌种时，注意选用正规单位或厂家（由国家工商注册，有生产许可证等资质）提供的发酵功能强、速度快、性价比高、安全可靠的成品菌种。

2. 成品包装要规范　一般由正规单位或厂家提供的成品菌种，包装印刷比较规范。要有详细的说明或技术手册、主要成分介绍、生产许可证号、单位名称、地址和联系电话。

3. 生物垫料发酵菌种色纯味正　成品生物垫料发酵菌种应是经过纯化处理的多种微生物的复合物，并非单一菌种，但仍然颜色纯正，无异味，无掺杂。

4. 验证已使用的效果　在选购生物垫料发酵菌时，一定要多方了解，选择专家研究推荐的，省内有研究和试点基础、信誉好、应用效果可靠的单位提供的菌种。购买前，最好先向当地畜牧部门咨询，多与已经使用过该菌种的养殖场户交流，确认使用效果后再购买使用。

5. 发现问题及时处理　在使用生物垫料发酵菌发酵养禽过程中，如若发现发酵菌不发酵，发酵床温度提升不上来等现象，要及时向有关部门反映，积极查找原因，及时妥善解决，以减少不必要的损失，保证生物垫料正常发酵。

三、发酵床垫料的常用原料及特点

1. 锯末　锯末是最佳的发酵床垫料，在所有垫料中锯末的碳氮比最高，最耐发酵。同时锯末疏松多孔，保水性最好，透气性也比较好。从技术上讲，全用锯末或以锯末为主掺和少量稻壳做发酵床是最好的。锯末的细度正好适合发酵床要求。各地都有大小规模不等的木材加工市场供应锯末。在多数地方，锯末的资源比较缺乏，价格也较贵。由于木材和加工方法不同，锯末的种类、湿度和品质差异较大。

使用锯末要注意以下几点：

（1）不得用有毒树木的锯末，如楝木等，否则，会引起中毒。

（2）使用松木等含油脂较多的锯末时应先晾晒几天，使挥发性油脂散发，避免引发禽的呼吸道过敏以及消化道应激反应。

（3）原则上不使用含胶合剂或防腐剂的人工板材生成的锯末，因为这种锯末中含有的添加物质可能对家禽有毒，而且可能对发酵过程有抑制作用。

锯末的干湿度要符合发酵床操作的要求，湿度过大时要提前晾晒。干撒式发酵床所用锯末必须干燥。木材加工生成的刨花也可替代锯末使用，最下层可全部使用。不太粗的刨花可全部替代锯末。碎木块和树枝、细木段都可以用到下层垫料中。

2. 稻壳　是很好的垫料原料（图 9-37），透气性能比锯末好，但吸附性能稍次锯末。含碳水化合物比例比锯末低，灰分比锯末高，使用效果和寿命次于锯末。可以单独使用，也可与锯末混合使用。稻壳不宜粉碎，因为过细不利于透气。稻壳比锯末的优点在于品种单一、质量稳定，一般不用担心过湿和霉变。

图 9-37　稻　壳

3. 花生壳　可以不经粉碎铺到最下层（图 9-38），厚度不宜超过 15cm。也可不经粉碎与锯末或稻壳混合使用。还可单用花生壳，在下层 10～15cm 用不粉碎的花生壳，中上层花生壳粉碎，粒度在 1cm 以下。

4. 玉米秆　可以铡短后铺到最下层，厚度为 10cm 左右，也可铡短到 3cm 左右，按 1/4 以下比例与锯末或稻壳混合使用。铺在最下层的玉米秆也可用不铡切的整株，但要码排平整。

图 9-38　花生壳

5. 小麦秸和稻草　可以不铡短直接铺到最下层，厚度不超过 20cm。也可铡短到 2cm 左右，与锯末或稻壳混合使用，比例不超过 1/3。

由于玉米秆、麦秸和稻草粉碎费用较高，而且粉碎后的透气性能不佳，吸水后透气性能更差，且容易腐烂，因此不宜粉碎使用。

6. 小麦糠　即包裹小麦粒的秕壳，多为麦秸造纸剩下的废弃物，用法与小麦秸相同。

7. 玉米芯、玉米皮　玉米芯可以粉碎到黄豆大小的粒度单独使用，或与锯末、稻壳混合使用，比例不限；也可以经碾压后直接铺到最下层。玉米芯本身对家禽有一定的营养价值。玉米皮（图 9-39）即玉米棒外面的包衣，可不经粉碎铺到发酵床下层使用。

图 9-39　玉米皮

8. 棉花秆和辣椒秆　可以粉碎到 0.5～1.0cm 的细度与锯末或稻壳混合使用，也可不经粉碎只铡成 10cm 左右长的短节，直接铺在最下层达 10～15cm 厚，中上层使用锯末或稻壳。最好不单独使用。

四、发酵床垫料的组成及用量

（一）发酵床垫料的组成要求

1. 适宜的碳氮比　垫料原料的碳氮比要高、碳水化合物（特别是木质纤维）含量高、疏松多孔透气、吸水吸附性能良好、无毒无害、无明显杂质等。发酵床发酵效果的好坏，决定于发酵垫料的碳氮比。理论上讲，碳氮比大于25的原料都可以作为垫料原料。而且碳氮比越高，使用寿命越长。常用的几种原料的碳氮比平均值见表9-1。

表9-1 常用的几种原料的碳氮比

种类	碳氮比	种类	碳氮比
水稻秸秆	47.56	红薯藤	14.19
小麦秸秆	66.46	烟叶秆	31.22
大麦秸秆	76.55	豌豆秆	20.72
玉米秸秆	49.56	花生饼	4.69
大豆秸秆	29.33	棉籽饼	6.25
花生秸秆	23.85	酒糟	12.80
高粱秸秆	46.72	杂木屑	491.8

2. 垫料廉价易得　原料必须来源广泛，采集采购方便，价格尽可能便宜，质量容易把握。垫料选择要以惰性原料（粗纤维较高不容易被分解）为主，硬度较大，有适量的营养和能量在内。各种原料的惰性和硬度大小排序为：锯木屑＞统糠粉（稻谷秕谷粉碎后的物质）＞棉籽壳粗粉＞棉秆粗粉＞其他秸秆粗粉。

3. 粗细适宜　如果垫料太细容易板结，造成通气不畅，太粗则吸水性、吸附性不好，如果完全是锯末，则通气性不好，从而影响发酵，所以，注意惰性原料要粗细结合。如统糠粉，以5mm筛片来粉碎为度；木屑也要用粗木屑，以3mm筛子的“筛上物”为度。或者用粗粉碎的原料。对于锯木屑，只要是无毒的树木、硬度大锯木屑都可以使用，含有油脂的如松树的锯木屑、含有特殊气味的樟树的锯木屑，经过适当处理后也可以使用。

（二）材料的用量

建造一个既符合养鹅生产需要，又最适宜于生物发酵菌生长繁殖的生物垫料发酵床，必须根据生物垫料的基本要求，并结合各种材料的物理特性以及家禽生产情况来计算垫料材料用量。

1. 垫料厚度　在高温的南方，垫料总高度达到30cm即可；中部地区要达到35cm；北方寒冷地区要求至少在40cm。由于垫料在使用后都会被压实，厚度会降低，因此施工时的厚度要提高20%。例如南方计划垫料总高度为30cm，在铺设垫料时的厚度应该是36cm。

2. 材料用量

（1）湿式发酵床垫料材料用量　见表9-2。

表9-2　建造发酵床养鹅栏舍垫料配方

配方	配方比例
配方1	50%～70%锯末+50%～30%的不粉碎的谷壳+菌种和营养液+玉米粉+适量水
配方2	40%～60%锯末+60%～40%玉米芯或玉米秸秆+菌种和营养液+玉米粉+适量水
配方3	70%的机械刨花（5～15mm大小）+30%玉米秸秆（或其他农作物秸秆）粗粉或切断成几厘米长+菌种和营养液+玉米粉+适量水
配方4	木材粉碎到5～10mm的锯末，可以100%采用（但不能太细）+菌种和营养液+玉米粉+适量水
配方5	70%粉碎20目左右的谷壳（即用5mm筛子粉碎的谷壳）+30%未粉碎谷壳+菌种和营养液+玉米粉适量+适量水
配方6	70%玉米秸秆+30%刨花（或锯末、谷壳、麦壳）+菌种和营养液适量+适量水

（2）干撒式发酵床垫料材料的用量　干撒式发酵床垫料材料完全可以按照上述介绍的材料使用。干撒式发酵床垫料材料的用量可以根据深度和面积进行计算。如面积$10m^2$，垫料厚度40cm，则需要垫料材料$4m^3$，如果材料较湿，要酌情折算。

五、发酵垫料的制作和铺设

（一）湿式发酵床发酵垫料的制作和铺设

1. 材料的准备　制作生物垫料发酵床需要准备的主要原料有：垫料原料（如锯末、稻壳、玉米秸秆、树叶等）、生物发酵菌种及其辅料（如深层土、植物营养液、乳酸菌营养液、畜牧用盐等）。垫料中的稻壳或秸秆主要起蓬松透气作用，使得垫料中有充足的氧气，锯末则是起垫料的吸水和保水性作用。在选择垫料原料时要注意：①秸秆需事先切成2～4cm的长度；②锯末要新鲜，不能发霉变质，坚决不能使用经过防腐处理过的板材生产的锯末，如三合板等高密板材锯下的锯末；③花生壳和稻壳要求新鲜无霉变，实践证明，最好的两种原料是稻壳和锯末；④泥土采用离地面 20cm 以下的没有被化肥、农药污染过的深层土；⑤一定要用粗盐，因为粗盐含有丰富的矿物质，有利于微生物菌群的繁殖和木屑的分解。

2. 垫料制作　垫料制作的过程其实是垫料发酵的过程，其目的是在垫料里增殖优势有益发酵菌群，通过有益菌的优势生长抑制有害菌的生长，同时通过发酵过程产生的热量抑制或杀死有害菌。见图 9-40 至图 9-43。

图 9-40　稻草铡短

图 9-41　稻壳、锯末分层平铺

图 9-42　原料平铺及深层土

图 9-43　人工混合

具体操作如下：

(1) 首先将各种原料（锯末、稻壳等）以及辅料（深层土、畜牧用盐）充分混合。

(2) 按不同产品要求将固体菌种和米糠（或麸皮或玉米面等，提供菌种初期营养）充分混合均匀（一级预混），目的是使菌种与营养物充分混合。

(3) 将一级预混物与 10 倍预先混合好的原料充分混合均匀，混合时同时将营养液或液态菌种加水以 1∶20 的比例稀释后用喷雾器均匀喷洒，这是菌种

的二级预混，可以使菌种更好地与全部材料混合均匀。

（4）将二级预混物与垫料加水充分混合均匀，使垫料整体水分的湿度达到35%～40%时最适宜，可以用手抓垫料来感觉判断，即用手握住垫料感觉有一定的湿度，但是捏紧时无水从手指缝中流出，松开手垫料可以成团，轻轻晃动可以散开，说明水分掌握较为适宜。

（5）将制作好的垫料表面加草帘或尼龙编织袋（通气性材料）覆盖发酵，在发酵过程中注意表面水分的保持，夏天表面过干时及时喷洒水分。发酵整个过程在6～8d，从做好垫料第2天，选择物料不同部位约40cm深处测温，其温度可达到40℃以上，以后温度便逐渐上升，如均匀度和湿度掌握合适，温度最高可达到70℃左右。由于均匀度和湿度掌握不同，到达70℃左右时间有所不同，一般需要发酵6d左右。随着微生物的自我调控，垫料的温度会逐渐下降并稳定在45℃左右，等垫料温度下降稳定以后，即可把垫料铺开，24h以后进鹅舍。关于发酵床养鹅垫料的厚度，亚热带地区最低可以使用20～25cm，南方热带地区使用25～30cm，北方寒冷地区可以使用35～40cm。

制作垫料时注意事项：①注意垫料的湿度，尽可能不要过量；②制作垫料时原材料的混合，什么样的做法都可以考虑，以充分均匀为原则；③堆积后发酵时可以覆盖，垫料表面应该使用通气性的东西如麻袋等覆盖，使它能够升温并保温；④注意发酵的效果，发酵后散开垫料时，如果出现氨臭的话，温度还很高、水分够的时候让它继续发酵；⑤应注意检查第2～3天物料温度上升情况，第2～3天物料初始温度是否上升，一般用手即可明显感觉到。如果温度上升不够，要查是什么因素引起的，一般从如下几个因素考虑：谷壳、锯末、米糠（麸皮、玉米面等）等原材料是否符合要求以及所加菌种比例是否恰当，物料是否混合均匀，垫料水分是否合适（水分含量是否在35%左右，是太干还是太湿）等。

3. 垫料的铺设　先将各种生物垫料、菌种和辅料按比例投入，混合均匀后，按要求的高度再填入发酵床。根据制作场所不同，垫料的铺设可以分为直接制作铺设和集中统一制作铺设。

（1）直接制作法　即在禽舍内生物发酵床上直接制作生物发酵垫料，是十分常用的一种方法。将各种垫料原料如谷壳、锯末、米糠及生物发酵菌种等，按比例直接导入禽舍内发酵池中，用器械混合均匀后使用。此种方法效率较低，比较适于中小规模的专业场（户）养鹅。

（2）集中统一制作法　指在舍外场地将发酵原料统一搅拌、发酵制作垫料，然后再填入垫料池内发酵的一种制作方法。

（二）干撒式发酵床发酵垫料的制作和铺设

干撒式发酵床发酵垫料的制作和铺设操作包括以下五个步骤。

1. 稀释菌剂　将发酵床菌种按商品说明比例（一般是5～10倍）与麸皮、玉米粉或米糠混匀稀释。添加麸皮、玉米粉等物料的目的不但是稀释菌剂，使菌种与垫料混合均匀，而且还为菌种的复活提供高浓度的营养物质，促进菌种快速复活，加快发酵床启动。

2. 播撒菌种　最好采取边铺垫料边撒菌种的方法。垫料原料购进后，从运输车辆上卸下时直接铺进发酵池内更省力。也可以先将菌种与垫料原料提前均匀混合后一次填入发酵池。切记，菌种和垫料中都不可加水。

为便于播撒菌种，可以将垫料分成五层铺填，每层垫料上面手工均匀播撒一层菌种，每一层用菌种总量的1/5。

3. 铺足垫料　垫料厚度达到35～40cm。刚铺设的垫料比较虚，饲养一段时间后，踩踏和发酵热的作用使垫料基本被压实，厚度下降到30～35cm。

4. 进鹅饲养　垫料铺设完毕当即就能进鹅饲养。

5. 启动发酵　将新鲜的鹅粪尿埋入垫料10～20cm深处，覆盖好垫料。一般情况下，如此反复数次，即可启动发酵。

第十章 四川白鹅主要产品及加工

四川白鹅因其兼具产蛋性能和肉用性能而受到广大消费者的青睐，长期以来，四川白鹅产区的人民根据四川白鹅的肉质特点，开发了各具特色和风味的鹅肉加工产品。如著名的隆昌香腊鹅、荣昌卤鹅，烟熏板鹅，香酥鹅等；特别是以传统方式加工的卤鹅翅、鹅掌、鹅肫干、鹅肉干、鹅肉脯、鹅肉松等风味独特，更受人们喜爱。

此外，鹅的加工副产物是饲料工业、食品工业、制药工业的上乘原料，其加工产品包括羽毛粉、鹅血系列产品（鹅血粉、鹅血片、鹅血清）、鹅去氧胆酸等。

第一节 主要产品

一、鹅肉类加工产品

（一）鹅肉类加工产品的种类

1. 鹅肉初加工产品

白条鹅：白条鹅就是除去鹅毛、内脏和表面角质，通过预包装，直接出售的肉鹅。一般而言，白条鹅在外观上是指去二节翅和鹅掌的净膛成品鹅(图10-1)。去头去掌去二节翅的称为无头鹅，去掌带二节翅的称为全翅鹅，带掌带翅的称为全鹅。

鹅肠：主要用作火锅和卤菜的材料（图 10-2）。

鹅血：用于制作血粉或者血灌肠等的原料（图 10-3）。

鹅胗、鹅心、鹅肝、鹅掌、鹅脖、鹅头、鹅舌：主要用作卤菜原料（图 10-4 至图 10-10）。

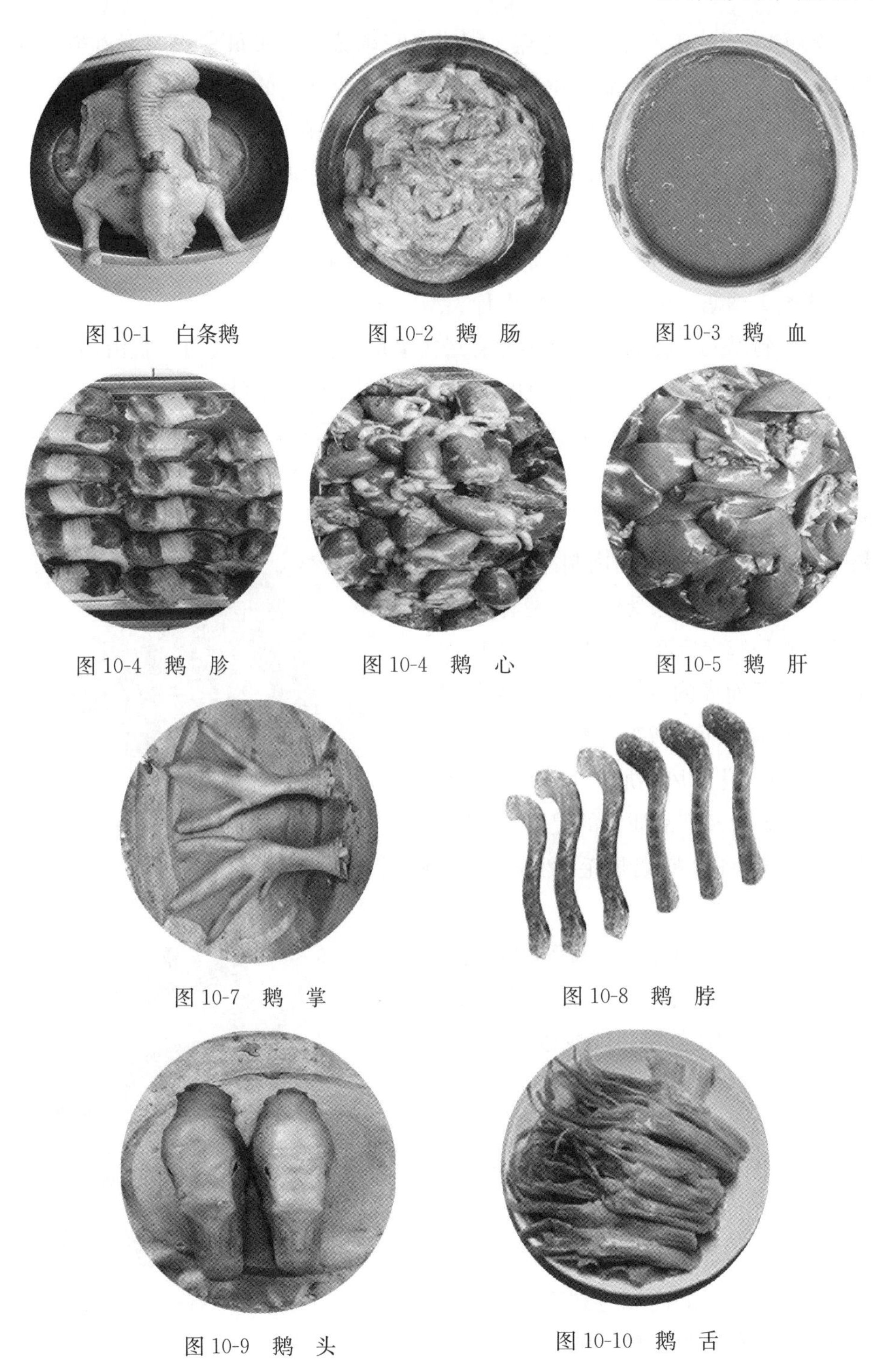

图 10-1　白条鹅

图 10-2　鹅　肠

图 10-3　鹅　血

图 10-4　鹅　胗

图 10-4　鹅　心

图 10-5　鹅　肝

图 10-7　鹅　掌

图 10-8　鹅　脖

图 10-9　鹅　头

图 10-10　鹅　舌

2. 鹅肉深加工产品及其特点　鹅肉是我国劳动人民最喜欢的家禽类肉食品之一，我国对鹅肉产品的生产制作和消费有着悠久的历史和深厚的文化背景。四川白鹅因其超高的产蛋性能和良好肉质特点在川渝地区深受人民群众喜爱，川渝地区的劳动人民根据自身的饮食特点和地理优势，不断继承和创新，数百年来以四川白鹅为原料开发了一系列鹅肉深加工产品。根据制作方法和产品形式的不同，四川白鹅的深加工产品可分为腌腊鹅、酱鹅、卤鹅、熏鹅、烧鹅、烤鹅、糟鹅、休闲鹅肉干等多种类型。

（1）腌腊鹅　腌腊作为肉类储存最古老的方法之一被人们一直沿用至今，并以此为基础开发出了各具特色的腌腊类食品，如著名的腊板鹅、风鹅等。其中以四川白鹅为原料开发的最具特色的腌腊制品当属隆昌香腊板鹅。其特点是鹅坯光洁美观，肥瘦适度，淡紫红色，油香四溢，风味独特，香腊味浓，美味可口。

风鹅（图10-11）也称为“咸鹅”“腊鹅”，是我国传统的腌腊肉制品，因风味独特，腊香味浓郁而深受广大消费者的喜爱。传统风鹅是鹅宰后经取出内脏，但不去毛，经腊制风干而成的一种特殊鹅制品，特点是羽毛丰满艳丽、鹅型完整、肉质鲜嫩、腊香浓郁。现代化的风鹅加工工艺为了实现生产效率的提升和产品质量的提高，一般在原料前处理时将原料鹅煺毛，然后再腌制、风干。

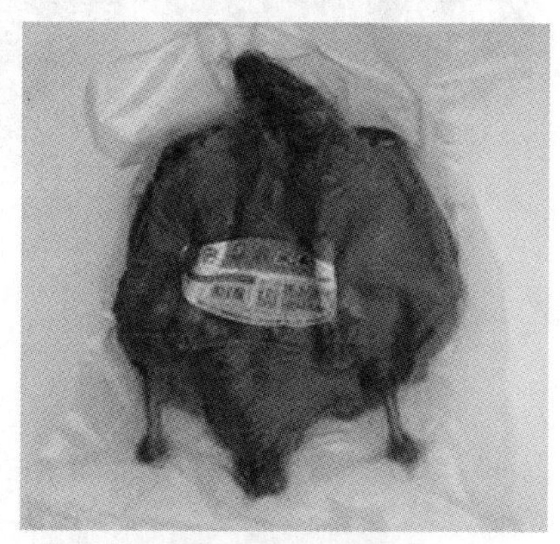

图10-11　风　鹅

（2）酱鹅　用盐、生酱等调味料腌制而成，适于蒸食的一类酱制产品（图10-12）。特点是肉质红润，咸淡适宜，酱香味浓郁，味道鲜美。

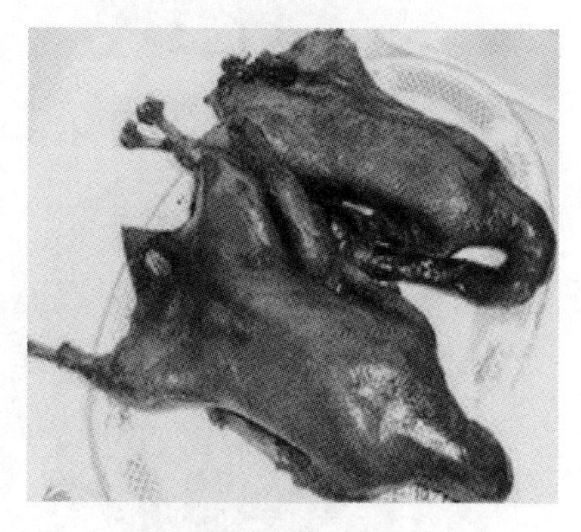

图10-12　酱　鹅

（3）卤制鹅　自从战国时期李冰率众在广都（今四川双流县）开凿了第一口盐井以后，卤的概念在川渝地区就一直被大家沿用至今；随着人们对各种调味料认识的不断加深，卤的内涵也在不断丰富，在川渝地区逐渐形成了特色鲜明的卤菜饮食文化。湖广填四川期间，潮汕人将喜食卤菜的习惯带入四川，与当地独特的卤菜饮食文化相结合，形成了川渝地区独特的卤菜的文化。卤与四川白鹅的结合形成了风味独特卤制类鹅肉产品。卤制鹅肉产品的风味随着产地的不同略有差异。最著名的产品包括盐水鹅和荣昌卤鹅，其中盐水鹅特点是，香、嫩、酥，食之清淡而有咸味，肥而不腻。荣昌卤鹅（图 10-13）的特点是，色泽金黄发亮、五香味浓、粑软适中、骨质松脆、骨髓香滑、肉感香嫩。

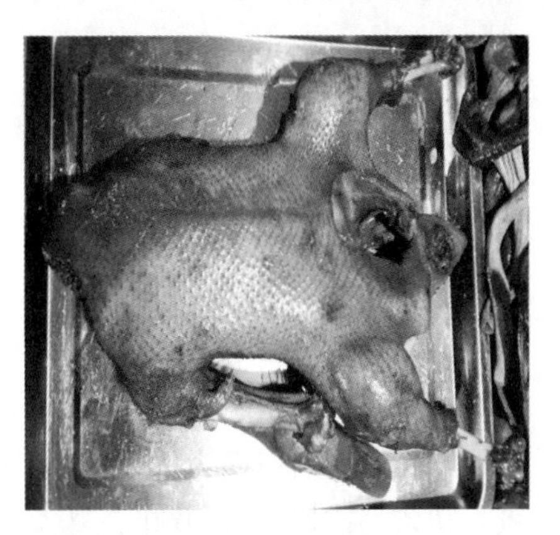

图 10-13　卤　鹅

（4）熏鹅　烟熏是一种古老的肉类储藏方法之一，其特点是利用未充分燃烧的烟气熏制肉类，在赋予肉类烟熏风味和改善颜色的同时，也赋予了肉的耐藏性。熏鹅（图 10-14）即是由这种古老的储藏方式延伸出来的鹅肉加工方法，主要用植物闷火燃烧的熏烟对鹅坯体进行熏制，其熏烟中所含的酚、醇、酸、烃、羟基化合物具有防腐、抗氧化、稳定产品色泽、增添风味等作用，熏烟中的有机酸可降低鹅肉表面的 pH，抑制微生物的生长繁殖。此外，熏制可以起到脱水干燥、降低产品表面水分活度，从而抑制细菌生长的作用。熏鹅的特点是外表美观、色泽红亮、清香可口、味鲜肉嫩、风味独特。但是近年来研究表明，烟熏产品中含有苯并芘等系列危害人体安全的有害物质，所以此类产品的生产和销售受到了严重的影响。

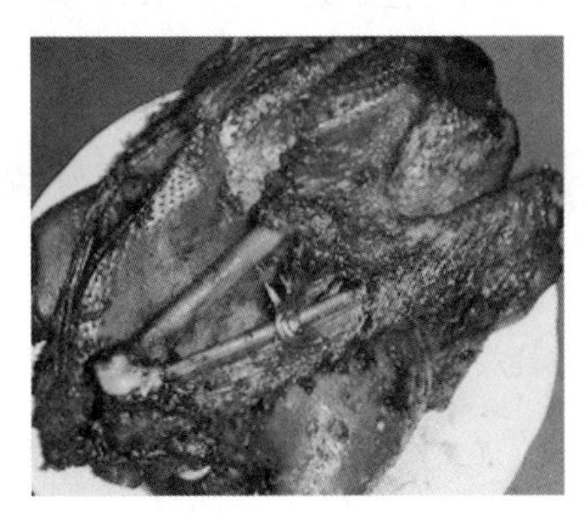

图 10-14　熏　鹅

（5）烧鹅、烤鹅　烧烤可能是人类最原始的烹调方式，是以燃料加热干燥空气，并把食物放置于热干空气中一个比较接近热源的位置来加热食物，一般分为明火烤和暗火焖两种方式。其特点是色泽枣红、皮脆、肉嫩、骨香、脂肥肉满、肥而不腻、味美适口。

（6）糟鹅　川渝地区是我国名优白酒的主产区之一，利用白酒生产的副产物酒糟糟制鹅肉在川渝地区也有悠久的历史。糟制是一种利用酒糟中剩余的酒

对盐渍、干制品进行再加工的方法，是在盐渍和干制基础上发展而成的。糟制工艺一般分为煮制和腌制两种，其产品的特点是甜咸和谐、醇香浓郁、回味悠长、色泽亮丽。

（7）休闲鹅肉干　我国肉干类产品的生产历史悠久，川渝地区自古休闲的生活、娱乐方式造就了巨大的休闲肉干类产品的消费市场。川渝地区常见的鹅肉干产品通常是以四川白鹅为原料，经修割、预煮、切条（或切片）、调味、复煮、收汤、干燥等工艺制成（图 10-15）。其中香辣、麻辣、五香系列休闲鹅肉干产品深受川渝地区人民的喜爱。随着休闲旅游产业的不断成长和壮大，休闲鹅肉干系列产品越来越受到市场的青睐。其特点是色泽深、水分适中、咀嚼性好、回味悠长。

图 10-15　鹅肉干

（8）其他类　除上述种类以外的鹅肉其他深加工产品，包括鹅肉松、鹅肉罐肠、鹅肉脯、鹅骨泥肉丸、鹅肝酱等。

（二）鹅肉类加工产品的发展趋势分析

禽肉、鱼肉等白肉及其制品将会越来越受到消费者青睐。鹅肉一直以来被视作非常健康的肉食品之一，因此，鹅肉的消费量可能出现逐步增加的趋势。而我国是世界上鹅饲养量最大的国家，鹅肉的生产和消费水平均居于世界第一位，我国鹅肉加工产业的发展将对世界鹅肉加工业产生深远的影响。

按照我国的消费水平和肉食品的消费趋势判断，我国鹅肉类加工产业将呈现以下几个方面的趋势：

首先，出于对健康的重视，鹅肉加工产业将更加关注原料鹅的产品质量，从鹅苗的选择、育雏、预防接种、饲料、兽药等方面加强监管，确保原料的产品安全和品质。

其次，产品的消费受众定位将更准确，产品细分程度会显著提高。随着鹅肉产品的市场越来越大，鹅肉类产品的种类细分将更加精细，精细化的产品细分将有利于新产品的开发。

再次，休闲类鹅肉产品的市场将会逐渐扩大。

最后，腌腊、烟熏等有安全隐患的产品市场将逐渐萎缩，而健康安全的新型鹅肉加工方式和加工产品将逐渐被消费者所接受。

二、鹅的加工副产物类产品

（一）鹅加工副产物类产品种类及其用途

鹅的加工副产物类产品主要包括毛皮、羽毛粉、血粉、肉骨粉、鹅血片、鹅血清、胆红素、溶菌酶、去氧鹅胆酸等。

1. 鹅绒　鹅绒主要指鹅肚皮下的那片毛绒。鹅绒多被用于填充到被、服里面后保暖，如鹅绒被、鹅绒羽绒服等。一般来讲，鹅绒优于鸭绒，最好的是白鹅绒（WGD），其次是灰鹅绒（GGD），再次是白鸭绒（WDD）和灰鸭绒（GDD）。

2. 鹅裘皮　鹅绒裘皮是一种高级裘皮制品，具有皮板结实柔软，毛绒洁白的特点。其抗脱毛程度强于兔毛，蓬松性能优于貂皮，防潮防寒性可同狐皮媲美。

3. 鹅羽毛粉　鹅羽毛粉由鹅屠宰后的羽毛制成。羽毛粉的粗蛋白质含量达80%以上，高于鱼粉。其氨基酸组成特点是甘氨酸、丝氨酸含量很高，分别达到6.3%和9.3%。异亮氨酸含量也很高，可达5.3%，适于与异亮氨酸含量不足的原料（如血粉）配伍作为畜禽饲料。

4. 鹅血系列产品　鹅血中含有的免疫球蛋白、血红蛋白、血清蛋白、特效SLUG蛋白、维生素B_{12}、维生素A、叶酸、硒、核酸、铁等，可增强免疫功能；鹅血制成的冻干粉中的某些生物活性物质，还具有辅助放化疗的作用。

动物实验表明，鹅血具有增强机体免疫功能的作用，能延长带瘤小鼠的生存期，减轻化疗对小鼠的不良反应，增加带瘤小鼠的胸腺重量，保护肝脏，提高红细胞、淋巴细胞免疫能力，激活吞噬细胞的吞噬作用和抗病能力。

鹅血系列产品包括鹅血清、鹅血免疫球蛋白、鹅血粉、鹅血片等，是鹅血经离心、提取、干燥（热干燥或冷冻干燥）、脱水、粉碎、压片等不同工艺处理后形成的产品。

5. 鹅去氧胆酸 鹅去氧胆酸（CDCA）是目前世界上用量最大的治疗胆结石药物之一，又是合成熊去氧胆酸（UDCA）和其他甾体化合物的原料。具有降低胆汁内胆固醇的饱和度的作用。服用CDCA后（当CDCA占胆汁中胆盐的70%时），脂类恢复微胶粒状态，胆固醇就处于不饱和状态，从而使结石中的胆固醇溶解、脱落。大剂量的CDCA（每日每千克体重10～15mg）可以抑制胆固醇的合成，并增加胆结石症患者胆汁的分泌，但其中的胆盐和磷脂分泌量维持不变。

（二）鹅加工副产物类产品的发展趋势分析

随着生物技术的不断进步和制药技术的不断发展，鹅血的抗癌功能将逐步被揭示，鹅加工副产物将逐渐成为重要的生物医药原料，随之而来的各种以鹅血为原料的生物医药制品将逐渐增多。其产品价值将大大提升，甚至超过主要产品鹅胴体的价值。

第二节 产品加工

一、鹅肉类加工产品的生产工艺

（一）腌腊鹅

1. 隆昌香腊板鹅

（1）工艺流程 原料鹅→宰杀放血→煺毛→切翅与脚→取内脏→压扁整形→擦盐→腌制→造型→漂洗→烘干→成品。

（2）腌制卤液配制 每100kg水中加盐30～35kg煮沸，使盐溶化呈饱和状，倒入缸中，加入碎老姜500g，八角、花椒、山柰各250g，炒茴香100g，桂皮300g，可卤200kg鹅。

（3）操作要点

原料鹅的选择：选择健壮无病，胸肌丰满，不现胸骨，脂肪适度，体重5～6kg，生长期在1年以内的肥仔鹅。有条件的可在宰前半月加料催肥。

宰杀煺毛：宰前检疫，剔出病鹅，然后禁食24h，供足饮水，以利放血。宰杀前采用电击晕方式使鹅失去知觉，然后割断气管、血管、食道，放净余血。将屠体放入70～80℃水中充分搅动，使羽毛浸透，脱净羽毛，脱毛后用清水冲洗 2～3 次，洗净血污、皮屑及皮肤污物，从翅根处割去双翅，从跖骨后端膝关节部位切除双脚，从胸至腹开膛，取出气管、血管、食道、内脏、肛门，洗净后，置于清水中浸泡 4～5h，中间换水 2～3 次，漂尽体内余血。

压扁整形：将沥干水的胴体置于桌上，背向下，腹朝上，把头颈蜷入腹内，用双手在鹅胸骨部用力按压，压平胸部人字骨，使鹅坯呈扁平椭圆形坯体。

擦盐初卤：将整形后的鹅坯擦上盐末（6%～7%的用盐量，微火炒去水分，加适量小茴香同碾细）。擦盐时，胸腿部肌肉厚处用力擦抹，使肌肉与骨骼受压脱离。鹅坯擦盐后平坦放入缸中，上面再撒一层盐末，放置 16～20h，待鹅坯卤透后即可出缸，沥尽血水。必要时倒缸复卤 6～8h。

配卤腌制：将初卤出缸的鹅坯转入卤缸中，逐个平坦堆放。装缸后用竹片盖住，竹片用石块压紧，使鹅坯全部淹入卤液中，卤制 24～32h 就卤透出缸。

整形烘干：出缸后的鹅坯，用软硬均匀、长短适宜的竹片 3 块，从鹅胸、腰、腿部撑开呈扁平形，挂于架上，并用清水洗净拭干，再排坯整形，拉直鹅颈，展开双腿，将鹅坯整理匀称，晾挂在阴凉通风处风干，亦可置于专用烘房或远红外烘烤箱烘干，检验后真空包装，即为成品。

2. 风鹅

（1）工艺流程　原料鹅→宰杀放血→清洗→沥干→腌制→风干→煮制→冷却→真空包装→杀菌→成品。

（2）腌制料配制　每 100kg 去脏鹅加盐 5～6kg，白糖 1～1.5kg，花椒 0.1～0.2kg、五香粉 0.1kg，硝酸钠 50g。

（3）操作要点

①原料鹅的选择：选择健壮无病、雄壮健美、羽毛洁净、外观漂亮、4～5 月龄、体重 3.5～4kg 的四川白鹅。

②去内脏：在颈部、嗉囊正中轻轻划开皮肤（不能伤及肉），轻轻取出气管、食管、嗉囊；在肛门处旋割开口，剥离直肠，取出包括肺脏在内的全部内脏。

③腌制：根据生产工艺的具体要求，腌制可以采用传统的干腌工艺也可以采用湿腌、注射腌、滚揉腌、混合腌等不同的腌制方式。

传统的干腌一般是把香料等辅料粉碎，与盐一起涂抹在鹅体腔、口腔、创口或暴露的肌肉表面，然后平放在案上或悬挂腌制 3～4d，不能堆叠，以便保护羽毛。抹盐时要严格控制环境温度≤10℃，亚硝酸盐含量严格控制在国家标准要求范围内（《食品添加剂使用卫生标准》规定，腌腊肉制品中亚硝酸盐的最大使用量是0.15g/kg，残留量≤30mg/kg）。

湿腌法又称盐水腌制法，所用腌制液多为饱和食盐水，有的还有亚硝酸盐、硝酸盐、蔗糖和抗坏血酸钠等，主要起调节风味和助发色作用。腌制时将肉浸泡于腌制液中，通过盐分扩散和水分渗透，直至肉组织内外盐浓度达到动态平衡。流程中湿腌一般用于经过煺毛处理的原料鹅的腌制。

注射腌制法又称盐水注射法，是进一步改善湿腌的一种措施。为了加速腌制时盐分的渗透，缩短腌制时间，最先出现了动脉注射腌制法，其后又发展了肌肉注射腌制法。

混合腌制是指两种或两种以上腌制方法混合使用的一种腌制方法。如先干腌后湿腌，或先湿腌后干腌，或湿腌结合注射法等。用干腌和湿腌相结合可以避免湿腌因肉品水分外渗而降低浓度，因干腌及时溶解外渗水分；同时湿腌时不像干腌那样促进肉品表面发生脱水现象；另外，肉品内部发酵或腐败也能有效被阻止。

④风干：风干工艺是风鹅制作的最后工艺，也是影响产品质量的关键工艺。

传统的风干一般采用麻绳穿鼻，将鹅悬挂于阴凉、通风、干燥处自然风干，15d即为成品。

由于传统工艺的生产效率和产品质量很难满足市场需求，加之风干技术和设备制造技术的不断进步，新型风干工艺和设备在风鹅生产中的应用逐渐增多。可控环境温湿度、风速的风干室和风干成套设备已成为风鹅规模化生产中不可或缺的选择。

⑤煮制：传统的作坊式生产的风鹅均利用传统的大铁锅或夹层锅煮制。其缺点是煮制时间和温度不宜掌握，产品均匀度不够好，产品质量不稳定，生产效率低。

自动控温连续煮制机可以采用多种加热方式，多点自动控温，有效地保证了煮制机内的温度均衡，不仅可以有效提高劳动效率，还可以控制煮制时间，确保产品的含盐量，最大限度确保产品的均匀度。

⑥杀菌：随着新技术和新工艺的不断应用，风鹅传统加工过程使用的沸水浴杀菌技术已经逐渐被微波杀菌技术所替代。相比之下，微波杀菌具有杀菌效

率高、效果好、对产品质量影响小、成本低等特点。经过人们不断的摸索，风鹅微波杀菌的杀菌时间、机器功率等杀菌参数已基本确定。风鹅的保质期较传统生产工艺大大延长。

（二）酱鹅

传统酱鹅的生产多数都是作坊式生产，采用前店后厂、现做现卖的生产和销售模式。作坊式生产的优点和缺点同样明显。优点在于优秀的生产工艺具有传承性，由于传统工艺更注重产品生产过程中细节的处理，产品往往具有不可模拟的独特风味，因而吸引了众多的回头客，形成了不少具有地方特色的小品牌；但缺点也同样明显，由于使用过于陈旧的生产工艺，制作过程中主要是凭制作者的生产经验，加之缺乏必要的科学理论和实验研究，随意性较大，没有形成标准化的加工工艺，因此极易造成产品质量的不稳定，这与广大人民群众日益增长的质量消费需求存在较大差距。

预计今后很长一段时期内作坊式生产和规模化的工厂式生产将会长期共存以满足消费者日益增长的产品品质需求。

1. 工艺流程　由于地域、饮食文化及鹅品种的差异，酱鹅加工的工艺也各不相同，有的不需要腌制直接酱制、有的需要油炸、有的需要专门的酱制工艺、有的将酱制工艺融入到焖制过程中，总之工艺多种多样。传统酱鹅生产工艺如下：

原料鹅→宰杀放血→烺毛→去绒毛→净膛→腌制→煮制（酱制）→冷却→真空包装→杀菌→成品。

2. 腌制液配制　每100kg水中加入食盐30kg、八角80g、花椒60g、鲜姜700g。把香辛料用纱布包好后和食盐一起放入水中煮沸、冷却后即可使用。

3. 煮制配方　以50只大鹅计算，酱油3 000g、盐6 000g、白糖5 000g、桂皮250g、橘皮100g、大茴香250g、丁香20g、砂仁15g、大葱2 500g、生姜300g。

4. 操作要点

原料鹅的选择：选择健壮无病、雄壮健美、外观干净整洁、体重3.5kg左右的四川白鹅。

腌制：将鹅放入配好的腌制液中，在5℃条件下嫩化腌制2h。腌制是为了使鹅肉收缩，排除剩余血水，去除腥味，使食盐和调料也能充分渗入鹅肉中。

煮制：传统的酱鹅煮制过程一般使用老汤。一般情况下，老汤煮制既可以赋予酱鹅特殊的风味，又能确保产品质量的稳定，是传统酱鹅生产过程中必不可少的工艺。但是老汤的保存极不容易，需要定期的加热杀菌，同时还需要及时补充盐、辅助香料等物质，补充的量和时机要求也非常高。再加上使用老汤卤制时每次的生产量受到老汤数量的限制，生产效率不高，所以老汤煮制一般在作坊式的产品生产中常见而规模化的生产过程中很少使用。

酱制：不同地区、不同生产工艺条件下酱鹅的酱制过程也有差异。有的选择用上述煮制过程使用的部分老汤，加入红曲米、白糖、绍兴酒、姜，用铁锅熬汁，一般烧到卤汁发稠时即可。然后整只鹅挂在架上，均匀涂抹特别的红色卤汁作为酱色。有的将煮制和酱制过程融合在一起，将上色用的红曲米、甜面酱或老抽、冰糖、黄酒等放入煮制锅中一起煮制，待煮制过程结束时大火收汁，浇在鹅肉上。

杀菌：传统生产工艺中，酱鹅的生产一般是前店后厂作坊式生产，因此很少使用杀菌工艺，产品一般是即产即卖。随着新技术和新工艺的不断应用，新型杀菌技术不断被食品工业所接受。微波杀菌因其具有杀菌效率高、效果好、对产品质量影响小、成本低等特点而在酱鹅生产中不断被推广使用。经过不断的研究和探索，酱鹅微波杀菌的杀菌时间、机器功率等杀菌参数已基本确定。酱鹅的保质期较传统生产工艺大大延长。

（三）卤制鹅

1. 荣昌卤鹅

（1）工艺流程　荣昌卤鹅风味独特，融合了客家潮汕卤味和本地川渝卤味特点，经几百年演变而形成，既具有历史传承性又具有时代包容性，既有悠久历史又有时代风味特点，深受广大消费者喜爱。传统荣昌卤鹅生产工艺如下：

原料鹅→宰杀放血→烫毛→去绒毛→去内脏→卤制（老卤）→冷却（→真空包装→杀菌）→成品。

（2）卤汤的配制　荣昌卤鹅卤制过程和卤汤配料各有不同，造就了荣昌卤鹅不同的风味。一般情况下各个卤鹅生产作坊均有自己的老卤，这也是荣昌卤鹅特殊风味无法复制和模拟的重要原因之一。

卤的配方：按加工的原料肉质量计算，每制卤 100kg 鹅肉，其香料配方为（g）：白蔻 30、丁香 20、藿香 25、香叶 20、老蔻（捣碎）70、白芷 120、沙香 85、荜茇 65、草果 35、香果（捣碎）75、栀子 75、砂仁（捣碎）100、桂皮 90、小茴香 65、桂芝 30、八角 85、红蔻 45、千里香 55、花椒 50。

卤煮液制备：将 100kg 水盛入锅中，加入配方卤料（用双层纱布包好扎紧）、食盐 6～7.5kg、生姜 500g，加热煮沸 8～10min 后取出香料包（供下次再用），即为新卤，此盐卤具有浓郁香味，可卤制 2～2.5kg 的鹅坯体40～50 只。

（3）操作要点

原料鹅的选择：选择健壮无病，雄壮健美，外观干净整洁、80 日龄以上、体重 3.0kg 左右的四川白鹅。

卤制：将鹅坯体逐一放入卤汁锅内，以卤水能淹没鹅坯体为度，加盖旺火煮沸，除去浮沫，继续烧煮，待鹅坯基本烂熟，取出鹅坯沥干。卤水加盐和香料熬煮可重复使用，经反复循环使用亦成老卤。

现代生产工艺将上糖色的过程与卤制过程已经合在一起，不再单独刷糖色，这样既能减少工序又能减少产品的交叉污染，是一个更为合理的选择。卤制过程中将事先炒制好的糖色直接按比例加入到卤锅中，卤制结束后，产品表面颜色即表现出金黄色泽。

冷却：冷却过程是卤鹅生产过程中最易污染微生物的过程，冷却过程中接触到的工作人员的服装及手、盛放器具、运输工具、空气洁净度等因素均是影响冷却产品初始带菌量的重要因素。因此严控冷却过程中产品接触物的卫生质量，对减少产品的初始带菌量具有重要意义。

杀菌：传统生产工艺中，卤鹅的生产一般是前店后厂作坊式生产，因此很少使用杀菌工艺，产品一般是即产即卖。随着新技术和新工艺的不断应用，新型杀菌技术不断被食品工业所接受，微波杀菌因其具有杀菌效率高、效果好、对产品质量影响小、成本低等特点而在卤鹅生产中不断被推广使用。经过不断的研究和探索，卤鹅微波杀菌的杀菌时间、机器功率等杀菌参数已基本确定。卤鹅的保质期较传统生产工艺大大延长。

2. 盐水鹅

（1）工艺流程　活鹅→宰杀→烫毛→脱毛→割翅和脚蹼→翅下开膛取内脏→擦盐干腌→抠卤→复卤→整型→烫皮烘干→煮制→成品。

（2）操作要点

烫毛：选用 80 日龄前后的肥鹅，宰杀拔净毛后，切去鹅翅膀的第二关节

和脚蹼，从右翅下开膛，取出全部内脏，用清水把鹅体内残渣和血污洗净，再在冷水中浸泡 0.5～1h，然后在鹅的下颌处开一小口，将鹅胴体钩挂晾 12h。

擦盐：用鹅胴体重 1/16 的盐，按每 1kg 盐加入八角 30g 的比例加入锅中，用火炒干。先取 3/4 的盐放入鹅体腔内，反复转动鹅体腔，使腹腔内布满料盐，再将余下的盐在大腿下部用手向上抹几次，使肌肉与腿骨脱离的同时，有部分料盐能从脱离处进入肉内，然后把余下的盐撒在刀口处、鹅嘴及胸部肌肉上。

抠卤：将擦盐后的鹅坯逐只叠放入缸中，经过 2～4h 后，可用左手提起鹅翅，右手两指撑开肛门放出体腔内的血水，此工序称抠卤。第一次抠卤后再叠入缸内，4～5h 后，再进行第二次抠卤，使肌肉洁白美观。第二次抠卤后，即可出缸吊挂，鹅坯经整理后，用钩子钩住颈部，用开水浇烫，使肌肉和表皮绷紧，外形饱满，然后挂在风口处沥干水分。用中指粗细的竹管插入鹅的肛门，并在鹅肚内放少许生姜、葱、八角，然后放在烤炉内，用柴火烘烤，经 20～25min 待鹅坯体干燥即为成品。

烫皮：复卤出缸后用钩子钩住鹅颈部，用开水浇淋体表，使肌肉和表皮绷紧，外形饱满，挂在通风处沥干水分。

烘干：用 8～10cm 长的芦苇管或小竹管插入鹅坯肛门，从开口向体内放入少许的姜、葱、八角，把鹅坯挂入烤炉内，一般以芦柴、松枝等为燃料，燃烧后的余热烘烤 20～30min，使鹅坯周身起干壳即可。这样烘干后再煮熟的鹅皮脆而不韧。

煮制：在水中加入生姜、葱、八角，待水煮沸后停火，把鹅坯体放置于锅内，沸水很快从坯体翅下切口和肛门插管进入体腔内。由于鹅坯体腔内是冷的，沸水进入体腔后水温就降低了，因此，要把鹅腿提起，倒出体腔内的热水，然后再放入锅中，但是进入体腔内的水温仍比锅中的水温低，为使鹅体内外水温达到平衡，须在锅中加入总水量 1/16 的冷水，再盖上比锅略小一些的锅盖压住鹅坯体，停火焖 20min 左右，再加热烧至锅中出现连珠水泡时，停火。此时锅中水温约 85℃，这段操作称作第一次抽丝。第一次抽丝后，再把鹅坯体提起来，倒出腔内汤水盖上锅盖，停火焖 20min 左右，然后烧火加热进行第二次抽丝，再提鹅坯体倒汤，停火焖 5～10min，即可起锅，待冷却杀菌包装后即为成品。在煮制过程中一定要控制水不能开，维持在 85℃左右，卤汤可长期反复使用，越陈越好。

（四）熏鹅

1. 工艺流程　肥嫩仔鹅→宰杀放血→煺毛→开腔取内脏→制坯→腌制→熏制→蒸制→成品

2. 配方　每100只鹅坯用各种香料为（g）：肉桂20、丁香15、沙头20、山柰20、八角25、茴香15、甘松15、白蔻20、砂仁25、甘草25、陈皮15、干姜25、草果25、白胡椒15、花椒25。

香料盐的配制：将100只鹅坯用各种香料捣烂磨碎加精盐（炒制）9.2～11.2kg，混匀。

3. 操作要点

制坯：选择体重2.5～3.5kg的肥嫩仔鹅，宰杀，去毛，全净膛，洗净血污。自泄殖腔至胸颈部剖开，平摊，将头颈扭向胸腹面。

腌制：先将少许料盐塞入鹅口腔及切口处，再用料盐顺着鹅颈向下擦抹，胴体外部、腹部、切口及腹内壁应涂抹均匀。随后将鹅坯背面向下，腹面朝上逐一平整地置于缸内，盖上竹架并用石块压实，腌制2～3h（冬季天冷可延长至12h）。起缸后用竹片加撑，改善外观，挂在通风处晾干。

熏制：将晾干的鹅坯转入熏床上，摊平。下用青杠柴闷火燃烧熏烤，烤时烟势宜大，但忌用明火，以免烧焦鹅坯。熏烤时应勤观察，勤翻动鹅坯，使之各部熏烤一致。待鹅坯各部位熏烤呈深棕色时即可起架。

蒸制：将熏烤好的鹅坯用温热清水漂去烟尘，沥干水分叠放于蒸笼或蒸柜内，旺火急蒸30～35min，出笼吊挂，待冷却后用毛刷蘸取花椒油或香油，在每只鹅坯体表面均匀地涂上一层油，使鹅坯油润鲜亮即为成品。

（五）烧烤

1. 烧鹅

（1）工艺流程　活鹅→宰杀→烫毛→脱毛→割翅和脚蹼→翅下开膛取内脏→擦盐干腌→抠卤→复卤→整型→烫皮烘干→煮制→成品。

（2）配料　以50kg鹅为计算量，烧鹅所需的配料包括酱料、五香粉盐、麦芽糖汁。

酱料配制：取豆豉酱400g，碎蒜头50g，麻油50g，精盐、白糖少量，选拌成调味酱制，然后再添加白糖100g，50°白酒25mL，葱末100g，芝麻酱

50g，生油 100g，充分搅拌均匀。

五香粉盐的配制：1kg 精盐和 100g 五香粉混匀。

麦芽糖汁：麦芽糖 50g 加 250mL 凉开水，充分搅拌。

（3）操作要点

选料：选用 80 日龄前后的健康四川白鹅。

烫毛：宰杀煺毛，腹下开膛，取出全部内脏，切去双爪，在清水中浸泡 0.5h 后捞出沥干。胴体置入 0.1%～0.3%盐水中进行浸漂处理，浸漂时间 30～40min，浸漂时及时换水，以浸漂去除血污为准。

制鹅坯：先在晾干后的鹅膛内抹擦精盐，然后把精盐、茴香、桂皮、料酒以及鲜姜、葱放入鹅膛内，用细铁丝将腹部的刀口缝住。将鹅头朝下，夹起两翅吊挂在铁钩上，用 25 倍的清水稀释蜂蜜，将麦芽糖汁（蜂蜜水）均匀地涂抹在鹅体上。鹅坯进炉之前，还要灌汤和打色，即向体腔内灌入 70～100mL 的汤水，使其进炉时遇到高温即急剧汽化，这样“外烤内蒸”，就能达到外脆里嫩的目的。灌汤后再向鹅体表面淋浇 2～3 勺糖液，以弥补挂糖时的不均匀，俗称“打色”。至此，制坯工艺即告完。

烧制：将鹅坯吊在铁钩上，送进炭火烤炉中，炉温约 250℃，加盖焖 30min 左右，烤制过程中要旋转挂钩，使腹背都均匀受热，可用铁丝刺腿部或胸部肉厚部位，如无血水流出，即已烤熟。当闻到香味时可开盖出炉。

2. 烤鹅

（1）工艺流程　选料→宰前处理→宰杀→去毛→割四件→去内脏→配腌液→腌制→填料→烫皮→上色→烤制→包装→成品。

（2）腌液配制　向浸泡鹅坯后的血水中按鹅坯重量加入 14%～15%的盐，煮沸，除去血沫和沉淀后澄清。按 100 只鹅计，加入砂仁 20g、豆蔻 20g、丁香 15g、草果 40g、桂皮 150g、良姜 150g、陈皮 50g、八角 50g、姜 200g、葱 100g。除姜葱外，香辛料用纱布包好，入血水中同时熬煮约 10min 后冷却待用。

（3）操作要点

制鹅坯：将鹅宰杀、放血、脱毛后，从下腹部肛门前沿肚皮处开直口，取出内脏，注意不能弄破胆囊，不能把切口扯大。

浸漂鹅坯：开腹后将鹅坯入清水浸泡，时间约 20min。浸漂后，用特制铁钩吊挂鹅体，在自然通风条件下悬挂 15～20min，沥干水分。

腌制：当腌液冷却到室温时，将鹅坯逐只放入腌缸中，倒入腌液，压上适当重物，使鹅坯完全浸没。一般腌液量与鹅坯重量比为 1.5∶1，浸腌 45～50min，其间翻动鹅坯体 2～3 次，使其腌制均匀。然后取出鹅坯体，清洗体表，降低体表盐量。腌液经煮沸过滤，除去泡沫沉渣，加入适量盐与香辛料可重复使用。

填料：以每只鹅计，填料为五香料 2g、味精 1g、盐 2g、辣椒粉 10g、姜 15g、葱 20g、大蒜 20g，再加芝麻酱 5mL、酱油 5mL 拌匀，涂抹在鹅坯体腔壁上。

缝口：削 10cm 长竹签，绞缝腹部切口，注意不要绞入太多皮肤，以免腹部下凹，鹅坯体不饱满，影响美观，再用铁钩钩住鹅腋下，鹅头颈垂于其背部。

烫皮：用 100℃沸水淋烫鹅体 1～2 次，使其皮肤紧缩丰满，烫皮要均匀，重点是腋下和肩部，烫皮后立即上色。

上色：将饴糖与水按重量比 1∶5 的比例混溶，水温高于 60℃为宜。用毛刷蘸取上色液遍刷鹅坯体，自上而下涂抹均匀，刷 2～3 次，第 1 次干后，再刷第 2 次，进烤炉前刷最后 1 次。

烤制：烤炉以木炭为燃料，待炉温达到 230℃时，将鹅坯用铁钩钩住挂于烤炉内上方的铁环上，盖上炉盖，关门，插上温度计，调节大门，使炉温维持在 200～220℃。先烤腹部，15～20min 后，开门观察鹅坯体，待鹅坯体烤至呈现均匀一致的金黄色或枣红色时出炉。在烤熟的鹅坯体上抹一层花生油或麻油即为成品。

（六）糟鹅

1. 工艺流程　鹅→（切块整形→）清洗→$NaHCO_3$＋NaCl 溶液中浸泡→沥水→糟制→烘制→包装→杀菌→成品。

2. 浸泡液配制　0.5%$NaHCO_3$ 与 3%NaCl 混合均匀配制成浸泡液。

3. 操作要点

原料鹅选择：选用健康的 80 日龄左右的四川白鹅为原料。

原料处理：手工去除鹅的内脏、内膜、血块及一些脂肪，将整个鹅体清洗干净，然后将鹅腿、翅、胸等部分大块切下。

浸泡：将鹅块浸泡于（0.5%$NaHCO_3$＋3%NaCl）溶液中 1h。

糟制：将鹅块置入干净的不锈钢桶中，加入事先拌匀的糟制料（占肉重比例为：酒糟5%、食盐4%、白酒5%、白砂糖4%、味精2%、鸡精1%、香辛料0.2%、生姜粉0.5%、核苷酸二钠0.1%、水5%），搅拌使糟制料均匀地覆盖在鹅块的表面，盖上不锈钢桶盖，在5～10℃的温度下糟制3d。

烘制：将糟制好的鹅块取出，清洗表面后，摆在不锈钢盘上，放入烘箱中烘制，温度为60～65℃，烘至鹅块肉质稍硬时停止烘制，时间大约为6h左右。冷却后包装即为成品。

杀菌：采用高温反压杀菌，121℃/25min/0.20MPa。

（七）休闲鹅肉干

1. 五香鹅肉干

（1）工艺流程　原料鹅→分割→漂洗→腌制→卤煮→调味→烘烤→真空包装→杀菌→冷却→检验→打码→装箱。

（2）配方　每100kg鲜鹅肉需各种香料：丁香50g、草果200g、八角700g、山柰200g、茴香100g、甘草300g、桂皮150g、生姜3 000g、味精100g、白酒2 000g、白糖2 500g。

（3）操作要点

原料鹅的选择：选择3.5kg左右的健康四川白鹅。

分割：分割出鹅体的头（拔舌）、颈、翅（翅尖、翅中、翅根）、腿、掌以及肉，分割完毕，将皮与骨收集，另做他用。

腌制：以食盐、料酒、糖、乙基麦芽酚等为基料。在4℃条件下进行腌制。

腌制过程为：配料→拌料→入缸。

卤煮：将香辛料、姜、葱、等按比例投入夹层锅中，先加大蒸汽量煮开卤汁，然后将需卤煮的原料鹅投入锅中，关小蒸汽阀，加入红曲米粉小火煮制30～50min。

调味：在调味机中加入适量油，拌入各种调料，油温140℃时加入卤煮好的原料，搅拌拌匀5min。工艺为：加热油→放入调味料→搅拌。

烘干：将调味完毕的半成品均匀地摊放在烘烤盘上，控制温度在80℃，烘烤60～90min。根据原料确定不同的烘烤时间。

包装：真空包装、封口。在包装过程中，袋口应避免沾上油污和水，防止杀菌时由于封口不紧造成的涨袋。包装后整理产品形状，尽量压平。

杀菌：杀菌温度控制在121℃，杀菌时间15min。

2. 麻辣鹅肉干

（1）工艺流程　原料鹅→剔胸腿肉→切块→煮制→切条→烹制→油酥→拌三粉→成品。

（2）配方　每100kg鲜肉用辅料为混合香料200g、生姜500g、食盐3 500g、酱油4 000g、白糖2 000g、白酒500g、味精100g、胡椒粉200g、花椒粉800g、辣椒粉1 500g、菜油5 000g、麻油适量。

（3）操作要点

选料和分割：与五香肉干同。

制卤：在铁锅中加清水30kg，将混合香料用双层纱布包扎好，与食盐、酱油、生姜一并放入锅中，旺火加热煎熬1h，把香料袋捞出（供下次用）。

烹制：将肉条坯置于卤锅中，再加入白酒、白糖、味精，旺火煮0.5h后，再用小火继续煎熬至汤汁浓缩，按配方分别加入2/3的胡椒粉、花椒粉、辣椒粉，继续煎至汤汁基本收干，起锅。

油酥：用洁净铁锅加入菜油，加热脱水，待油微冒清烟时将肉条坯置于油中炸酥，边炸边搅动，使肉条炸均匀。油温应控制在135～150℃以内，油温过高易使肉条炸焦，产生煳味，油温过低又难于脱水起酥。待炸酥后，捞出肉干，沥去余油。

拌三椒粉：将酥肉干与剩余1/3的胡椒粉、花椒粉、辣椒粉及适量麻油掺和拌匀，即为成品。

包装：将成品麻辣肉干用塑料袋或陶瓷器分装，密封，贮存于通风、阴凉处，可保存2个月。

（八）其他

1. 鹅肉松

（1）工艺流程　活鹅→宰杀处理→切条块→煮制→撇油收膏→烘炒→擦松→拣松→成品→包装→卫生检验→出厂。

（2）操作要点

原料选择：选用健康符合卫生指标的鹅，宰杀后剔去骨头、皮肤、皮下脂肪和结缔组织等，剔下成块的鹅肉，然后顺着肌纤维将鹅肉切成4～5cm的短条肉块，洗净瘀血和污物。

煮制：将肉块置于锅内，加入等量水和占肉重0.4%的姜、葱，0.15%的八角、玉桂等香辛料（用纱布包好），用大火煮沸。原料肉块下锅后要勤于翻动，使每块肉均匀收缩，盖上锅盖。煮沸后，用勺撇去气泡、油污、杂质，加入适量白酒，经20min，火力需逐步减小，约0.5h后将火焖上，用文火烧煮，大约焖2h，待肉块肌肉发酥即可。

撇油收膏：将肉块捞出置于瓷盘上，拣去筋膜、碎骨、结缔组织以及姜、葱、香辛料等物。再将肉块放入锅中，加入适量的清水和汤汁，加大火力煮沸后，减小火力，撇去浮油，加入按鲜瘦肉重量7%～8%的白酱油、1%精盐、0.5%的60°曲酒，继续煮沸撇油。待浮油基本撇净时，最后加入鲜瘦肉重量8%～10%的白糖进行收膏，另加0.4%左右的味精。在收膏时，火力不宜太大，要勤翻动，掌握火候，防止结锅巴，直至汤汁被肉完全吸入为止。

烘炒、擦松：人工炒松用小火，边翻边压，勤翻快炒，防止黑焦、黄斑等。机械炒松应根据各类炒松机的特点，灵活掌握火力。炒松后，肉松水分不超过20%。炒松后的肉松，应立即用擦松机擦松，直到肉松纤维疏松呈金黄色絮状为止。

拣松、包装：肉松应置于无菌间冷却，待晾透后采样测定，符合质量要求者进行包装。拣松是拣出肉松中的残留筋膜、碎骨、焦巴等，最后用筛子筛出碎松。

要及时进行严密包装，用无毒塑料袋或铁皮罐包装，严密封口，最好抽真空充氮。

质检、卫检：每批肉松均要抽样检验，颜色应呈金黄色或淡黄色并带有光泽，纤维疏松呈絮状，无异味，水分含量应小于20%，脂肪含量小于7%，细菌总数每克应少于3万个，大肠杆菌每100g近似值少于40个，不得检出致病菌。

2. 鹅肉肠

（1）工艺流程　选料→腌制→绞肉→斩拌→灌汤→熏制→热加工→冷却→成品。

（2）配方　鹅肉肠配料比例如下：鹅肉50kg、大豆分离蛋白2kg、瘦猪肉10～20kg、淀粉10kg、猪肥肉30～40kg、冰水30～50kg。

腌制剂以每千克肉比例计算：精盐28g、亚硝酸钠0.08g、磷酸盐2g、异抗坏血酸钠 0.03g、香辛料 13g。

(3) 操作要点

选肉：选用鹅胴体全肉或加工鹅火腿剩余碎肉，除去异物。

腌制：将肥肉、瘦肉分别进行腌制，肥肉只加盐，瘦肉加腌制剂拌匀。再把肥肉、瘦肉一起放在 5℃左右的条件下腌制 24～36h。

绞肉：用转速为 2 800～3 000r/min 的斩拌机，在低于 15℃的条件下斩拌 3～5min 钟后加入香辛料，最后加淀粉。斩拌时要边斩拌边加冰水。

灌肠：选用猪肠衣或人造肠衣灌制。

干燥：在 60℃温度下使肠皮干燥，肉色发红为止，约需 30min。

烟熏：在 65～70℃下熏 20～30min。

煮制：蒸煮温度为 80℃，待中心温度达到 75℃即可。

冷却：用冷水喷淋后，置于冰箱内冷却即为成品。

3. 鹅肉脯

(1) 工艺流程　选料与处理→斩拌→摊盘→烘干→烘烤→压平→切块→包装→成品→卫生检验→出厂。

(2) 配方　按加工的原料肉质量计算，准确称取各种辅料，其配方为：白糖 13%～15%、味精 0.5%、鱼露 8%、亚硝酸盐 0.025%、鸡蛋 3%、白胡椒 0.2%。

(3) 操作要点

选择原料：选用健康鹅的胸部和腿部肌肉，原料经拆骨，去皮、皮下脂肪、筋膜，洗去油污，切成小块备用。

斩拌、摊盘：在原料肉中加入各种配料和适量的水，放入快速斩拌机中，边斩边拌，使辅料拌和均匀，斩拌后静置 20min，待调味浸入肉中，再进行摊盘。摊盘时厚薄要均匀一致，以 0.15cm 左右为宜。

烘干：将摊放肉泥的盘架放进 65～70℃的烘房中烘制 4～5h，待肉泥烘干成坯后从盘架上落下，自然冷却即成半成品，其含水量为 18%～20%。

烘烤：将半成品置入远红外线高温烘烤炉中，在 170～300℃温度下烘烤，使半成品经预热→收缩→出油，使肉片呈棕黄色或棕红色。再用压平机压平，按规格要求切成 8cm×12cm 的方块，每 1kg 肉 50～60 片。

成品包装：将切好的肉脯放入无菌室内冷却。冷却后，立即装入无毒塑料袋，进行真空封口，外加硬纸盒，盒外用玻璃纸包裹。摆放整齐，外用打包塑料带扎紧，箱外注明商标、生产日期等字样。

卫生检验：每批成品经过抽样检验后，符合国家食品卫生标准的产品方能出厂销售。

肉脯的主要质量卫生指标（某企业标准）：含水量不超过13.5%，蛋白质不低于30%，脂肪不高于13%，亚硝酸盐残留量不得超过30mg/kg。细菌总数每克不超过3万个，大肠杆菌每100g中近似值不超过40个，不得检出致病菌。

保存：在夏季一般储存在0℃的低温库中，储存期为4～6个月。常温下运输，切忌曝晒和靠近热源，以免产品受热变质。

二、鹅加工副产物类产品的加工

（一）鹅绒裘皮的加工

1. 鹅绒裘皮的特点　鹅绒裘皮是将鹅的绒羽皮经化学和物理方法处理鞣制而成。其特点是皮板细薄，质地柔软，绒毛蓬松，雪白轻盈，手感好，既防潮又防寒，抗拉性能好。用其制作的各种裘皮服饰高雅华贵、美观大方，且舒适保暖，备受人们喜爱。

2. 原料鹅的选择　要选择全身羽毛纯白、丰满、有光泽，羽绒生长致密、分布均匀，皮板结实，体型大，营养良好的二年以上的成年鹅。

产蛋期的鹅和血管鹅不能用。

冬季是杀鹅剥皮的好季节，最适宜的时期是立冬后到立春前。

3. 鹅绒皮的剥取

（1）屠宰剥皮前的准备　宰鹅前要准备好各种用具，包括屠杀刀、剥皮刀、剪子、刷子各一把，毛巾一条，小圆钉和锯木屑若干，白酒等。

（2）屠杀方法　将鹅倒挂，用手拉开下嘴壳，右手将尖刀伸入鹅口腔内至颈部第二椎骨处，将颈静脉割断，使血沿口腔流出，待血流尽后，再将鹅头朝上吊挂，进行拔毛。

（3）拔取毛片　鹅屠杀后，要趁热拔片毛，其顺序是先拔翼部、尾部的羽毛，再拔颈部、胸部和腹部的羽毛，最后拔臀部、腿部的羽毛。拔毛要与毛根相反的方向逆向拔，拔毛动作要轻、快，防止鹅体冷凉，不易剥皮。拔毛时注意不要折断羽柱，不要损伤皮肤。

此外，也可在宰前拔毛片，即宰前每只鹅灌白酒25mL，令鹅醉昏后，将其倒挂，拔取毛片。拔毛时要注意不要将绒羽带出，也要防止拔破皮肤，待拔净毛片只剩绒毛时，再宰杀剥皮。

（4）剥皮程序　将宰杀拔净毛片的鹅，以鹅头朝上挂牢，用刀自头顶肉瘤与毛皮分界线沿线切开，然后再从头顶沿颈部、背部中心线直至尾尖用刀切开一条缝，再以左手拉紧皮肤，右手持刀剥离。剥皮顺序是先头颈、背部，再腋下及尾部。剥至翅膀根、腿根时，需从翅膀后侧及大腿后侧与胴体呈直角切开，剥至肘部和飞节时用刀切一圆圈，从而剥下四肢上部的毛皮，留下小腿连蹼及翅梢。剥取背部毛皮时，因背部皮下脂肪少，皮与肌肉粘连难以剥离，要特别小心剥取，不要扯坏皮张。背部剥完后再剥胸前的皮，因胸腹部皮下脂肪较多，剥离时以左手拉紧皮肤，右手连剥带推将皮剥离。剥至肛门处，要将尾前至肛门部分切开，再用刀切割一圈，剥离肛门周围皮肤，此时即可扯下全部皮张。

剥取的皮张可利用面积要大，生鹅皮板长度要达到80cm以上，皮板前身宽40cm以上，皮板后身宽50cm以上。

注意事项：剥取鹅皮时，要保持皮形完整，凡是有用的皮块均应剥下，包括头盖皮、颈部皮，这些皮均有绒，而且很结实。在剥皮过程中，要注意防止皮张受刀伤，否则，会降低其利用率，影响皮张质量。

（5）刮脂剔油　生鹅皮剥下之后，应立即剔脂刮油。有刮油机，则用机器剔脂刮油；无刮油机就用手工处理。刮油剔脂时，要由尾向头刮，用力要均匀，边刮边用毛巾、锯木屑等揉搓皮板，以防油污。

（6）干燥　生鹅皮经除去油脂处理后，如不立即鞣制，需立即进行干燥处理。否则，会因细菌、寄生虫和酶的作用，引起皮张蛋白质分解，导致腐烂变质。生鹅皮干燥处理有盐干法和自然干燥法两种。

①盐干法：盐干法又可分撒盐法和盐浸法两种。撒盐法是在皮板上，撒上细盐面，每张生皮按重量20%～30%用盐，盐面要均匀地撒抹在皮板面。撒盐后，将皮板与皮板相合，堆置2周后，抖去盐料，再晾干。盐浸法是以25%的浓盐水浸泡24h后捞出，再以撒盐法处理。生鹅皮处理后，要贴在平板上，以毛面贴板，皮板朝外，绷紧，用小圆钉沿皮边外缘钉牢。注意钉孔要紧贴皮边缘，否则视为伤痕。

②自然干燥：将生鹅皮剥下后，直接钉在板上，自然干燥即可。此法只宜冬季采用。生鹅皮的脂肪熔点很低，在日光直射下，温度达到20～30℃时即

熔化。因此，一定要将皮张挂在阴凉通风处晾干，切忌在阳光下曝晒。生鹅皮无论采用何种方法干燥，其晾皮温度均应在 10～20℃之间，空气相对湿度以 60%～70%为宜。

(7) 贮藏　生鹅皮阴干后，皮张的含水量约在 10%～20%之间，要将其置于阴凉通风处贮藏，切勿使其返潮，也不可折叠，要将皮张摊平后分类堆放，每堆 20～30 张，并撒布防虫剂。还应随时检查，防止发霉腐败、虫蛀和鼠害等。

4. 鹅绒皮的加工技术　鹅皮比兽皮薄且含脂量高，须经特殊加工鞣制，才能制成绒裘皮。其工艺流程如下：分路净毛→浸泡→洗皮→脱脂→酶软化→浸酸→中和→鞣制→干燥定型→加脂→铲软去污→整理入库。

(1) 准备

分路净毛：按皮板厚度、含脂量、干湿程度将皮板分类，把品质相似或相近的皮板选到一块，并抖净皮张上的浮毛和杂质。

浸泡：将食盐、乳酸、渗透剂配成溶液，再与水按 1∶5 的比例配成水溶液，置于浸泡皮张的大缸中，水温 32～34℃。每张绒皮均要浸泡在溶液中，浸泡 8～12h，新鲜绒皮浸泡 4～6h。其间每间隔 30min 搅动 10min，加快溶液吸收和皮张软化。浸泡好的绒皮要将溶液甩出，操作时要注意防止皮张破裂。

洗皮：将食盐和中性洗涤剂配成溶液置于缸中，浓度为 20%，水温 32℃左右。再把浸泡后甩去浸泡液的皮张放入缸中，水洗 1～2h。在洗皮过程中，每隔 15min 要均匀搅动 2～3min。洗好后将皮沥干水，自然晾至七、八成干为度。

脱脂：脱脂有脱脂机脱脂和转笼脱脂两种方法。用脱脂机就用三氯乙烯在脱脂机中干洗脱脂。将三氯乙烯和皮张放入脱脂机内，温度严格控制在 35℃以下，洗涤 3～5min，烘至七成干。用转笼脱脂，每张皮用新鲜锯末 500g，加入适量三氯乙烯，放入转笼内，滚转 2～3h，后将锯末倒出，再转皮张，将锯末除净。要求脱脂要净，一次不净可再次脱脂。

(2) 鞣制

酶软化：鹅皮纤维比兽皮纤维细小，较容易松散，其酶的用量不宜过大，时间也应缩短。

条件：料液比 8∶1，酸性蛋白酶 200IU/L，食盐 40g/L，芒硝 40g/L，硫酸 1g/L，JFC（脂肪醇聚氧乙烯醚）0.5g/L，pH 2.8，温度 35℃。

操作：准备工作液，投皮，不断搅拌，待腹毛略松动时终止，出皮脱水。

浸酸：目的是终止酶的作用，为鞣制提供适当的酸碱度，使纤维进一步松散，使皮板软化。条件：液比 8，食盐 40g/L，芒硝 40g/L，硫酸 2g/L，醋酸 2g/L，脂肪醇聚氧乙烯醚 0.5g/L，温度 30℃，时间 20～24h。

操作：准备工作液，投皮、每隔 1h 搅动 15min，待皮松软后出皮，脱水静置 12h。

中和：用偏碱的水溶液将皮张的酸中和。用食盐、碱面等配制 pH 7.5～8.5 的水溶液，温度为 34℃，浸泡 12～16h。出缸前要测定缸中 pH，如 pH 低于 7.5，补加碱面，调到 pH 为 8，再浸泡 4h 后出缸，出缸后脱水。

鞣制：目的是使鹅绒皮胶原结构牢固、稳定，提高皮板的牢固度、热稳定性和气孔率，使皮板柔软、不变质、不变性。甲醛鞣条件：液比 10，食盐 40g/L，芒硝 40g/L，JFC 0.5g/L，甲醛 5g/L，pH8.5，用适量纯碱调节，温度 30～35℃，时间 36～38h。操作：配制溶液，投皮，搅动 30min，以后每隔 1h 搅动 15min。出皮静置 6h，脱水。

（3）整理

干燥定型：目的是除去多余的水分，使鞣制剂与皮进一步结合，将鞣制好的皮张伸开定型。其作法是将鞣制好的皮张钉在特制的木框架上，使皮板伸展铺平，使其自然干燥至七、八成干即可，要防止日光曝晒。人工干燥一般以温度 30～35℃、空气相对湿度 40%～65%为宜。

加脂：是在皮板上刷阳离子加脂剂，使皮张软化、富有弹性、具有芳香味的工艺过程。要求加脂适量、均匀，严防污染毛绒。加脂剂的配制要求为：水∶加脂剂 10∶2、平平加（乳化剂）2g/L、氨水 2g/L、温度 40℃；操作方法为，用毛刷在皮板上均匀涂刷 1 次，静置 2h。

滚转：目的是进一步软化和洗净皮板及羽绒。硬杂木锯末 10kg/100 张皮，汽油 2kg/100 张皮。在转鼓内滚转 2h，转笼 1h。

磨里：用磨皮机或粗砂布去皮下结缔组织及肌肉等，可使皮板更柔软、洁净。

整理入库：对加工皮张逐个检查质量，并按皮张大小、质量好次分级，验收入库。

（二）鹅羽毛粉

鹅羽毛粉的生产是将鹅屠宰后的干净未变质的羽毛，经过高温、高压蒸煮水解处理加工成的产品，其中不含添加剂或促生长剂，粗蛋白质的含量不低于

75%。因生产能力、生产规模的不同，生产工艺差异较大，按照生产工艺的不同，鹅羽毛粉的加工方法可分为高温高压水解法、酸碱处理法、膨化法、酶水解法等几种。

1. 高温高压水解法

（1）工艺流程　羽毛→清洗→除杂→灌装→加温→加压→水解→（真空）干燥→包装→称重→成品。

（2）注意事项　蒸汽压力至少在0.135MPa以上，否则羽毛水解程度会非常低，通常用选0.20MPa以上蒸汽压力。关键是掌握好时间、温度、压力三者之间的关系。

2. 酸碱处理法

（1）工艺流程　羽毛→浸泡水洗→酸（碱）水解→碱（酸）中和→干燥→粉碎→成品。

（2）注意事项　首先让羽毛漂洗去杂，装入容器内，加入一定量的水和酸或碱（酸2%或碱0.2%），在一定压力下水解15～20min，然后用碱或者酸对水解羽毛蛋白液进行中和，至pH6～7，最后减压、干燥、粉碎即得羽毛粉。

3. 膨化法　一种连续加工方法，原理是利用高压、高剪切力和高温将羽毛或者是混合组分加工成具有多孔结构的产品。典型的加工条件为压力35MPa以上，温度100～160℃之间，时间20～30s。经此膨化后的羽毛粉水分含量35%左右。最终将其水分含量干燥至10%以下即为成品。

4. 酶水解法　用0.1%的中性蛋白酶水解4h，可裂解二硫键，使不可消化的角蛋白变为可消化的羽毛蛋白。蛋白酶使用时要严格控制水解液的温度和pH。

（三）鹅血系列产品

鹅血中富含免疫球蛋白、抗癌因子等活性物质，可以增加白细胞数量，增强与提高机体的免疫能力。除此之外，鹅血还有解毒、消热，降血压、降血脂、降胆固醇，促进淋巴细胞的吞噬功能和养颜美容等功效。随着认识水平的加深，人们对鹅血类产品的关注程度也不断提高。

几款鹅血产品的生产工艺流程简单介绍如下：

鹅血粉：鹅血→采集→抗凝→过滤→调整浓度→喷雾干燥→成品。

鹅血片：鹅血粉→辅料混合→压片→干燥→包装→成品。

鹅去氧胆酸：鹅→屠宰→取胆囊→取胆汁→加入固体氢氧化钠→搅拌→溶解→加热 24h→冷却→搅拌→加入胆汁总重量 12%的氯化钙→析出沉淀→总胆酸钙→用水反复溶解→弃去不溶物→水溶液→加 6mol/L 的盐酸→调 pH 至 3→析出去氧胆酸沉淀→过滤→沉淀→水洗至中性→取样胆酸粗品→80℃真空干燥→用 10 倍量的乙酸乙酯回流溶解→加入 10%的活性炭脱色→过滤→浓缩→鹅去氧胆酸纯品。

第十一章 优质牧草的种植与利用

种草养鹅最常用的栽培牧草是禾本科和豆科牧草，其次是菊科牧草、叶菜类和青饲作物等。它们的共同特点是鲜样水分含量高；蛋白质含量较高，品质较优；幼嫩牧草粗纤维含量较少，木质素低，无氮浸出物较高；维生素含量丰富，钙磷比例适宜；柔软多汁，适口性好；还含有各种酶、激素和有机酸，易于消化。因此栽培牧草是一种营养相对平衡的饲料，是四川白鹅蛋白质和维生素的良好来源，其干物质能量价值相当于中等的能量饲料。在休产期，优质牧草与由它调制的干草可以单独作为四川白鹅的饲粮。

第一节　常用牧草的饲用价值及栽培技术

一、禾本科牧草

（一）黑麦草

黑麦草属有20多种，其中最有饲用价值的是多年生黑麦草和一年生黑麦草，我国南北方都有种植。

1. 饲用价值　黑麦草生长快、分蘖多，一年可多次刈割，产量高，茎叶柔嫩光滑，适口性好，以开花前期的营养价值最高，可青饲、放牧或调制干草。新鲜黑麦草干物质含量约17%、粗蛋白质含量2.0%。

2. 生物学特性　黑麦草喜温暖湿润气候，在昼夜温度12～27℃时生长迅速，超过35℃生长不良。黑麦草不耐严寒，不耐高温，在北方寒冷地区难以越冬，在南方炎热地区难以越夏。适宜于海拔800～2 500m温带湿润、年降雨量800～1 500mm 地区种植。

3. 栽培要点　以壤土或黏壤土为宜，最适的土壤 pH 为 6～7，在 pH5～8 的土壤中仍生长良好。翻耕深度需 20cm，精细整地，确保出苗整齐。海拔 400～800m 的低山区可秋播（9 月中旬至 10 月上旬），海拔 1 000m 以上者可春播（3 月上、中旬）。一般每亩[①]播种量为 1.0～1.5kg，以条播为宜，行距 30cm，覆土深度 1.5～2.0cm。

每亩施农家肥 1 500kg 作为底肥，追肥以尿素为宜，每亩约 10kg，分别在三叶期、分蘖期和拔节期各施 4.0kg、4.5kg 和 1.5kg。每次刈割应亩施尿素 4～5kg。

黑麦草是需水较多的牧草，在分蘖、拔节、抽穗及刈割后进行灌溉，可显著提高产量。同时尚需及时除杂草。

（二）扁穗牛鞭草

扁穗牛鞭草别名牛仔草、铁马鞭，为禾本科牛鞭草属多年生草本植物。

1. 饲用价值　扁穗牛鞭草植株高大，叶量丰富，适口性好，青绿期长，全年可刈割 5～6 次，每亩年产鲜草 6～10t。在株丛高度 50～60cm 时刈割，干物质含量约 15%，干物质中粗蛋白质 14.6%、粗纤维 25.6%、无氮浸出物 39.7%、钙 0.57%、磷 0.36%。扁穗牛鞭草一般以青饲为佳，青饲有清香甜味，各种动物都喜食。调制干草不易掉叶，但脱水慢、晾晒时间长，遇雨易腐烂。青贮效果好，利用率高。

2. 生物学特性　扁穗牛鞭草喜温暖湿润气候，在亚热带冬季也能保持青绿，冬季生长缓慢，夏季生长快，7 月日生长量可达 3.6cm；再生性好，喜炎热、耐低温、耐水淹，对土壤要求不严格，以 pH 为 6 生长最好，在 pH 为 4～8 时也能存活；结实率低，种子小，不易收获，生产上广泛采用无性繁殖。该草适宜在年平均气温 16.5℃地区生长，气温低时要影响产量。扁穗牛鞭草根系分泌的酚类化合物对豆科牧草的生长具有抑制作用，它不宜与豆科牧草混合种植。

3. 栽培要点　最好选择灌溉方便、土层深厚、疏松肥沃的土壤种植。在亚热带用种苗扦插方法进行无性繁殖，全年均可进行，春季成活率 82%、夏季 87%、秋季 97%、冬季 61%，株行距 5cm×30cm 为好。扦插后，施一次人粪尿，

---

① 亩为非法定计量单位，1 亩＝667m²。——编者注

缓苗快，产量高，以后每刈割一次施人粪尿或氮肥作追肥，以促进牧草生长。

（三）杂交狼尾草

杂交狼尾草为美洲狼尾草和象草的杂交种，系多年生草本，植株高大，须根发达，秆圆柱形，直立，分蘖性强。

1. 饲用价值 杂交狼尾草基本上综合了象草高产和美洲狼尾草适应性好的优点。作鱼、兔、鹅、猪的青饲料，年内可刈割 8～10 次，一般每公顷产鲜草 120～150t。除了青刈外，也可晒制干草或调制青贮料。供草期在 6—10 月，对缓和长江中下游地区夏季高温缺青的矛盾具有一定作用。杂交狼尾草营养价值较高，其营养成分含量见表 11-1。

表 11-1 杂交狼尾草的营养成分（%）

生育期	水分	占干物质				
		粗蛋白质	粗脂肪	粗纤维	无氮浸出物	粗灰分
拔节	84.80	9.95	3.47	32.90	43.46	10.22

2. 生物学特性 杂交狼尾草的亲本原产于热带、亚热带地区，温暖湿润的气候最适宜它的生长，日平均气温达到 15℃以上时开始生长，25～30℃时生长最快。杂交狼尾草耐低温能力差，气温低于 10℃时生长明显受到抑制，而气温低于 0℃的时间稍长则会被冻死；抗旱力强，同时又耐湿；对土壤要求不严，砂土、黏土、微酸性土壤和轻度盐碱土均可种植，但以土层深厚的黏质壤土最为适宜。

3. 栽培要点 杂交狼尾草主要通过根、茎无性繁殖，采用分根繁殖或保茎越冬繁殖。栽培要选择土层深厚，疏松肥沃的土地，一般每公顷施 22.5～30t 有机肥作基肥。在长江以南地区，当平均气温达到 15℃左右时，即可将保种的根、茎进行移栽或扦插。种植时要选择生长 100d 以上的茎作种茎，繁殖时将带节的茎一节切成一段，将有节的部分插入土中 1～2cm，密度为 20cm×60cm；也可分根移栽，这种方法成活率最高，一般密度为 45cm×60cm，有时 2～3 个苗连在一起，移栽密度可以稀一些。

杂交狼尾草虽然耐旱，但充足的肥水是高产的保证。全年每公顷需施用无机氮肥 225～300kg，每次刈割后都要及时追肥、中耕，每公顷每次施 225kg 硫酸铵。一般株高 120cm 左右时刈割作牛、羊等大家畜饲料，作家禽、鱼和小家畜饲料时在株高 90cm 左右刈割，留茬高度 15～20cm。

（四）墨西哥玉米

墨西哥玉米又名墨西哥假蜀黍、假玉米，系禾本科类蜀黍属一年生草本植物。原产于墨西哥，我国引种后，长江以南地区均有种植，华北地区也有种植。

1. 饲用价值　墨西哥玉米质地脆嫩、多汁、甘甜，适口性好，青饲、青贮、干草为兔、鹅所喜食，也是淡水鱼类的优良青饲料。再生性强，每年可刈割 4～5 次，亩产鲜草 7.5～10t。其营养成分见表 11-2。

表 11-2　墨西哥玉米的营养成分（%）

采样地点	分析部位	生育期	水分	占干物质						
				粗蛋白质	粗脂肪	粗纤维	无氮浸出物	粗灰分	钙	磷
广西南宁	茎叶	分蘖期	14.8	9.83	1.89	27.09	37.20	9.19	0.36	0.47

2. 生物学特性　墨西哥玉米生长旺盛，生长期长，分蘖期占全生长期的 60%。在南方，3 月上中旬播种，9—10 月开花，11 月种子成熟，全生育期 245d。在北方种植，营养生长较好，往往不能结实。墨西哥玉米种子由于外面有硬壳保护，影响种子吸水。因此，播种时要求土壤水分较好。播种要求温度为 18～25℃，10d 即可出苗。墨西哥玉米分蘖能力强，一般单株分蘖可达 15～30 株，有的可达 55 株以上；一般 45～50d 开始分蘖，分蘖期 140d；分蘖的植株开花晚，成熟比主茎晚 15d 左右。

墨西哥玉米适宜生长在海拔 500m 左右的平地，土壤 pH6.5～7.5。墨西哥玉米喜温暖、潮湿的气候条件，最适生长气温 24～27℃，耐高温，38℃高温生长旺盛，不耐渍涝和霜冻。

3. 栽培要点　选择平坦、肥沃、排灌方便的地块，施足基肥，条播或穴播，行距 30～40cm，株距 30cm，每亩用种量 0.5kg 左右，出苗至 5 片叶时生长开始加快，应追施氮肥 5～10kg/亩，并结合中耕培土。

青饲用，可在苗高 1m 左右刈割，每次刈割后均施氮肥；青贮用，可先刈割 1～2 次青饲后，当再生草长到 2m 左右高孕穗时再刈割；做种子用，也可刈割 2～3 次后，待其植株结实，每亩收种子 50kg 左右。

（五）鸭茅

鸭茅又名鸡脚草或果园草，系禾本科鸭茅属多年生草本植物。鸭茅原产于

欧洲西部，我国湖北、湖南、四川、江苏等省有较大面积栽培。鸭茅为世界上著名的栽培牧草，已成为美国大面积栽培的一种重要牧草，我国各地栽培表现良好。

1. 饲用价值　鸭茅草质柔嫩，叶量多，营养丰富，适口性好，是各类草食动物的优良牧草，喂鹅需幼嫩期刈割。鸭茅适宜青饲、青贮或调制干草，也适宜放牧。其营养成分含量见表 11-3。

表 11-3　鸭茅的营养成分（占干物质%）

生育期	粗蛋白质	粗脂肪	粗纤维	无氮浸出物	粗灰分
抽穗期	12.7	4.7	29.5	45.1	8.0

2. 生物学特性　鸭茅根系多、丛生；耐寒性中等，适宜寒冷气候生长，早春晚秋生长良好，昼温 20℃、夜温 12℃最适生长；耐热性差，能耐寒耐阴，也能在排水较差的土壤中生长，以湿润肥沃的黏土或沙土为佳；能耐瘠耐酸，对氮肥极为敏感。

在几种主要的禾本科牧草中，鸭茅苗期生长缓慢。在重庆地区秋播，越冬时植株小而分蘖少，次年 4—5 月迅速生长并开始抽穗，抽穗前叶多而长，草丛展开，形成软草层，5—6 月开花结实。在重庆干旱、中低海拔地区越夏困难。

3. 栽培要点　鸭茅苗期生长缓慢，分蘖迟，植株细弱，与杂草竞争能力差，早期中耕除草又容易伤害幼苗，因此整地需精细，以利出苗。重庆地区秋播应不迟于 9 月中下旬，每亩播种量约 1kg。密行条播较好，覆土宜浅。鸭茅可与苜蓿、红三叶、白三叶、黑麦草等混播。加强田间管理，每亩施氮肥 38kg。鸭茅应在抽穗前刈割，不应延迟，否则会影响再生草的产量。其种子在 6 月中旬成熟，在花梗变黄、种子易于脱落时可收获。

二、豆科牧草

（一）紫花苜蓿

紫花苜蓿别名紫苜蓿、苜蓿，为我国最古老、最重要的栽培牧草之一，广泛分布于西北、华北、东北地区，江淮流域也有种植，其特点是产量高、品质好、适应性强，是最经济的栽培牧草，被冠以“牧草之王”称号。

1. 饲用价值　紫花苜蓿的营养价值很高，在初花期刈割的干物质中粗蛋白质为 20%～22%、钙 3.0%，而且必需氨基酸组成较合理，赖氨酸高达 1.34%。此外，还含有丰富的维生素和微量元素，如胡萝卜素含量可达 161.7mg/kg。紫花苜蓿中含有各种色素，对家畜的生长发育及乳汁、家禽的卵黄颜色均有好处。紫花苜蓿的营养价值与刈割时期关系很大，幼嫩时含水多，粗纤维少。刈割过迟，茎的密度增加而叶的密度下降，饲用价值降低（表 11-4）。喂鹅宜花前期刈割，切碎饲喂效果较好。

表 11-4　不同生长阶段苜蓿营养成分的变化（占干物质%）

生长阶段	粗蛋白质	粗脂肪	粗纤维	无氮浸出物	粗灰分
营养生长	26.1	4.5	17.2	42.2	10.0
花前期	22.1	3.5	23.6	41.2	9.6
初花期	20.5	3.1	25.8	41.3	9.3
1/2 盛花期	18.2	3.6	28.5	41.5	8.2
花后期	12.3	2.4	40.6	37.2	7.5

2. 生物学特性　紫花苜蓿为豆科多年生草本植物，一般寿命 5～7 年，根系发达，主根粗壮，根系深，抗旱性很强，在年降雨量 250～800mm、无霜期 100d 以上的地方均可种植。紫花苜蓿喜欢温暖半干旱气候，日平均气温 15～20℃，最适合生长；喜中性或微碱性土壤，pH6～8 为宜。苜蓿抗寒力强，可耐－20℃的低温。夏季高温不利于苜蓿生长。地下水位高，排水不良，或年降雨量超过 1 000mm 的地区不宜种植。

3. 栽培要点　苜蓿种子小，播种前需精细整地。在未种过苜蓿的土壤上种植，通过接种苜蓿根瘤菌有良好的增产效果，施用厩肥和磷肥做底肥有利于根瘤形成。紫花苜蓿四季都可播种，但以春秋两季为最佳。条播每亩播种量 0.8～1.5kg，行距 25～35cm，播深 1～2cm；撒播每亩播种量 1.5～2.0kg。紫花苜蓿苗期易被杂草侵害，应注意及时除去杂草。在干旱季节，早春和每次刈割后浇水，对提高苜蓿产草量非常重要，越冬前灌冬水有助于越冬。紫花苜蓿刈割留茬 5cm 为佳。

（二）白三叶

白三叶为多年生豆科草本植物，广泛分布于世界温带地区，是改良我国南

方草山最重要的优良豆科牧草。

1. 饲用价值　白三叶茎叶柔嫩，适口性极好，各种畜禽均喜食，耐牧性强，年刈割 3～5 次，每亩产鲜草 2.5～5t。干物质消化率 75%～80%。白三叶还可作为水土保持和绿化植物。其营养成分含量见表 11-5。

表 11-5　白三叶的营养成分（占干物质%）

生育期	粗蛋白质	粗脂肪	粗纤维	无氮浸出物	粗灰分
开花期	24.7	2.7	12.5	47.1	13.0

2. 生物学特性　白三叶喜温暖湿润气候，生长适宜温度 19～24℃，耐热性和抗寒性比红三叶强；耐酸性土壤，适宜的土壤 pH 为 5.6～7.0，但 pH 低至 4.5 亦能生长，不耐盐碱；较耐湿润和阴凉，不耐干旱。白三叶再生性很强，在频繁刈割或放牧时，可保持草层不衰败。在年降雨量 640～760mm 地区或夏季干旱不超过 3 周的地区均适宜种植。

3. 栽培技术　白三叶种子细小，播种前需精细整地，清除杂草，施用有机肥和磷肥做底肥，在酸性土壤上应施石灰。白三叶可春播和秋播，在四川和重庆地区以秋播为宜，但不应迟于 10 月中旬，否则越冬易受冻害。白三叶播种量每亩 0.3～0.5kg，最好与多年生黑麦草、鸭茅、猫尾草等混播。白三叶与禾本科牧草适宜混播比例为 1∶2，既可提高产草量，也有利于放牧利用，混播时每亩用白三叶种子 0.1～0.25kg，条播或撒播，条播行距 30cm，播深 1～1.5cm，播种前应用根瘤菌拌种或硬实处理。白三叶宜在初花期刈割，一般每隔 25～30d 利用一次。白三叶花期长达 2 个月，种子成熟不一，当多数种子成熟即可收获，每亩产种子 10～15kg，最高可达 45kg。

(三) 红三叶

红三叶又名车轴草，是海洋性气候地区最重要的豆科牧草之一，最适宜我国亚热带地区种植。

1. 饲用价值　红三叶草质柔嫩，适口性好，为各种畜禽喜食，干物质消化率为 61%～70%。红三叶营养丰富，干草粗蛋白质含量 17.1%、粗纤维 21.6%。其再生性强，产草量高，南方一年可刈割 4～5 次，亩产可达 4～5t。红三叶可刈割，也可放牧，饲喂效果很好，与紫花苜蓿相比，可消化蛋白质略低，而总可消化养分略高。红三叶与多年生黑麦草、鸭茅等组成的混播草地可提供近乎全价营养的饲草，其混合型牧草也可用于青贮。

2. 生物学特性　红三叶喜温暖湿润气候，夏季温度超过35℃生长受抑制，持续高温，易造成死亡；耐湿性好，在年降雨量1 000～2 000mm地区生长良好，但耐旱性差；适宜中性或微酸性土壤，以排水量好、土质肥沃的黏壤土生长最佳。

3. 栽培要点　红三叶种子细小，要求精细整地，可春播或秋播，南方以秋播为宜，播期9月，每亩播种量每亩0.6～0.8kg；适宜条播，行距25～35cm，播深1～2cm。用红三叶根瘤菌剂拌种，可增加产草量。施用磷肥、钾肥和有机肥有较大增产效果。红三叶苗期生长缓慢。红三叶花期长，种子成熟不一致，当80%的花序变成褐色、种子变硬时，可以收种。

（四）紫云英

紫云英又称红花草，原产我国，为豆科黄芪属一年生或越年生草本植物。大体分布于北纬24°～35°之间，我国长江流域及以南各地均广泛栽培，属于绿肥、饲料兼用作物。

1. 饲用价值　紫云英鲜嫩多汁，适口性好，在现蕾期营养价值最高，其营养成分含量见表11-6。紫云英现蕾期鲜草产量仅为盛花期的53%，就营养物质总量而言，则以盛花期刈割为佳。

表11-6　紫云英的营养成分（占干物质%）

生育期	粗蛋白质	粗脂肪	粗纤维	无氮浸出物	粗灰分
现蕾期	31.76	4.14	11.82	44.46	7.82

2. 生物学特性　紫云英喜温暖湿润气候，过冷过热均不利于生长。紫云英种子发芽最适温度为20～25℃，幼苗期在−5～7℃受冻或部分死亡，生长适宜温度为15～20℃，气温较高地区生长不良。

紫云英比较耐湿，自播种至发芽前，土壤不能缺水，发芽后如遇积水则易烂苗，生长发育期中也最忌积水；耐旱性较差，久旱能使紫云英提前开花；喜砂壤土或黏壤土，耐瘠性弱，在黏土或排水不良和保肥性差的砂性土壤中均生长不良；适宜的土壤pH为5.5～7.5，土壤含盐量超过0.2%容易死亡。播种后6d左右出苗，开春以前，以分枝为主，开春以后，分枝停止，茎枝开始生长。

3. 栽培要点　紫云英硬实种子多，播种前用清水浸种24h，或用人尿液浸种10～12h，再用草木灰拌种，可提高发芽率，并能使茎叶粗壮。紫云英播前应接种根瘤菌，一般以9月下旬至10月上旬播种最适宜，亩播种量2.5～4kg，一般采用撒播。紫云英一般不施基肥，苗期至开春前，用磷肥、厩肥作苗肥，可促进幼苗生长健壮，根系发育良好，提早分枝，增强抗旱力；开春后适当施腐熟的人畜粪尿或氮肥，可促进茎叶生长繁茂。紫云英忌水淹，应注意开沟排水。

三、其他牧草

（一）串叶松香草

串叶松香草原产于加拿大，国外称为“青饲料之王”。1979年我国从朝鲜引进，经各地试种后，生长良好。

1. 饲用价值　串叶松香草幼嫩时质脆多汁，有松香味，茎、叶干物质比为1∶0.8左右，草质好，营养丰富（表11-7），氨基酸含量高而全面。串叶松香草产量高，可利用10～15年，牛、羊、猪、兔、鹅、鱼、鹌鹑等家禽家畜均喜食。

表11-7　串叶松香草的营养成分（%）

分析部位	生育期	水分	占干物质					
			粗蛋白质	粗脂肪	粗纤维	无氮浸出物	钙	磷
全株	叶　丛	84.0	23.6	2.0	8.6	46.7	3.22	0.28
全株	株高50～60cm	87.2	23.4	2.7	10.9	45.7	2.91	0.37

串叶松香草适宜青饲和青贮，其适口性随着逐渐采食而增强，一般经2～3d即可适应。串叶松香草在北方的刈割次数为3～4次、每亩产鲜草7.5t；在南方刈割次数4～5次，每亩产鲜草10.0t。

2. 生物学特性　串叶松香草是菊科松香草属丛生型多年生长青牧草，喜温暖湿润气候，能耐寒，在－38℃可以越冬，但植株过小不但越冬率低，且越冬植株只能部分开花结实。串叶松香草耐水淹，地表积水4个月，植株仍可缓慢生长，在我国酸性土壤上生长发育良好；抗病力强，一般无病虫害发生；不耐贫瘠，耐盐碱、耐干旱能力均差，适宜土壤pH为6.5～7.5。串叶松香草第一次刈割后植株可抽茎，第二次刈割后只能形成基生叶簇，花期长。

3. 栽培要点　选择土层深厚、肥沃、无盐碱、有灌水条件的土地种植。土地宜提前深翻，施足有机肥，使土壤有足够的水分。在北方适宜春播和夏播，春播在 3 月下旬至 4 月上旬进行，夏播不宜晚于 7 月中旬。在南方播期要求不严，秋播宜早不宜晚。播量：纯净、发芽率高的种子，收草用每亩 0.2～0.3kg，收种用每亩 0.1～0.5kg，播深 2～3cm。串叶松香草苗期生长缓慢，应注意中耕除草，以防杂草危害；3～4 片真叶时定苗，收草用每亩 3 000 株，种子用每亩 600 株为宜。刈割收草，第一、二次应在蕾期至初花期进行，刈割后注意追肥浇水。串叶松香草种子成熟极不一致，应及时采收。在南方采收种子易受雨水和台风危害，可以刈割一次，再采收种子，以降低株高和避开雨季和台风季节。

（二）苦荬菜

苦荬菜别名盘儿草、山莴苣菜等，原为野生植物，经多年驯化选育，已成为广泛栽培的优良高产饲草作物，分布于我国南北各省区。

1. 饲用价值　苦荬菜在开花前，叶茎嫩绿多汁，适口性好，各种畜禽均喜食，尤以猪、鸡、鸭、鹅、兔、山羊最喜食，是一种优等青绿饲草。但开花以后，基生叶和茎下部的叶片逐渐干枯，茎枝老化，适口性和草质明显降低。从营养成分看，开花期的茎叶含粗蛋白质和粗脂肪较丰富，粗纤维最低（表 11-8）。

表 11-8　苦荬菜的营养成分（%）

采样地点	生育期	分析部位	水分	占干物质						
				粗蛋白质	粗脂肪	粗纤维	无氮浸出物	粗灰分	钙	磷
新疆	开花	全株	7.38	17.91	6.61	15.47	40.52	19.49	2.41	0.38

苦荬菜适宜放牧，也可刈割，但用作青绿饲草最为适宜，不能煮熟或发酵后饲喂，新鲜苦荬菜不能堆积过厚，防止发热变质，产生亚硝酸。放牧以叶丛期或分枝之前最好，刈割宜稍晚一些。苦荬菜再生力较强，在我国南方一年可刈割 6～8 次，留茬 5～8cm，一般亩产鲜草 5～7t。

2. 生物学特性　苦荬菜的生育期随气候带的不同而不同。在温带地区，一般于4—5月出苗返青，8—9月为结实期，生育期180d左右。在亚热带地区，一般于2月底、3月初出苗或返青，9—11月为花果期，秋季生出的苗能以绿色叶丛越冬，生育期240d左右。苦荬菜的再生力比较强，只要不损伤根茎部的芽点，刈割或放牧3～4次，并不影响其再生草的生长。

苦荬菜喜生于土壤湿润的地带，分布广，适应的生态范围相当宽。在温带、亚热带的气候条件下均能生长，对土壤要求不严，在轻度盐渍化土壤上也生长良好，在酸性森林土上亦能正常生长。

3. 栽培要点　苦荬菜种子小而轻，子叶小而薄，出土力弱，播种前必须精细整地，才能保证苗全苗壮。苦荬菜生长快，再生力强，刈割次数多，耐肥力强，播种前需亩施腐熟猪、牛粪2 500kg、过磷酸钙20～25kg和草木灰100kg作底肥。3月下旬或8月下旬播种，每亩播种量0.5kg，可穴播和条播，穴深和覆土深均为1cm，穴播，株行距为20～25cm，条播行距20～30cm。苦荬菜对氮肥敏感，当株高为5cm时，每亩施腐熟人畜肥或氮肥5～7.5kg，每次刈割后亩施氮肥5～10kg，但作收种用时氮肥不宜施得过多。苦荬菜既怕涝又怕旱，应做到合理灌溉。

（三）菊苣

菊苣为多年生草本，分布于我国的西北、东北及华北各地，广布于亚洲、非洲、美洲及大洋洲。

1. 饲用价值　从营养成分看（表11-9），菊苣的连座叶丛富含蛋白质，无氮浸出物和灰分含量也较高，粗纤维含量较低，比较柔嫩，适口性好，但生长第二年的菊苣营养价值降低，适口性也相应降低。据测定，生长第一年的连座叶丛，氨基酸含量丰富，有9种必需氨基酸的含量比紫花苜蓿干草所含的还要多。但第二年初花期的菊苣，无论是氨基酸总量还是必需氨基酸的含量都降低很多，均不如苜蓿干草。连座叶丛期菊苣可直接饲喂鸡、鹅、猪、兔等畜禽。

2. 生物学特性　春播菊苣，当年生长较慢，基本处于连座叶丛期，只有少量植株当年可正常开花，但种子很难成熟。从生长第二年开始，全部植株均能正常开花结籽。两年以上植株的根颈不断产生新的萌芽，这些新枝芽生根、成苗，逐渐形成相对独立的植株；第一次初花期刈割后，再生草少量抽茎开花，大部分形成基生叶丛。

表 11-9 菊苣的营养成分（%）

生长年度	采样日期	生育期	水分	占干物质						
				粗蛋白质	粗脂肪	粗纤维	无氮浸出物	粗灰分	钙	磷
第一年	8月2日	叶丛期	14.15	26.64	5.20	15.03	35.32	17.81	1.50	0.42
第二年	6月24日	初花期	13.44	17.02	2.43	33.54	37.75	9.26	1.18	0.24

资料来源：山西省农业科学院畜牧兽医研究所。

菊苣具有粗壮而深扎的主根和发达的侧根系统，它的生长不仅对水分反应明显，而且抗旱性能亦较好。菊苣较耐盐碱，在土壤 pH 为 8.2、全盐量 0.168%的土地上生长良好。菊苣生长速度快，再生能力强，生长第一年可刈割利用 2 次，从第 2 年开始，每年可刈割利用 3～4 次。

3. 栽培要点　菊苣春播、秋播皆宜，用种量 2.25～3kg/hm²，播深 2～3cm；条播、撒播均可，条播行距以 30～40cm 为宜。

菊苣种子细小，播前整地需精细，播种时最好与细土等物混合撒籽，以达到苗均苗全之目的。播后应立即耙磨镇压。幼苗期及返青后易受杂草侵害，应加强杂草防除工作。

菊苣生长快，需肥量高，播前应施入充足有机肥。每公顷施氮肥 600～750kg 作追肥，可在苗期及每次刈割后分批随灌水施入。菊苣根系肉质肥壮，施用未腐熟的有机肥作基肥，易导致根系病虫害及腐烂。菊苣叶片肥嫩，特别是莲座叶丛期植株，若不及时利用则逐渐衰老腐烂，并易引起病虫害发生，故应适时刈割。

第二节　牧草的加工与贮藏

一、干草的调制

（一）调制方法

牧草在生长季节是畜禽的优良青绿饲料。但在非生长季节，由于天气寒冷，牧草的地上部分便枯萎死亡，遗留在地面上的枯草，其营养价值几乎损失殆尽。因此，在夏秋季节牧草生长旺盛期，必须调制贮备好优质青干草供草食畜禽冬春季节利用。

在青草干燥调制过程中，草中的营养物质发生了复杂的物理变化和化学变化，调制过程应尽可能地向有益方向发展。为了减少青干草的营养物质损失，在牧草收割后，应使牧草迅速脱水，促进植物细胞死亡，减少营养物质不必要的损失。优质的青干草颜色青绿，气味芳香，质地柔松，叶片不脱落或脱落很少，绝大部分蛋白质、脂肪、矿物质和维生素被保留下来。国内外常用的青干草调制方法如下：

1. 地面干燥法　地面晒制干草可根据当地气候、牧草生长、人力及设备等条件，分别确定平铺晒草法、小堆晒草法或平铺小堆结合晒草法、草垛干燥法。牧草种类不同，刈割期也不同，一般栽培豆科牧草在初花期、禾本科牧草在抽穗开花期刈割。应尽可能在非雨季节调制干草。

平铺晒草法虽干燥速度快，但养分损失大，故目前多采用平铺与小堆结合晒草法。具体方法是：牧草刈割后即可在原地或另选一地势较高处将牧草摊开暴晒，每隔数小时翻草一次，以加速水分蒸发。一般是早上刈割，傍晚叶片已凋萎，其水分估计已降至50%左右，此时就可把青草集成约0.5m高的小堆，每天翻动一次，使其逐渐风干。如遇天气恶化，草堆外层宜盖草苫或塑料布，以防雨水冲淋。天气晴朗时，再倒堆翻晒，直至干燥。

对于高度在50cm以上牧草，刈割后可像稻草垛一样打成小垛，就地竖立干燥效果很好。经比较，此法较平铺晒草法优越。

2. 草架干燥法　在湿润地区或多雨季节晒草，地面干燥容易导致牧草腐烂和养分损失，故宜采用草架干燥。用草架干燥，可先在地面干燥4～10h，待含水量降到40%～50%时，再自下而上逐渐堆放。

3. 化学制剂干燥法　近几年来，国内外研究用化学制剂加速豆科牧草的干燥速度，应用较多的有碳酸钾、碳酸钾与长链脂肪酸混合液、碳酸氢钠等。其原理是这些化学物质能破坏植物体表面的蜡质层结构，促进植物体的水分蒸发，加快干燥速度，减少豆科牧草叶片脱落，从而减少蛋白质、胡萝卜素和其他维生素的损失。但此法成本较地面干燥和草架干燥法高，适宜在大型草场进行。

4. 人工干燥法　人工干燥法是通过人工热源加温使饲料脱水。温度越高，干燥时间越短，效果越好。①常温鼓风干燥：适于在干草收获时期，相对湿度低于75%和温度高于15℃地方使用。②高温快速干燥：用烘干机将牧草水分快速蒸发，烘干机有不同型号，有的烘干机入口温度为75～260℃，出口温度为25～160℃；有的烘干机入口温度为160～420℃，出口温度为60～260℃。含水量80%～85%的新鲜牧草（长度切短为5～15 cm）在50～80℃温度下烘5～30min，水分可降到17%以下；或高温烘干机内经数分钟，甚至几秒钟可使牧草水分下降到5%～10%。高温干燥的最大优点是时间短，不受雨水和天气影响，营养物质损失小，能很好地保留原料本色。但机器设备耗资巨大，且干燥过程耗能多，故应慎用。

（二）干草品质鉴定

要合理利用干草，必须首先了解其品质。在生产上，品质良好的干草，可以广泛地应用，以达到节省精料、提高生产力的目的。而品质低劣的干草不能用来饲喂动物。优质干草外观上要求均匀一致，不霉烂或结块，无异味，色泽浅绿或暗绿。

1. 评定标准　评定干草的质量，合理的标准非常重要。我国的干草质量标准见表11-10。

表11-10　不同干草分级标准

干草组成		干草特性及标准							
		豆科牧草				禾本科牧草			
		特级	一级	二级	三级	特级	一级	二级	三级
含水量（%）		15～16	17～18	19～20	21～22			≤14	
异物（%）	<	0	0.2	0.4	0.6			/	
粗蛋白质（%）	>	19	17	14	11	11	9	7	5
中性洗涤纤维（%）	<	40	46	53	60			/	
酸性洗涤纤维（%）	<	31	35	40	42			/	
粗灰分（%）	<		12.5					/	
β-胡萝卜素（mg/kg）	≥	100	80	50	50			/	

资料来源：豆科牧草干草质量分级 NY/T 1574—2007，禾本科牧草干草质量分级 NY/T 728—2003。

2. 评定方法

（1）草样的采集　要采集具有代表性的样品。从草垛各个部位（至少20处）、距表层20cm深处采样，每处采样200～250g，混合均匀，样品总重5kg左右。样品中混入的土块、厩肥等，应视作不可食草部分。每次从混合均匀的样品中抽500g进行品质评定。

（2）植物学组成　植物种类不同，营养价值差异较大。按植物学组成，牧草一般可分为豆科草、禾本科草、其他可食草、不可食草和有毒有害草共5类。

人工栽培的单播草地，只要混入的杂草不多，就不必进行植物学组成分析。

（3）干草的颜色和气味　干草的颜色和气味，是干草品质好坏的重要标志。绿色程度越深，表明胡萝卜素和其他营养成分含量越高，品质越优。按绿色程度可分为鲜绿色、淡绿色、黄褐色、暗褐色，对应的干草品质依次为优良、良好、次等、不宜饲用。

（4）干草的叶含量　一般说来，叶子所含有的蛋白质和矿物质比茎多1～1.5倍，胡萝卜素多10～15倍，而粗纤维比茎少50%～100%，因此干草含叶量也是评定其营养价值高低的重要标志。

（5）牧草的刈割期　刈割期对干草的品质影响很大，一般豆科牧草在现蕾开花期、禾本科牧草在抽穗开花期刈割比较适宜。

（6）干草的含水量　含水量高低是决定干草在贮藏过程中是否变质的主要标志。干草按含水量一般可分为4类（表11-11）。

表11-11　干草的含水量（%）

干燥类型	干燥的	中等干燥的	潮的	湿的
含水量	≤15	15～17	17～20	≥20

在生产实践中，测定干草含水量的简易方法是：手握干草一束轻轻扭转，草茎破裂不断者为水分合适（17%左右）；轻微扭转即断者，为过干象征；扭转成绳茎仍不断裂者为水分过多。

（7）总评　凡含水量在17%以下，毒草及有害草不超过1%，混杂物及不可食草在一定范围内，不经任何处理即可贮藏或者直接喂养畜禽，可定为合格干草（或等级干草）。含水量高于17%，有相当数量的不可食草和混杂物，需经适当处理或加工调制后，才能用于喂养家畜或贮藏，属可疑干草（或等外干草）。严重变质、发霉，有毒有害植物超过1%以上，或泥沙杂质过多，不适宜用作饲料或贮藏，属不合格干草。

对合格干草，可按前述指标进一步评定其品质优劣。

（三）干草粉生产

加工草粉的原料主要是紫花苜蓿、三叶草等优质豆科牧草以及豆科与禾本科混播的牧草，优良的黑麦草、黑麦、羊草等禾本科牧草也可作为原料。生产草粉时对牧草的质量要求较高，故对刈割期的选择尤为重要，一般在牧草蛋白质和维生素含量及产量较高时期刈割，具体刈割期与青干草基本类同。采用先平铺后小堆的田间干燥或人工烘干有利于保持草粉的绿色和良好的品质。牧草干燥至水分含量为13%～15%时，用锤片式粉碎机粉碎。粉碎的粒度依据饲养畜禽的种类而定，一般在鱼类饲料中应用粉碎细度为0.30mm筛，至少过0.45mm筛，禽类和仔猪饲料比鱼类稍粗些，草屑长度1mm左右为宜。为了减少草粉在贮藏过程中的营养损失和便于运输，生产中常把草粉压制成草颗粒。一般草粒的容重为草粉的2～2.5倍，减少草的运输体积，同时减少了与空气的接触面积，减少养分的氧化。并且在压制过程中，还可加入抗氧化剂，以减少胡萝卜素及其他维生素的损失。

二、牧草的青贮

青贮饲料是指将新鲜的青饲料切短装入密封容器内，经过微生物发酵作用，制成一种具有特殊芳香气味、营养丰富的多汁饲料。它能够长期保存青绿多汁饲料的特性，扩大饲料资源，保证均衡供应青绿多汁饲料。青贮饲料具有气味酸香、柔软多汁、颜色黄绿、适口性好等特点。

（一）青贮饲料的特点

1. 青贮饲料能够保存青绿饲料的营养特性　青绿饲料在密封厌氧条件下保藏，由于不受日晒、雨淋的影响，也不受机械损失影响，因此贮藏过程中，氧化分解作用微弱，养分损失一般不超过10%。

2. 可以四季供给青绿多汁饲料　调制良好的青贮料，管理得当，可贮藏多年，因此可以保证畜禽一年四季都能吃到优良的多汁料，解决了冬春青绿饲料缺乏的问题。

3. 消化性强，适口性好　青贮饲料经过乳酸菌发酵，产生大量乳酸和芳香族化合物，具有香味，柔软多汁，适口性好。用同类青草制成的青贮料和干草，青贮料的消化率（表11-12）有所提高。

表11-12　青贮料与干草的消化率（%）

种类	干物质	粗蛋白质	粗脂肪	无氮浸出物	粗纤维
干草	65	62	53	71	65
青贮料	69	63	68	75	72

4. 青贮饲料单位容积贮量大　青贮饲料贮藏空间比干草小，可节约存放场地。青贮料为 450～700kg/m^3，其中含干物质为 150kg；而干草重量仅 70kg/m^3，约含干物质 60kg。青贮苜蓿占体积为 1.25m^3/t，而苜蓿干草占体积为 13.3～13.5m^3/t。青贮饲料经过发酵后，可使其所含的病菌虫卵和杂草种子失去活力，减少对农田的危害。

5. 青贮饲料调制方便，可扩大饲料资源　青贮饲料的调制方法简单，易于掌握。调制青贮饲料可以扩大饲料资源，一些饲料在青饲时具有异味，经青贮后气味改变，提高了适口性。有些农副产品如甘薯、萝卜叶、甜菜叶等收获期集中，收获量大，短时间内用不完，又不能直接存放，或因天气条件限制不宜晒干，若及时调制成青贮料，则可充分发挥此类饲料的作用。

（二）青贮原理

青贮发酵是一个复杂的微生物活动和生物化学变化过程。青贮过程为青贮原料上的乳酸菌生长繁殖创造了有利条件，使乳酸菌大量繁殖，将青贮原料中可溶性糖类变成乳酸，乳酸达到一定浓度时，抑制了有害微生物的生长，从而达到保存饲料的目的。因此，青贮的成败，主要决定于乳酸发酵的程度。青贮的发酵过程分为好氧性菌活动阶段、乳酸发酵阶段和青贮稳定阶段。

1. 好氧性菌活动阶段　新鲜青贮原料在青贮容器中压实密封后，植物细胞并未立即死亡，在 1～3d 仍进行呼吸作用，分解有机质，直至青贮饲料内氧气消耗尽，呈厌氧状态时才停止呼吸。

在青贮开始时，附着在原料上的酵母菌、腐败菌、霉菌和醋酸菌等好氧性微生物，利用植物细胞因受机械压榨而排除的富含可溶性碳水化合物的液汁，迅速进行繁殖。好氧性微生物活动结果以及植物细胞的呼吸，使得青贮原料间存在的少量氧气很快消耗殆尽，形成厌氧环境。另外，植物细胞呼吸作用、酶氧化作用及微生物的活动还释放热量。厌氧和温暖的升高为乳酸菌的发酵创造了条件。

如果青贮原料中氧气过多，植物呼吸时间过长，好氧性微生物活动旺盛，会使原料内温度升高，有时高达 60℃左右，从而削弱乳酸菌与其他微生物的竞争能力，青贮饲料营养成分损失过多，青贮饲料品质下降。因此，青贮技术的关键是尽可能缩短第一阶段时间，通过及时青贮和切短压紧密封来减少呼吸作用和好氧性有害微生物繁殖，以减少养分损失，提高青贮饲料质量。

2. 乳酸菌发酵阶段　厌氧条件及青贮原料中的其他条件形成后，乳酸菌迅速繁殖，形成大量乳酸。当pH下降到4.2以下时，各种有害微生物都不能生存，乳酸链球菌本身的活动也受到抑制，只有乳酸杆菌存在。当pH为3时，乳酸杆菌也停止活动，乳酸发酵即基本结束。

3. 稳定阶段　在此阶段，青贮饲料内各种微生物停止活动，只有少量乳酸菌存在，营养物质不会再损失。在一般情况下，糖分含量较高的玉米、高粱等青贮20～30d就可以进入稳定阶段，豆科牧草则需3个月以上，若密封条件良好，青贮饲料可长久保存下去。

（三）制作青贮料必备的条件

在制作青贮饲料时，要使乳酸菌快速生长和繁殖，必须为其创造良好的条件。

1. 青贮原料应有适当的含糖量　只有当青贮原料中pH为4.2时，才可抑制微生物活动。因此通过乳酸菌发酵产生乳酸，使pH达到4.2时所需的原料含糖量是十分重要的条件，通常称之为最低需要含糖量。一般说来，禾本科饲料作物和牧草含糖量高，容易青贮；豆科饲料作物和牧草含糖量低，不易青贮。对于不易青贮的原料，只有与其他易于青贮的原料混贮或添加富含碳水化合物的饲料，或加酸青贮才能成功。

2. 青贮原料应有适宜的含水量　青贮原料水分含量过低，则难于踏实压紧，使好气菌大量繁殖，导致饲料发霉腐烂；水分过多易于结块，利于酪酸菌的繁殖，使青贮料发臭，同时液汁被挤压流失，养分损失。一般说来，禾本科牧草的含水量以65%～75%、豆科牧草以60%～70%为好。水分过多的原料可加干料混合青贮，也可将含水量高的原料和低水分原料按适当比例混合青贮。

3. 创造厌氧环境　为了给乳酸菌创造良好的厌氧生长繁殖条件，需做到原料切断，装实压紧，青贮窖密封良好。一般原料装填紧实适当的青贮，发酵温度在30℃左右，最高不超过38℃。青贮的装料过程越快越好，装满压紧后立即覆盖。

（四）青贮的步骤和方法

饲料青贮是一项突击性工作，事先要把青贮窖、切碎机或铡草机和运输车辆进行检修，组织足够人力，以便在尽可能短的时间完成。青贮的操作要点，

概括起来要做到“六随三要”，即随割、随运、随切、随装、随踩、随封，连续进行，一次完成；原料要切短、装填要压实、窖顶要封严。

1. 原料的适时刈割　适时刈割，不但可以在单位面积上获得最大营养物质产量而且水分和可溶性碳水化合物含量适当，有利于乳酸发酵，易于制成优质青贮料。一般刈割宁早勿迟。豆科牧草宜在现蕾期进行刈割，禾本科牧草宜在孕穗前期刈割。

2. 切短　青饲料切短后青贮，便于装填压实，取用方便，易于采食，对鹅的青贮料，必须切成1～2cm长，或粉碎青贮更为适宜。同时，原料切短或粉碎后，青贮时易使植物细胞渗出液汁，湿润饲料表面，有利于乳酸菌的生长繁殖。

3. 装填压紧　先将窖清扫干净，底部垫一些软草，吸取青贮汁液。应逐层装入，每层装15～20cm厚，立即压实，然后继续装填。应特别注意四角与靠墙的地方。

4. 密封与管理　覆上塑料布，上面再覆土30～50cm，踏成馒头型，有利于排水。距离四周约1m处应挖排水沟，以后应经常检查，窖顶下沉有裂缝时，应及时覆土压实，防止雨水渗入。

（五）青贮饲料的取用

青贮饲料经1个月左右，就可开窖取用，取用时应由上而下，或从一端逐层取用。青贮饲料取用后须及时盖严，防止与空气接触，发生霉烂。好的青贮饲料具有酸香味，颜色为青绿或黄绿色，基本保持原来的形态。如果气味恶臭，颜色暗褐或黑色，不宜饲喂动物。用青贮饲料饲喂动物的喂量应由少到多，可采取先空腹饲喂或与其他料拌在一起的方式训练饲喂，使其逐渐适应。

第十二章
适度规模养殖及效益分析

第一节 农户养鹅的适度规模

目前我国肉鹅饲养方式主要有圈养方式（或网上平养）、舍饲与放牧相结合的方式两种。其中圈养方式是以种草养鹅模式为代表。种草养鹅不仅可节约劳力，节省饲料，降低成本，而且草质优良，草嫩干净，安全经济，投资少，效益高。规模化、集约化肉鹅养殖必须结合种草养鹅才能满足肉鹅对青饲料的需要，也才能降低饲料成本，获取较大的经济效益。

一、适宜的养殖规模

养鹅要有一定的规模才可产生效益。养鹅规模大小与经济效益有着密切的关系。通常是养鹅数量多，出栏多，劳动效率高，收益较大；养鹅数量太少，产品和出栏数均小，劳动效率低，收益少。决定饲养规模的大小要根据养殖户的劳动力、资金、草料资源、鹅舍、养鹅饲养技术等条件，以及市场销售情况来确定。如果条件尚不够完善，饲养技术跟不上，不必追求大规模，否则饲养管理不善，鹅群生产性能下降，患病死亡增多，反而得不偿失。养鹅存在一定的风险，比如疾病风险和市场风险等，这就需要有一定的抗风险财力。这种抗风险财力包括直接损失和当年家庭收入。因此，一般家庭靠自身能力，适度的饲养规模在商品肉鹅200～500只，种鹅150只左右为宜；专业大户可适当多养，肉鹅1 000～3 000只，种鹅500～1 000只。

一般而言，饲草资源丰富，放牧条件较好，可用于补饲的农副产品较多的，每户养鹅数量可达几百只或几千只以上的饲养规模。如果是山区，可供鹅

放牧的场地有限，饲料来源较困难，每户养鹅数量不宜太多，少者几十只，多则几百只。专门从事肉鹅生产的饲养大户，养鹅的数量可适当多些，以充分发挥规模效益。随着资金的积累，养鹅技术水平的提高和养鹅条件的改善，养鹅规模应逐渐扩大，以提高劳动生产率，生产更多适销对路的鹅产品应市，以创造更多的利润。

二、推进农村适度规模养鹅的策略

（一）做好规划，正确引导

养鹅需要的场地相对较大，农村养鹅以放牧为主，补充利用自有资源。在做规划时，必须充分地反映这一特点，也就是说起步时不要好高骛远，根据当地农户经济条件，提倡种植与养殖相结合，适度规模与放牧相结合。做好土地调整和流转，适当规模种植牧草，在达到一定的基础后，再提倡舍饲和大规模养鹅，是当前农村农户适宜规模养殖应采取的步骤。

（二）培植力量，搞好配套

一个好的经销经纪人或养鹅专业合作社能带动一个产业的发展，在推进农村适度规模养殖的过程中要扶持一些有知识、懂市场、讲道德的农户从事种苗、饲料、药品的调运，从事孵化、加工和销售工作，合理配置种、孵、养、加、销力量，发挥民间养鹅协会的作用，协调各方面利益分配，是可持续农村适度规模养鹅的组织保证。

（三）整合资源，共担风险

建立乡镇养鹅小额信贷专项资金和养鹅风险保障资金制度，对适合养鹅并具备一定的养鹅条件的农户发放一定的养鹅启动贷款，从市、县、乡三级畜牧发展资金中拿出一小部分作为风险保障资金，以激励农户发展鹅业生产。与此同时，鼓励农户利用亲朋好友间的闲散资金发展养鹅业，形成良性发展的氛围。

（四）强化服务，抓好防疫

基层组织在养鹅实践中，应把鹅的疾病防治工作放在重要的位置，坚持“预防为主，防重于治”的方针，做好防疫灭病的服务工作，切实解决农户养鹅的顾虑，是推进专业村建设，适度规模养鹅的重要举措。

（五）依靠组织、搞好服务

养鹅规模适度与否关键在于组织，在于服务。组织化程度是农村农户适度规模养鹅的可持续发展的人文环境，必须要注重建设，业务主管部门的技术培训、技术服务和技术保障是农村农户适度规模养鹅健康发展的推进器，应予保证。

三、制订切实可行的生产计划

做任何事情都要事先做好准备，搞养殖也一样。要想养鹅，特别是规模化养鹅，首先要进行市场调查，要想上养鹅项目，应该先买几本养鹅方面的书学习，多看相关资料，注意观看和收听相关方面的电视、广播节目，如果有互联网络，还可利用电脑、手机上网搜索相关资料做准备。如果是打定主意要一直做下来，最保险的就是参加养鹅培训班。这样，先给自己好好充电。在确定养鹅前应做一个周密的思考，制订切实可行的生产计划，制定养鹅周期，这是很关键的，应该制订 3 年以上的发展计划，而且写在纸上，不断提醒自己，防止半途而废。这不单是一个计划，应把它看成是一个理想和目标，一份决心书，是约束规范自己的一项规章制度，并为之努力奋斗。通过努力认真实施，当你完成计划时，所付出的再多的辛苦，再多的汗水和泪水都一扫而光，卖鹅赚钱取得效益时就是给你的回报。所以必须制定一个适应自己的发展生产的计划，自己手里有多少钱就进多少鹅，量力而行，千万不要冒进。否则后期资金不够了，饲养管理跟不上，产品质量差，卖不上价，导致赔钱。不是不能多养，而是不要脱离了自己实际的生产组织能力。

这里有个不顾实际能力而失败的例子：一个养殖户有一次一共孵化出 9 000只雏鹅，有人来买鹅苗他舍不得卖，都要自己全部养上，算计着能挣很多钱，当时他还种了几十亩玉米地，也积累了几年的养鹅经验，认为养这些鹅没问题。但最后因人手不够，管理不善；卫生、防疫顾不上，饲养技术跟不上，资金短缺，设施设备不配套，最后只成活了 6 000 只鹅。由于产品质量差，秋天又卖不上价，本钱都没收回来。还好第二年春天种蛋价格高，种蛋卖了 12 万，淘汰种鹅卖了 8 万元，总算没赔钱。

因此，制订生产计划非常重要，主要应考虑资金情况，其次考虑人力物力、机械设备、交通运输、饲草饲料，等等，这些考虑计划要在养鹅之前。当计划饲养1 000只鹅，如果采取放牧模式的散养，则必须要有足够的草地准备（有天然草地更好）；若没有天然草地，需要2 000m² 以上的土地用来种草（不包括水塘，水塘面积越大越好），并需配备劳动力2个。如果是圈养，至少需要250m²圈舍和667m² 草地用于种草。半放牧、半舍饲情况需配备劳动力2个。如果采用工厂化养鹅，3 000只以下规模也需配备劳动力2个。

四、生产周期的制定

商品肉鹅饲养，一年饲养3～4批，饲养规模根据实际能力而定。有条件的肉鹅专业养殖大户，可采用全程网上平养，补饲精料40%，青饲料60%（种植黑麦草10亩以上），轮流进雏鹅，一个月养4批，每批养2 000只，每月出栏8 000只，一年出栏10万只肉鹅，收入也是非常可观的。

商品肉鹅饲养大致分三个阶段：育雏期（1～28日龄），生长期（29～70日龄）和育肥期（71～90日龄）。现在有的地方商品肉鹅65～70日龄就出栏上市了。三个阶段的青草（干草）的饲喂比例不同：育雏期青草饲喂量≤30%，成长期青草可占总饲喂量的60%～80%，育肥期青草饲喂量不能超过总饲喂量的60%，全程青草约占总饲喂量的60%。

牧草的饲喂价值与牧草品种和种植季节有关。一般高产牧草年亩产量在15～20t。黑麦草由于茎叶细嫩、营养丰富、适口性好、高产等特点而被养殖户广为栽种。

五、筹措养殖资金

养殖资金主要有固定资本和流动资金两大类。具体包括场地建设费、鹅舍建筑费、设备购置费、鹅苗费、饲料费、疫病防治费、水电费及管理、运输、销售等费用。资金数量根据养殖规模和饲养方式而定。一般采取种草养鹅的饲养模式，养殖1 500只肉鹅需固定资本0.5万元，鹅苗费1.05万元（按7元/只计），饲养流动资金2.55万元，合计筹措养殖资金3.8万元，便可正常从事肉鹅养殖生产。

第二节　养鹅经济效益分析

经济效益分析是商品生产的客观要求，养鹅场的生产就是围绕以经济效益这个中心组织的商品生产。为了了解鹅场生产经营状况，进行经济效益分析，既有利于提高其经营效益和管理水平，也有利于促进新技术、新成果的应用，同时也可反映和监督预算、合同的执行情况，保护和监督鹅场财产和物资的安全与合理利用。

一、经济效益分析的意义

进行经济效益分析能直接反映养鹅者的经营水平、盈亏状况，有利于提高其管理水平，使生产者自觉认识和利用价格、成本、盈利等经济指标进行管理，调动人们生产劳动的积极性，努力降低生产消耗，提高经济效益。

进行经济效益分析有利于养鹅者运用、学习科学技术。通过经济效益分析，可以不断发现企业生产经营活动中的薄弱环节，分析耗损高、产出低、质量差的原因，学习和运用先进的科学技术，从而达到低耗、高产、优质、高效的目的。

二、养鹅经济要素

鹅业经营必须利用成本、盈利等经济指标进行全面的考察和监督，用货币形式来计算养鹅业经济活动的消耗与利润，以求降低成本，最大限度地盈利。提高养鹅经济效益是鹅业经营的核心问题，是市场经济运作的必然要求。养鹅业中主要的经济要素有资产、成本、收入和利润等。

（一）资产

资产是养鹅的单位或个人拥有或者控制的能以货币计量的经济资源，包括各种资产、债权和其他权利，是养鹅者从事生产经营活动的物质基础，是养鹅生产所筹集的资金以各种具体形态分布或应用在生产经营过程的不同层面。按其流动性（即变现能力）通常将资产分为固定资产和流动资产两种形式。

1. 固定资产　固定资产系指使用年限在 1 年以上，单位价值在规定标准以上，并在使用过程中能保持原来物质形态的资产，包括鹅舍、机械设备、繁殖用鹅、土地等。其特点是使用年限较长，能以其完整的实物形态多次参加生产过程，在生产过程中保持其固有的物质形态，并随着本身的磨损，其价值逐渐转移到新的产品中去。

养鹅业中固定资产长时间参与生产且不改变其实物形态，但随着时间的

推移，会不断发生消耗，功能随之减退，其使用寿命有限。因此，必须在使用中将购建固定资产的支出，以折旧的形式，逐步转移到成本费用中去。此外，为使固定资产经常处于良好的状态，维护其原有效能，保持其生产能力，必须及时对其进行检修，其检修费用也应转移到产品成本费用中去。

2. 流动资产　流动资产是指可以在 1 年或超过 1 年的 1 个营业周期内变现或耗用的资产，包括现金、各种存款、应收及预付款项和存货等，其特点是只参加一次生产过程就被消耗，在生产过程中完全改变了它原来的物质形态，一般是将全部价值转入新的产品成本中去。

（二）成本

成本和费用是养鹅业经济效益分析的中心内容。成本核算是将养鹅生产过程中所发生的各种费用，按不同的产品对象和规定的方法归集和分配，以确定产品的总成本和单位成本。养鹅业中的主要成本项目有以下几种。

1. 工资与福利费　是指直接从事养鹅生产的饲养人员的工资福利。

2. 饲料费　指养鹅过程中，直接用于鹅群的自产和外购的各种精料、粗饲料、矿物质饲料、添加剂等的费用。养鹅业中，饲料生产将人工栽培和天然草场分别进行计算。如果牧草套种或混播在其他作物中，也应分别计算。天然草场所收获的牧草其成本由刈割、干燥、运输以及草场承包费等费用组成。

3. 防疫费　指鹅群用于防疫和治疗疾病所投入的费用。

4. 种鹅分摊费　指购买种鹅所投入的费用。

5. 固定资产折旧费用　指养鹅应计入的鹅舍折旧和养鹅设备折旧费等。

6. 固定资产维修费　指固定资产所发生的维修及保养费等。

7. 其他费用　指不能直接列入上述各项的直接费用。

以上各项成本的总和，即为养鹅的总成本。

（三）收入

收入是指养鹅销售鹅产品（如种鹅、种蛋、鹅苗、肉仔鹅、羽绒等）所取得的销售收入。养鹅单位或个人自产留用鹅产品，应视同销售所得收入。自产留用产品包括饲料、鹅苗等。其他业务收入，包括技术服务等无形资产转让、固定资产出租等取得的收入。

（四）利润

利润是考核养鹅单位或个人经营状况的重要指标，用收入与成本之差来表示。

三、不同养鹅形式经济效益分析

散养、专业户养殖、大型养鹅场三种形式的养鹅效益分析有所不同。

散养农户是将鹅作为一种家庭副业，作为家庭经济收入的补充，一般由一个附带劳动力经营，饲养鹅数量不多，少则几只，多则一二十只。

养鹅专业户是以家庭主要劳动力或多数劳动力从事养鹅生产，或养鹅生产经营收入占家庭总收入的比重在60%以上，活鹅销售与养鹅产品的商品率达到80%以上，出售养鹅产品或活鹅的收入比当地农民家庭生产经营收入高出1倍以上，拥有一定数量、生产方向专一的鹅群，能成群饲养和繁殖，具有足够的草场和饲草资源，有足够的鹅舍和饲养管理设施的专业养殖农户。

大型鹅场是建立在当代畜牧科技和经营管理基础上的，能工厂化养种鹅和生产肉用仔鹅的大型养殖场。一般育肥场、良种繁殖场的鹅群规模可达5 000～10 000只，大型育肥场可达2万只以上。

以上三种养鹅形式的成本与效益分析方法如下：

（一）散养、专业户形式

以饲养种鹅20（4公、16母）只为例，精料100%计算，青饲料、基建、设备、器械及人工费不计算。

1. 成本

（1）购种鹅　购种鹅总费用＝20只×费用/只

每年购种鹅总摊销＝购种鹅费用÷5年（使用年限）。

（2）饲养成本

种鹅年消耗精料费＝20只×每只每天精料量×365d×每千克精料价格。

每只育成鹅消耗精料总费用＝总雏鹅数×每只每天精料量×70d×每千克精料价格；

总饲养成本＝种鹅消耗精料费用＋育成鹅消耗精料费用。

（3）每年医药费摊销总成本　4元/只×总雏鹅数。

2. 收入　总收入＝总育成鹅数×出栏重×活鹅出售单价。

3. 经济效益分析　饲养20只种鹅专业户年总盈利＝总收入－每年种鹅总摊销－总饲养成本－每年医药费摊销总成本；

每卖1只育成鹅盈利＝总盈利÷总育成鹅数。

（二）大型养鹅场

以饲养500只（公100，母400）种鹅为例。

1. 成本

（1）基建和设备　鹅舍：500只种鹅舍200m^2，周转鹅舍（雏鹅、育成鹅）2 250m^2。

鹅舍总造价＝造价/m^2×2 450m^2；

饲草及饲料加工间总造价＝造价/m^2×200m^2；

办公室及宿舍总造价＝造价/m^2×400m^2；

基建总造价＝鹅舍总造价＋饲料加工间总造价＋办公及宿舍总造价。

兽医药械费用、机电设备费用、运输车辆费用等合计为设备总费用。

固定资产年摊销＝（基建总造价＋设备总费用）÷10年。

（2）种鹅投资　种鹅总投资＝价格/只×500只；

种鹅投资年摊销＝种鹅总投资÷5年。

（3）配合精料、青饲料　种鹅年消耗精料费＝每千克精料价格×每天每只精料量×365d×500；

种鹅年消耗青饲料费用＝每千克青饲料价格×每天每只青料量×365d×500；

育成鹅年消耗精料总费用＝每千克精料价格×每天每只精料量×70d×总雏数；

育成鹅年消耗青料总费用＝每千克青料价格×每天每只青料量×70d×总雏数；

总饲养成本＝种鹅消耗精料、青饲料费用＋育成鹅消耗精料、青饲料费用。

（4）年医药、水电、运输、业务管理总摊销　年医药、水电、运输、业务管理总摊销＝2元/（只·年）×总鹅数。

（5）人工工资　年总工资成本＝8元/（年·只）×总只数。

2. 收入　年销售商品鹅收入＝总出栏商品鹅数×出栏重×活鹅出售单价；

年销售种鹅收入＝总售种鹅数×每只活鹅价格；

总收入＝年销售商品鹅收入＋年销售种鹅收入。

3. 经济效益分析　建一个种鹅 500 只的商品鹅场，年总盈利＝年总收入－年种鹅饲养成本－年育成鹅饲养成本－年医药、水电、运输、业务管理费用－年工资－年固定资产摊销－年种鹅摊销。

每销售 1 只育成鹅盈利＝年总盈利÷总育成鹅数。

（三）肉鹅养殖效益分析举例

打算从事肉鹅生产的养殖户需要分析肉鹅养殖效益、饲养周期及全年养殖批次。以西南地区种草养鹅的饲养模式，每批养殖 1 500 只四川白鹅肉鹅为例，养殖效益分析如下：

（1）产出预算（收入）

1 500 只肉鹅饲养 70d，按出栏体重 3.5kg/只计算，共计 5 250kg；肉鹅售价按 17 元/kg 计算，收入为 17 元/kg×5 250kg＝89 250 元。

（2）投资预算（支出）

①苗鹅：6 元/只×1 500 只＝9 000 元。

②饲料成本

精料：按每只鹅到上市需要消耗饲料 12.5kg，饲料价格为 2.95 元/kg 计，则每只鹅需要饲料费为 36.875 元，36.875 元/只×1 500 只＝55 312 元；

青饲料：1 元/只×1 500 只＝1 500 元。

③水电、防疫：2.5 元/只×1 500 只＝3 750 元。

④人员工资：1 500 元/（人·月）×2 人×2 月＝6 000 元。

⑤鹅舍建设：5 000 元。

以上各项投入合计 80 562 元。

（3）纯利润　89 250 元－80 562 元＝8 688 元。

因此，饲养一只良种肉鹅，一般可获利 6 元左右。如按每年养殖 4 批计算，年饲养肉鹅 6 000 只，净利润达 3.48 万元。

如果肉鹅市场行情好，每千克还可卖到 18～20 元，每个省市价格不一样，如沿海地区因为喜欢吃鹅肉，市场价格都要比其他地区高，相对来说利润就会更高。

第三节　提高养鹅经济效益的措施

四川白鹅生长快、耗料少、抗病力强、适应性广，便于农户分散饲养。但在市场经济条件下，养鹅的经济效益会受到多种因素的影响。为了提高四川白鹅的经济效益，应采取以下一些技术措施。

一、充分利用当地资源

投资养鹅业是为了赢利赚钱，影响赢利的因素除了市场风险和疾病风险外，怎么把鹅养好，同时又能降低饲养成本也是非常关键的，必须要考虑投入产出比，如果不把控好饲养成本，鹅养的再好，最后一核算就可能是不挣钱或者反而赔钱。因此，为了节约成本，我们就要考虑当地有哪些资源可利用了。除了玉米、豆饼、糠麸争取在低价期备货外，平时应充分利用当地农副产品养鹅，如红薯、南瓜、胡萝卜、红薯藤、各种叶类蔬菜等。同时在饲草上下工夫，鹅是食草动物，必须有青绿饲料才能使其更好地生长发育。在玉米产区，可以制作玉米秸秆青贮饲料喂鹅，这是利用玉米产区的优势。没有玉米的地区，就应充分利用土地资源种草养鹅，也可实行林下、果园养鹅等。如果能利用好饲草饲料把饲料成本降低，一只鹅能比全舍饲利润高出 5 元，养5 000只鹅就能多赢利25 000元，如果再提高饲养规模，经济效益就更高，规模效益非常可观。

二、合理利用杂种优势

四川白鹅是我国优良的中型白羽鹅种，种鹅具有良好的繁殖性能，仔鹅早期生长速度也较快。根据四川白鹅适应性好，体形较大，繁殖力强的特点，用生长速度更快或体形更大的鹅种与之杂交来大量生产商品仔鹅是四川白鹅杂交应用的主要方面。近二十多年来，许多省区引种四川白鹅，其优良的产肉和繁殖性能得到普遍证实，在全国许多省区都得到推广。四川白鹅与国内许多鹅种和国外大型鹅种的杂交试验结果表明，四川白鹅在经济杂交中作母本的表现更好，在配套系中是理想的母系母本材料。

黄炎坤等（2008 年）报道，在河南省内一些种鹅养殖基地，利用莱茵鹅公鹅与四川白鹅母鹅进行了杂交试验。试验结果表明：10 周龄杂交鹅的体重比四川白鹅高15.22%，杂种优势表现非常明显。但是，当这些杂交鹅成年后，产蛋性能表现不良，平均每只母鹅1个繁殖季节的产蛋数仅相当于四川白鹅的59.17%。因此，使用莱茵鹅作父本、四川白鹅作母本生产肉仔鹅是比较理想的一种杂交组合。

段宝法等（1994）报道，利用朗德鹅公鹅、莱茵鹅公鹅与四川白鹅母鹅的杂交鹅和纯种鹅进行比较的结果显示：①在生长速度方面，杂交组日增重高于四川白鹅组，而四川白鹅组高于太湖鹅组，且30～60日龄尤以朗川组最高，为74.5g。经差异显著性检验，80日龄朗川鹅、莱川鹅、四川白鹅日增重较太湖鹅差异极显著（$P<0.01$）；朗川鹅较莱川鹅、四川白鹅差异极显著（$P<0.01$），莱川鹅较四川白鹅差异显著（$P<0.05$）。80日龄朗川鹅、莱川鹅较四川白鹅体重高31%、14%，具有较好的杂交优势，尤以朗川组合的杂交优势率高。在料重比方面：在舍饲条件下，饲料报酬四川白鹅比本地太湖鹅提高22.1%，而杂交鹅与四川白鹅基本接近。该试验还表明：在冬季舍饲和青饲料缺乏的情况，四川白鹅的成活率、生长速度、料重比、经济效益明显高于当地太湖鹅，显示了品种的优势。

据梁海同（2001）报道，合浦鹅和四川白鹅杂交，合川杂交一代10周龄体重为4.1kg，生长速度的杂种优势率为3.14%，对四川白鹅生长速度的杂交改进率为19%。尹荣楷等（1996年）报道，朗德鹅与四川白鹅、皖西白鹅与四川白鹅杂交，在放牧饲养的条件下，10周龄时朗川组合（3 636g）及皖川组合（3 447g）的体增重显著高于四川白鹅（3 299g），这两种杂交组合对四川白鹅的生长速度均有较大的改进作用。

以上研究结果表明，四川白鹅是我国鹅品种间杂交利用首选的配套母本。

三、科学选择进雏鹅时间

由于季节的不同，雏鹅的价格相差很大。9月至10月初，秋高气爽，天气干燥，有利于雏鹅饲养，但由于此时鹅苗相对较少，鹅苗的价格一般很高，因此，这个时候购进雏鹅饲养并不划算。若到12月下旬进苗，虽然鹅苗价格便宜，但天气寒冷，饲养难度大，雏鹅成活率不高，这样更不划算。故进雏鹅时间最好在11月初或中旬，这时气温不太低，鹅苗也不贵。尤其利用秋冬闲田种草养鹅，可赶上牧草割青，肉鹅上市销售又正逢春节前后，售价较高，效益显著增长。

四、加强饲养管理

首先要搞好雏鹅的饲养管理。把好“保温、防湿、开食、放牧、防疫”5大关，抓好温度、湿度、空气新鲜度以及光照控制措施等，给雏鹅提供一个良好的外部环境，千方百计提高鹅群的成活率，真正做到按科学规律养好鹅，管好鹅。

二是要抓好精饲料补饲工作。育雏阶段补喂配合饲料，青年鹅以青饲料为主，适当补喂精料，上市前二周加大精饲料的喂量，催肥上市，提高鹅肉品质。

三是坚持牧饲结合。雏鹅阶段利用晴好天气，到室外锻炼和洗浴。青年鹅在割草喂鹅的同时，尽量利用野外放牧，这样既可以减少割草的用量，又可以增强鹅的体质，提高成活率，缩短饲养期。

五、种草养鹅

鹅是草食水禽，能充分利用青粗饲料中的营养物质，以80%左右的饲料加20%左右的混合精料就可养好鹅，节约大量的精饲料，可降低饲养成本。少量养鹅，青料容易解决，而养鹅数量较多时，光靠野生杂草、下脚菜等很难满足需要，这样不仅影响了鹅的正常生长发育，也延长了饲养周期，加大了饲养成本，故应适量种植牧草供应青饲料。可利用秋冬闲田种草，以种黑麦草最佳，因它柔软多汁，营养丰富，蛋白质含量高，适口性好，产量高，一般1亩牧草可养四川白鹅100～120只。

（一）草鹅结合

种草、养鹅是两个相联的环节，只有紧密结合才能成功。在实施种草养鹅这项工程时，首先要规划好牧草品种、种草面积和养鹅的数量及批次，做到有草就有鹅，草能满足供应，鹅能及时消化。现以重庆地区为例介绍两种种草养鹅模式，供参考。

模式1：种植多花黑麦草。9月下旬至10月上旬播种，供草期11月至翌年6月上旬，亩产量可达5 000kg，刈割喂鹅。在补饲精料的情况下，每亩可养鹅200只左右。分3～4批套养，第一批11月进雏，每亩30只，1月上市；第二批1月底、2月初进雏，每亩30只，4月上旬上市；第三批3月初进雏，每亩60只，5月中旬上市；第四批4月初进雏，每亩80只，6月上旬上市。

模式 2：种植菊苣或苦荬菜。菊苣是多年生植物，一次播种多年利用，第一年产量低，第二年进入盛产期，亩产量可达7t左右。供草期 4—11 月。苦荬菜属一年生牧草，品质好，粗蛋白质含量高，3 月播种，亩产 4t 左右。菊苣有短暂的高温季节生长缓慢期，而苦荬菜 7—8 月气温高生长最旺盛，两种牧草兼种，能收到互补效果。这种模式辅以野生杂草，每亩可养鹅 300 只左右，分批套养。第一批 4 月中旬进雏，每亩 30 只，6 月下旬上市；第二批 5 月下旬进雏，每亩 100 只，8 月上旬上市；第三批 6 月中旬进雏，每亩 100 只，8 月下旬上市；第四批 8 月上旬进雏，每亩 80 只，11 月上市。

（二）刈割牧草的合理利用

种植的牧草坚持割草喂鹅，采用草架饲喂，不搞直接放牧，以提高单位面积载禽量，利用原则是适时刈割，适度留茬，以利再生。饲喂苗鹅需嫩草，刈割间隔时间宜短，青年鹅消化能力强，待牧草长到 30cm 左右高度时再行刈割，后期要增加刈割频率，可减缓牧草衰老，延长利用时间。每次刈割后适当多施肥料，搞好水肥管理，以提高牧草产量和品质。

（三）统筹规划，适度规模

种草养鹅宜采取牧饲结合、规模化饲养的方式，以克服小群放牧不利于防疫治病和牧草资源浪费等弊端，获取规模效益。通过几年的实践和摸索，我们认为在此方面种草养鹅应注意以下两点：

1. 根据自然地域条件制定规划，形成区域化生产　丘陵山区坡地多，对野生牧草进行改良，人工种植牧草品种，宜种植一年生牧草或多年生牧草，实行长短结合，提高单位面积载禽量，形成规模化生产；滩涂、坡地、人工造林的林间，应推广种植冷季型牧草，解决冬季和早春养鹅的青饲料来源；稻麦耕种的粮田，应推广种植多花黑麦草。在规划种草养鹅时，要与水面资源结合。

2. 发展养殖大户，形成规模效益　饲养规模的确定要因人、因地制宜。一般初养户规模不宜过大，宜掌握在种植 5 亩左右的牧草，年分批饲养仔鹅 1 000～1 500 只的规模水平上；文化水平较高，有一定饲养经验，家庭劳力比较充裕的农户，可种植 10 亩左右的牧草，年饲养仔鹅 3 000 只以上；条件成熟，饲养经验丰富的，可以创办种草养鹅示范园区，园区规模控制在年饲养仔

鹅10万只。

六、果林园生态放牧养殖

近年来，林下生态养鹅、草原养鹅、果园养鹅、苗木基地放牧养鹅在全国各地兴起，这种利用林果空隙地养鹅的模式，不占用额外的土地资源，不但充分利用了土地，而且还能除虫除草，又能利用鹅的粪便肥育果林，是一种生态循环经济，即果（林）＋草＋鹅，生态养鹅既可除草，节约除草费和人工费，又可额外增加养鹅的经济收入，是一项一举两得的养殖项目。按保守估算，林下养鹅每年每亩地可节约除草用的人工、农药费用约200元左右。因此，有条件的地方可实行林下放牧养鹅，达到增收节支的目的。

林下生态养鹅也可以种植鹅喜欢吃的牧草，如白三叶等耐阴牧草，既能清除杂草，又可提高牧草品质。

七、适时出售

按照四川白鹅的生长规律，70日龄以内是其生长速度最快的时期，特别是3～8周龄是其生长高峰期，平均每天可以增重50g以上，超过70日龄以后，仔鹅的生长速度就很缓慢了，因此，从经济效益角度考虑，70日龄后就要考虑适时出售了。重庆地区的肉仔鹅出栏时间一般在70～90日龄。若继续饲养，则增重较慢，耗料增加，会导致利润下降或亏损。成年四川白鹅体重在3.5～4.63kg，而肉仔鹅出栏体重一般在3.5kg左右，能达到上市要求。具体出栏时间根据各地情况不同而有所差异，主要根据当地市场需求，比如，有的肉鹅加工企业需要肉质稍老一些的肉鹅，养殖户就会延长至90日龄左右出售，有些地区更有延至120日龄左右出售的，当然饲养时间长一些的鹅，价格也会更高一些。

八、提高鹅体综合利用率

卖活鹅的效益最低，只有将加工、深加工、精加工开展起来才能充分获取鹅的最大价值，取得最佳效益。鹅虽是产肉家禽，但它全身是宝，从售价看，羽绒比肉贵许多倍，肥肝比肉贵几十倍，鹅舌、鹅掌等都比肉贵得多，内脏、血液也很值钱，因此把鹅体分割出售或经过加工出售效益可显著地增长。

第十三章
地方品种的开发利用

第一节　四川白鹅保种

一、保种的重要性

生物多样性是人类生存和发展的物质基础。然而，当今全球正面临着许多可利用物种资源逐渐减少或濒于灭绝的境地。国际自然资源保护联合会发表的"2004年全球生物调查"显示：全球有超过15 000种物种濒临灭绝，其灭绝速度超过了以往任何时候。大量的历史经验与教训表明，地方畜禽品种就好比是一座丰富的生物资源"基因库"，保护好这座天然的基因库有利于保持畜禽生态环境的韧劲，有利于保持畜牧业可持续发展的后劲。

四川白鹅品种形成历史悠久，是产区饲养者经过数千年的选种选配和闭锁繁育而形成的优良地方品种。该品种具有耐粗饲，抗病力强，肉质鲜美，性成熟早，无就巢性和繁殖力强等优良特性，是当今世界鹅种基因库中最宝贵的资源之一。为此，该品种于1989年已被列入《中国家禽品种志》，2000年首次被农业部列入《国家畜禽保护名录》，被确定为国家级的保护鹅种。

四川白鹅以其产蛋多，繁殖力强，遗传性能稳定，杂交配合力好而著称于世，是全国推广覆盖面积和推广量较大的地方优良品种之一，对推进我国的养鹅产业作出了较大的贡献。

二、重点保护性状

保护有特色的性状是品种保护的重要工作之一，针对四川白鹅作为中国白鹅地方鹅种的代表，其主要性状为：

（1）四川白鹅全身洁白的羽毛、羽绒；

（2）四川白鹅良好的产蛋性能；

（3）四川白鹅的生长速度与良好的肉用品质；

（4）四川白鹅耐粗饲、抗病力较强。

资源保种场要制定四川白鹅保种选育目标，定期进行监测，同时建立保种选育档案。

三、保种方式

根据我国畜禽资源保护的指导思想，结合四川白鹅多年来的保种经验和现有条件，采取保种区与核心场相结合的方法，对四川白鹅优良性状加以保护和选育提高。在资源场采用开放式继代选育，实行定向保种，在保种区实行群选群育。通过资源场和保种基地相结合，实行开放式保种。既可增强保种抗风险的能力，而且也使品种开发利用的实力得到增强。

南溪县四川白鹅育种场，是1987年11月在农业部、四川省畜牧食品局、四川农业大学、西南民族大学的大力支持下建成的。2002年5月，被四川省畜牧食品局授予“重点畜禽品种资源场”铭牌。经过几十年的保种选育，四川白鹅生产性能有了较大提高。

重庆市四川白鹅保种场以重庆市畜牧科学院为依托，2011年建立于重庆市家禽科研基地（图13-1、图13-2）内，基地位于重庆市荣昌区安富镇。主要采取活体保种和冷冻库保存两种方式，目前拥有四川白鹅核心群1 500只，是重庆市规模最大、建设最为规范的四川白鹅保种、育种基地，正在开展四川白鹅的保种和渝州白鹅专门化品系的选育工作。

图13-1　重庆市家禽科研基地

图13-2　重庆市四川白鹅保种场

四、保种效果监测

保种效果监测是保种过程中的一项重要内容，主要监测本品种需要保护的特征性状，定期评价其保种效果。主要包括外貌特征、体重体尺、生产性能、分子水平监测。

（一）外貌特征性状监测

重点监测四川白鹅白羽、体重中等、肉瘤、咽袋等特征各世代变化情况。

（二）体重体尺监测

在每个世代测定300日龄体重、体斜长、半潜水长、胸宽、胸深、龙骨长、骨盆宽、胫长、胫围等相关性状。

（三）生产性能监测

产肉性能监测选择上市日龄（70日龄），抽测的公母数量不少于30只，测定的指标包括屠宰率、半净膛率、全净膛率、胸肌率、腿肌率和腹脂率等，每两个世代进行一次。

繁殖性能监测包括开产日龄（达3%产蛋率日龄）、年产蛋数、就巢率、种蛋受精率和入孵蛋孵化率等。

（四）分子水平监测

一是由国家级水禽基因库进行，每年测定一次；二是国家级畜禽遗传资源保种场委托基因库或其他单位监测，两年一次。采用推荐的用于鹅微卫星DNA遗传多样性监测的微卫星标记（《家禽微卫星DNA遗传多样性检测技术规程》），监测样本量为公、母各30只以上；采用群体平均杂合度（H）和多态信息含量（PIC）来反映群体的遗传多样性。

第二节　四川白鹅育种

四川白鹅是我国优良的地方品种之一，具有适应性强、耐粗饲、抗病力

强、产蛋量高、繁殖性能优良和杂交配合力好等优点，但同时具有群体性能一致性较差和生长速度较慢等缺点，一方面需要进行纯种选育进一步提高生产性能和群体一致性；另一方面通过培育配套系来提高四川白鹅的综合产肉能力。

一、选育的基本性状

（一）繁殖性能

在四川白鹅的繁殖性能中，选育重点在于母鹅的产蛋数、开产日龄、产蛋持续性及公鹅的授精力等。在中型鹅种中，四川白鹅的产蛋量名列前茅，群体平均产蛋量60～80枚，但群体内变异度很高，产蛋量的遗传稳定性也较差。据测定，未经选育的四川白鹅个体初产年产蛋量由20多枚到100枚以上不等，因此，对反映四川白鹅产蛋力的有关性状进行选育十分必要。四川白鹅的开产日龄一般为200～240d，开产日龄的早晚关系到种鹅的产蛋持续性和总产蛋量等。另外，公鹅生殖器官发育、精液量、精液品质差异较大，在鹅群中，公鹅雄性不育率高，这直接关系到种蛋的受精率、孵化率和后代品质，因此，选择优秀的公鹅在育种中也至关重要。但公鹅的繁殖性状大部分属于低遗传力性状且受环境影响较大，在实际育种工作中要注意饲养管理和方法选择。

（二）产肉性能

产肉性能是鹅增重速度、出栏体重和屠体品质的综合能力。与国内外中型鹅种比较，四川白鹅的前期生长速度较慢，屠宰性能较差。因此，选育提高日增重、半净膛率和净膛率等性状是四川白鹅选育的又一个重点。选育的方法既可以采用纯种选育法，也可以通过引进外血来杂交改良，一般利用四川白鹅高繁殖力的特点，将其作为母本品系，用早期生长速度快的鹅种作为父本品系提高商品鹅的生长速度和产肉能力。

二、本品种选育方法

四川白鹅群体大、分布广，整体生产性能优异，基本能满足生产发展的需要。为了保持其优良的种质特性，四川白鹅的育种应以本品种选育为主，通过有计划的系统选育，使品种内基因得以纯合，逐步缩小种内个体间差异，进一步提高其品种的整齐度和遗传稳定性。

本品种选育法可依照繁育时性状的聚集程度和选育群体的范围分为两大类：一类是品种繁育，一类是品系繁育。

（一）品种繁育

品种繁育，又叫集中繁育，一般是按照品种的总体目标的多项性状，对选育群体进行全面鉴定，根据鉴定的结果将鹅群分为核心群、繁育群和生产群。把最优秀的并经过后裔测定的个体组成核心群，它们的后代可用来补充种鹅种群；把超过分级鉴定最低标准，且较为良好的个体组成繁育群，主要是用于商品生产。

选择种鹅的标准，是用代表种鹅特性和特征的多项性状，集中各性状的分项得分来综合评分，按总分评定种用价值。

集中繁育法比较注重品种优良性状在品种内各群体间的同质性。

在生产实践中人们发现，选择全能的个体相当困难，选择进展也较缓慢。在总结前人经验的基础上，将选择的重点和标准灵活调整，既发展了集中繁育法，又为分系繁育打下了基础。

纯种直接用于生产或自身选育提高：这种选育法在我国被普遍采用，大都将纯种直接用于生产鹅产品。四川白鹅也是如此，将纯种直接用于生产，经过系统选育后也可用于杂交。未经过系统选育就用于杂交，从长远和总体来看利少弊多。要统筹兼顾四川白鹅各方面的性状，以鹅最主要的性状如繁殖性能和增重速度为主，进行全面选育。

纯种作为经济杂交亲本：做母本选育的主要性状应以繁殖性能为主，因直接关系到所产杂交后代的数量多少。在选育时，要求纯合程度高，以降低群体内的变异程度。采取一定程度的近交后，进行同质选配。在提纯的基础上提高其配合力，通过杂交试验找出最佳的杂交父本。作父本选育的重点应放在生长速度和饲料转化率上，因为这些性状的遗传力较高，利用本身的表型选择比较有效。

纯种作为育种的原始材料：当纯种繁育的目的是为育种提供原始材料时，重点任务是保种，防止基因漂变。为保好种，必须选留足够数量的保种群体，采用随机选配，以保证每个基因均有同等结合与保存的机会。为保持家系，采

用等量留种。在群体小时，通常选留中等水平，并能代表群体的个体作种用。同时，饲养管理条件应尽可能保持稳定，以降低环境对生产性能的影响。这样保种群可作为对照群，用以衡量选育群的遗传进展。据测算，四川白鹅保种群以 600 只为宜，公母比例为 1∶4，实际参加繁殖的公鹅 120 只，母鹅为 480 只，可保持群体内 100 代的近交系数不超过 0.1。世代间隔以 4 年为宜，可避免或减少单位时间内由于留种、近交等因素引起基因频率的随机波动和近交率的上升。

（二）品系繁育

品系繁育是与品种繁育不同的另一种本品种选育的方法。品系繁育是在保持品种总体品质的前提下，利用品种内部的异质群体的分离和组合，促进品种总体品质的发展和提高。显然，品系繁育比较注重品种内群体间性状的异质性，品系繁育虽然是后起的繁育方法，但因繁育效果显著，故而发展提高很快，受到育种界的普遍关注。

（三）四川白鹅新品系及配套系的培育

目前我国通过品种审定的两个肉鹅配套系（扬州鹅和天府肉鹅）均引入了四川白鹅作为素材。

1. 扬州鹅　被誉为中国第一个新鹅种，这是江苏省科委在“八五”和“九五”下达过的计划项目，以太湖鹅、四川白鹅、皖西白鹅作为育种素材，由扬州大学和扬州市农业局共同培育而成，于 2006 年通过国家畜禽遗传资源委员会审定。扬州鹅（图 13-3）集中了父本和母本的优点，它生长速度快，肉质好，繁殖率高，一般来说 70 日龄的仔鹅可以达到 3.3～3.5kg，比太湖鹅的生长速度提高 27.8%。其产蛋水平比较高，年产蛋量可以达到 72～75 枚，可以生产 62～64 个雏鹅。扬州鹅后代肉质好，肉类蛋白质含量比它的父本高 1%。它还耐粗饲，放牧的时候任何草都能吃。

图 13-3　扬州鹅

2. 天府肉鹅　天府肉鹅（图 13-4）配套系是由四川农业大学、四川省畜牧总站及四川德阳景程禽业有限责任公司共同培育形成。父系来源于四川白鹅与白羽朗德鹅的杂交、回交后代，母系来源于四川白鹅。该配套系父母代种鹅成年公、母鹅体重分别为 5.3～5.5kg 和 3.9～4.1kg；开产日龄 200～210d，入舍母鹅年产蛋量 80～90 个，蛋重 140g；受精率 80%以上，配种比例 1♂：4♀；商品代肉鹅在放牧补饲饲养条件下，60 日龄活重 3.25～3.5kg，70 日龄活重 3.92kg，成活率达 95%以上。2011 年 10 月通过国家畜禽遗传资源委员会审定，2012 年农业部列为主导推广品种。

图 13-4　天府肉鹅配套系

我国有着丰富的地方品种资源，如何利用科技和品牌做大做强优势畜禽资源产业，是发展现代畜牧业，建设社会主义新农村的重要内容。四川白鹅品种资源的保护和产业开发，可供业界参考。

第三节　四川白鹅杂交利用

四川白鹅属中型品种，具有生长速度快、繁殖性能好、配合力强、适应性好等特点。在我国中型鹅种中四川白鹅以产蛋量高而著称，是一个理想的杂交利用母本品种或育种素材，可应用于我国肉鹅的杂交利用和育种工作中，如目前已经育成的天府肉鹅、扬州鹅中均有四川白鹅的血缘。

一、杂交方式

我国地方品种鹅在肉用性能上普遍存在初生体重小，生长速度慢，育肥性

能差等缺点，导致肉用仔鹅育肥时间长、出栏体重小、产肉量低、胴体品质差等缺陷，严重制约了肉用仔鹅与鹅肥肝商品生产的发展。鹅的杂交利用就是通过杂交迅速提高本地鹅肉用性能的主要措施。

四川白鹅是我国优良的中型地方品种，具有良好的生产性能和繁殖性能。实践表明，用四川白鹅与国内外优良鹅种杂交，无论作为父本或作母本均具有良好的亲和力，其后代表现出明显的杂种优势。鹅的杂交利用常用的杂交方式主要有二元杂交和三元杂交。

二、杂交亲本的选择

我国具有丰富的鹅品种资源，由于各地方品种间长期进行闭锁繁育，遗传基础狭窄，也使得各地方品种间的生产性能存在较大的差异。为了发掘各地方鹅品种的生产潜力，提高其生产性能，提高养鹅整体效益，育种工作者对不同地方品种进行探索性杂交试验，以期选出各地方品种间最优杂交组合，充分利用杂种后代的杂种优势来改良鹅的生产性能。

（一）母本的选择

以四川白鹅作为父本改良地方品种，其母本应选择产蛋多、繁殖性能强的小型鹅种为宜。实践表明，用四川白鹅改良小型鹅种其杂交优势明显，改良效果好。如骆国胜等（1998）用四川白鹅（公）与四季鹅（母）杂交，结果表明杂交鹅生长速度极显著高于四季鹅，与四川白鹅相比也明显表现出一定的杂种优势。杨茂成等（1993）报道用四川白鹅作父本与豁眼鹅杂交，其杂交种后代也表现出明显杂种优势。由于四川白鹅优秀的产蛋性能，将其作为父本改良地方品种利用的方式较少，大多数是作为母本利用。

（二）父本的选择

以四川白鹅作为杂交母本，父本应选择体重大，生长速度快，饲料转化率高的鹅品种，最好选择引进品种朗德鹅、莱茵鹅以及国内大型品种如浙东白鹅等。这种杂交方式用于改良四川白鹅，杂种优势明显。黄炎坤等（2008）利用莱茵鹅公鹅与四川白鹅母鹅进行杂交，后代 10 周龄体重比四川白鹅高 15.22%。赵金艳等（2015）将四川白鹅作为母本与霍尔多巴吉鹅杂交，后代早期生长速度的杂种优势率为+4.3%，出栏体重杂种优势率为+2.1%。

（三）加强亲本品种选育

由于杂种优势的遗传基础是显性、上位、超显性，而这些效应的大小取决于亲本各自的纯合度和亲本间彼此的差异度。因此，加强杂交亲本品种的选育，提高其种群内各个体间性状的整齐度，扩大亲本品种间的遗传差异，才能提高杂交亲本间的杂种优势。

（四）杂种优势的度量与配合力测定

杂种优势可以用杂种优势率来度量。杂种优势率 H 是杂交一代平均值 F_1 与亲本平均值的差额占亲本平均值的百分比，若以 S 代表父本生产性能，D 代表母本生产性能，其计算公式如下：

$$H=\frac{F_1-\frac{1}{2}(S+D)}{\frac{1}{2}(S+D)}\times 100\%$$

这种计算方法，未将选择因素考虑在内，算出的杂种优势率比实际的要低。若将亲本的选择强度估计在内，其计算公式应为：

$$H=\frac{2F_1-(h_1^2 s_1+h_2^2 s_2)-(P_1+P_2)}{P_1+P_2}\times 100\%$$

式中 h_1、h_2 分别为两个亲本品种或品系所计算性状的遗传力，s_1、s_2 分别为两个品种所计算性状的选择差，P_1、P_2 分别为两个品种所计算性状的平均数。

杂交效果的优劣取决于杂交亲本间杂交配合力的高低。配合力可分为一般配合力和特殊配合力两种。根据遗传学原理，一般配合力反映的是杂交群体平均育种值的高低，其基础是基因的加性效应。所以一般配合力的提高，主要依靠亲本品种（系）的纯繁选育来实现。遗传力高的性状，其一般配合力的提高比较容易；而遗传力低的性状，一般配合力则不易提高。特殊配合力所反映的是杂种群体平均基因型值与亲体平均育种值之差，其基础是基因的非加性效应，即显性效应与上位效应。因此，提高特殊配合力，主要应依靠杂交组合来选择。遗传力高的性状，各组合的特殊配合力不会有很大的差异；遗传力低的性状其特殊配合力可能有很大差异。在生产上，往往可通过品种（系）间的特殊配合力的测定，选出杂种优势强的配套组合。

图13-5直观地显示了一般配合力与特殊配合力的关系：F_1（A）为A品系与B、C、D、E、F……各品系杂交产生的各杂种一代某一性状的平均值，即A品系的一般配合力；F_1（B）为B品系与A、C、D、E、F……各品系杂交产生的各杂种一代该性状的平均值，即B品系的一般配合力；F_1（AB）为A、B两个品系杂一代该性状的平均值，F_1（AB）$-1/2$［F_1（A）$+F_1$（B）］即为A、B两品系的特殊配合力。

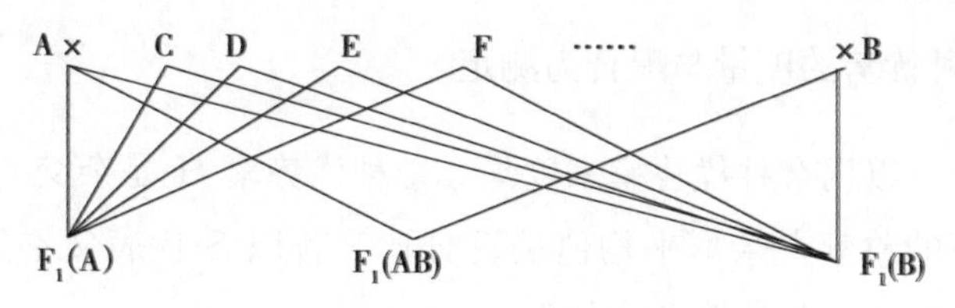

图13-5　两种配合力概念示意图

参 考 文 献

百元生，1999. 饲料原料学［M］. 北京：中国农业出版社.

布丽君，熊涛，林俊，等，2013. 卤鹅生产销售过程中主要污染微生物及其生长规律研究［J］. 农产品加工（学刊）(1)：15-17.

布丽君，钟正泽，林保忠，等，2013. 不同杀菌方式对卤鹅品质的影响研究［J］. 食品工业科技，34（24）：258-260，264.

陈滨香，2003. 风味香酱鹅［J］. 黑龙江畜牧兽医（5）：4.

陈伯祥，2003. 风鹅加工现状与发展趋势［J］. 肉类工业，6：1-2.

陈国宏，2000. 鹅鸭饲养技术手册［M］. 北京：中国农业出版社.

陈国宏，等，2004. 中国禽类遗传资源［M］. 上海科学技术出版社.

陈伟国，尹荣楷，杨纯芬，等，2013. 鹅营养需要研究进展（上）［J］. 广东饲料（3)：37-41.

陈志炎，任俊，2013. 酱鹅加工工艺优化［J］. 江苏农业科学，41（12)：274-276.

成波，刘成国，2007. 鹅系列风味熟食的加工工艺研究［J］. 肉类研究（10)：27-29.

褚方钢，2013. 烟熏板鹅的加工技术［J］. 科学种养（3)：57.

戴群，周吉华，2007. 风鹅加工中危害分析及关键点（HACCP）的研究［J］. 食品科技，32（10)：121-123.

杜静，2012. 糟鹅掌［J］. 中国食品（5)：83.

杜文兴，2011. 中国地方鹅种遗传资源多样性与分类地位的研究［D］. 南京：南京农业大学.

段宝法，温广宝，丁涛，等，1994. 四川白鹅冬季饲养及杂交利用的研究［J］. 上海畜牧兽医通讯（2)：6-7.

高巧仙，2013. 5-10 周龄四川白鹅氨基酸需要模式的研究［J]. 重庆：西南大学.

高文涛，2012. 南京烤鹅加工工艺［J］. 农家科技（1)：44.

国家畜禽遗传资源委员会，2011. 中国畜禽遗传资源志（家禽志）［M]. 北京：中国农业出版社.

张沅，2001. 家畜育种学［M］. 北京：中国农业出版社.

何大乾，卢永红，2005. 肉鹅高效生产技术手册［M］. 上海：上海科学技术出版社.

黄健，2013. 0-4 周龄四川白鹅理想氨基酸模式研究［R］. 重庆：重庆市畜牧科学院.
黄炎坤，赵金艳，黄如格，2008. 莱茵鹅与四川白鹅杂交的研究［J］. 安徽农业科学，36（12）：4985-1986.
匡一峰，徐为民，徐幸莲，等，2005. 风鹅加工过程中的危害分析与关键点确定［J］. 食品工业科技，26（8）：150-152，146.
李昂，2003. 实用养鹅大全［M］. 北京：中国农业出版社.
李慧芳，陈宽维，钱凯，2007. 世界家鹅种质资源的遗传多样性［J］. 畜牧与兽医，39（9）：44-46.
李琴，陈明君，彭祥伟，2014. 饲粮粗蛋白质和代谢能水平对 1～3 周龄四川白鹅生长性能及氮和能量平衡的影响［J］. 动物营养学报，26（9）：2582-2589.
李琴，陈明君，彭祥伟，2015. 饲粮粗蛋白质和代谢能水平对 4～8 周龄四川白鹅生产性能和氮平衡的影响［J］. 动物营养学报，27（1）：67-75
李琴，陈明君，彭祥伟，2015. 饲粮粗蛋白质和代谢能水平对 9～10 周龄四川白鹅生产性能和氮平衡的影响［J］. 动物营养学报，27（1）：76-84.
李顺才，2014. 高效养鹅［M］. 北京：机械工业出版社.
林永强，蒋峰，2002. 广东烧鹅的制法［J］. 四川烹饪（7）：37.
刘勤华，周光宏，余小领，等，2008. 新型鹅肉松加工工艺研究［J］. 食品科学，29（11）：147-149.
刘学军，谢春阳，吴晓光，等，2005. 酱香鹅系列方便食品的研制［J］. 食品科学，26（3）：274-276.
刘毅，刘杰，何大乾，2015. 鹅人工授精技术研究进展［J］. 中国畜牧兽医，42（4）：991-996.
孟昭宁，2007. 鹅类食品加工技术［J］. 农产品加工（畜产品）（8）：22-23.
潘道东，吕丽爽，罗永康，等，2002. 风鹅风干新技术的研究［J］. 食品科学，23（7）：63-65.
潘道东，吕丽爽，罗永康，等，2002. 风鹅腌制优化工艺技术的研究［J］. 食品科学，23（6）：66-69.
彭祥伟，梁青春，2009. 新编鸭鹅饲料配方 600 例［M］. 北京：化学工业出版社.
彭祥伟，2012. 国家水禽产业技术体系养殖技术岗位年度工作报告［R］. 重庆：重庆市畜牧科学院.
任俊，2010. 溧阳酱鹅酱制工艺及保鲜技术的研究［D］. 扬州：扬州大学.
沈瑞，2012. 盐水鹅加工五措施［J］. 河南畜牧兽医，33（12）：25.
施永青，2007. 现代设备生产传统风鹅［J］. 轻工机械，25（6）：88-91.
史培磊，刘登勇，徐幸莲，等，2012. 风鹅现有工艺加工过程中品质的变化规律［J］. 肉类研究，26 (8)：6-11.

史培磊，2011. 风鹅腌制工艺改进及其品质变化规律的研究 [D] . 南京：南京农业大学 .

孙英，2010. 烧鹅斩不断的传统情结 [J] . 四川烹饪 (9)：90-91.

田文勇，王守福，2005. 烧鹅制作二法 [J] . 养殖技术顾问 (9)：47.

汪志铮，2010. 香腊鹅制作 [J] . 水禽世界 (4)：54.

王宝维，2009. 中国鹅业 [M] . 济南：山东科学技术出版社 .

王本琢，孟勇，孙胜元，2002. 烧鹅的制作技术 [J] . 养殖技术顾问 (10)：39.

王伟诗，2007. 我的烧鹅肉不同 [J] . 四川烹饪 (6)：35.

王吴军，2013. 糟鹅舌 [J] . 食品与健康 (10)：55.

王阳铭，王琳，1999. 肉用仔鹅集约化饲养条件下的能量和蛋白质需要 [J] . 西南农业学报，12 (2)：103-111.

王阳铭，2014. 国家水禽产业技术体系重庆综合试验站年度工作报告 [R] . 重庆：重庆市畜牧科学院 .

肖明均，2009. 香酥烤鹅的加工工艺 [J] . 肉类工业 (11)：10-11.

薛党辰，蒋云升，2004. 盐水鹅工艺优化与综合保质技术研究 [J] . 食品工业科技 (11)：100-102.

杨凤，2010. 动物营养学 [M] . 2 版 . 北京：中国农业出版社 .

翟双双，李孟孟，冯佩诗，等，2016. 不同产地亚麻饼粕营养成分分析及四川白鹅、樱桃谷肉鸭对其养分利用率 [J] . 动物营养学报，8 (7)：2147-2153.

张世全，张路，2003. 脆嫩卤鹅加工工艺 [J] . 河南畜牧兽医，24 (12)：43.

张喜才，彭春雷，2013. 休闲鹅肉干制作工艺研究 [J] . 农产品加工 (11)：39-41.

赵金艳，韩瑞明，吴东坡，2015. 霍尔多巴吉鹅与四川白鹅杂交效果分析 [J] . 畜牧与兽医，47 (4)：64-66.

郑小乐，陈力巨，曾王敏，2005. 软包装即食糟鹅块的研制 [J] . 肉类工业 (11)：22-23.

附　　录

《四川白鹅》
（DB50/T 237—2006）

1　范围

本标准规定了四川白鹅的特征特性、饲养管理要点、制种要点。

本标准适用于四川白鹅的真实性和品种鉴定。

2　规范性引用文件

下列文件中的条款通过本标准的引用而成为本标准的条款。凡是注日期的引用文件，其随后所有的修改单（不包括勘误的内容）或修订版均不适用于本标准，然而，鼓励根据本标准达成协议的各方研究是否可使用这些文件的最新版本。凡是不注日期的引用文件，其最新版本适用于本标准。

GB/T 1.1—2000　标准化工作导则第一部分：标准的结构和编写规则

NY 10—1985（原 ZB B43001—1985）　中华人民共和国专业标准　种禽档案记录

GB 16567—1996　中华人民共和国国家标准　种畜禽调运检疫技术规范

3　类型与来源

3.1　类型　性成熟早，抗病力强，羽绒白色，产蛋多，繁殖性能稳定的优良地方品种。

3.2　来源　经重庆市四川白鹅研究中心和重庆市畜牧兽医科学研究所长期选育形成的具有该品种特征的种群。

4　特征特性

4.1　外貌特征

4.1.1　头公鹅头颈较粗，额部有一呈半圆形的肉瘤；母鹅头清秀，颈细长，肉瘤不明显。

4.1.2　喙橘黄色。

4.1.3　眼虹彩灰蓝色。

4.1.4　眼睑呈椭圆形略带灰白色。

4.1.5　羽毛全身洁白、紧密。

4.1.6　胫、蹼橘红色。

4.1.7　体型稍大，体躯稍长，出壳体重平均为71.1g，60日龄体重平均为2.5kg，日平均增重40.1g，90日龄平均体重为3.5kg。

4.1.8　产蛋四川白鹅一般无就巢性。年产蛋量60～80枚，平均75枚。蛋壳白色，蛋重125.0～146.28g。

4.2　体尺（300日龄、均值）

4.2.1　体斜长　成年公鹅4.20kg，成年母鹅3.81kg。

4.2.2　胸宽　成年公鹅12.43cm，成年母鹅10.10cm。

4.2.3　胸深　成年公鹅10.27cm，成年母鹅8.45cm。

4.2.4　龙骨长　成年公鹅17.92cm，成年母鹅17.17cm。

4.2.5　骨盆宽　成年公鹅9.85cm，成年母鹅8.46cm。

4.2.6　胫长　成年公鹅11.61cm，成年母鹅10.41cm。

4.2.7　半潜水长　成年公鹅69.86cm，成年母鹅65.26cm。

4.3　生产性能（均值）

4.3.1　成年体重（300～500日龄）　成年公鹅4.63kg，成年母鹅4.29kg。

4.3.2　胴体重　成年公鹅4.17kg，成年母鹅3.8kg。

4.3.3　屠宰率　成年公鹅90.1%，成年母鹅88.5%。

4.3.4　半净膛　成年公鹅3.91kg，成年母鹅3.54kg。

4.3.5　全净膛　成年公鹅3.60kg，成年母鹅3.23kg。

4.3.6　肉骨比　1∶0.46。

4.3.7　羽绒产量　四川白鹅3月龄时羽绒生长已基本成熟，即可开始活体拔绒。其中，种鹅育成期拔绒3次，只平均198.66g，其中绒羽46.83g、含绒率23.5%；休产期拔毛3次，只平均236g，其中绒羽51.26g、含绒率达21.72%。

4.4　繁殖性能

4.4.1　开产日龄　200～240 日龄，平均 212 日龄。

4.4.2　种蛋受精率　84%～88%，平均 85%。

4.4.3　受精蛋孵化率　90%～95%，平均 92%。

4.4.4　90 日龄体重　3.61kg，平均日增重 45g。

4.4.5　雏鹅成活率　平均 95%。

4.4.6　雏鹅死亡率　平均 5%。

4.4.7　产蛋量　60～80 枚，平均 75 枚。

4.4.8　蛋重　125g。

4.5　配合力　60 和 70 日龄屠体重一般配合力分别为 60.4g 和 181.6g。

5　饲养管理

5.1　适宜地区　具有较宽的适应幅度，能较好地适应全国大多数地区的生态环境，易于推广。

5.2　饲养方式　放牧＋补饲或全舍饲。

5.3　种禽档案记录　参照 ZB B43001—85　中华人民共和国专业标准　种禽档案记录。

5.4　种禽调运检疫　参照 GB 16567—1996　中华人民共和国国家标准　种畜禽调运检疫技术规范。

6　制种要点

6.1　温度　恒温孵化（分批入孵）一般机内空气温度控制在 37.8℃；变温孵化（整批孵化）一般在孵化第 1 天温度为 39～39.5℃，第 2 天 38.5～39℃，第 3 天 38～38.5℃，第 4～21 天为 37.8℃，22 天后转入摊床孵化。

6.2　湿度　湿度控制的原则是"两头高，中间低"。第 1～9 天控制在 60%～65%，第 10～26 天为 50%～55%，第 27～31 天保持 65%～70%。

6.3　通气　保证通风系统运转正常，正确控制进出气孔。

6.4　翻蛋　机器孵化翻蛋角度以达到 90°为好，每 2h 翻蛋一次；平箱孵化等传统孵化翻蛋角度为 180°，每天至少翻蛋 4 次。

6.5　晾蛋　孵化至 16～17d 以后，通常每天晾蛋 2 次，每次 30～40min，少则 15～20min。